机电类专业系列丛书

互联网+创新型“十四五”精品教材

电力电子与变频技术

（微课版）

主　编　牟国忠　常胜明　朱红梅
副主编　周　虎　梁玉惠　王　鹏　陈　兵
　　　　吴龙龙　黄　振　钟晓英

哈爾濱工程大學出版社
Harbin Engineering University Press

内 容 简 介

本书每个项目均设有学习目标、思政目标、知识拓展、课后实践、实践评价等模块，系统完整、内容新颖、突出技能、实用性强。本书共7个项目，主要包括电力电子与变频技术概述、变频器的安装与故障排除、调光灯电路的安装与调试、开关电源的构建与调试、车载逆变器的构建与调试、PC主机开关电源电路分析、光伏逆变电路分析。

本书既可作为应用型本科、职业院校电气自动化技术等机电类相关专业的教材，也可作为相关工程技术人员的参考书。

图书在版编目（CIP）数据

电力电子与变频技术 ： 微课版 / 牟国忠，常胜明，朱红梅主编. -- 哈尔滨 ： 哈尔滨工程大学出版社，2024. 7. -- ISBN 978-7-5661-4502-4

Ⅰ. TM1；TN77

中国国家版本馆 CIP 数据核字第 202459ZN50 号

电力电子与变频技术（微课版）

DIANLI DIANZI YU BIANPIN JISHU（WEIKE BAN）

策划编辑 张林峰

责任编辑 苏 莉

出版发行 哈尔滨工程大学出版社

社　　址 哈尔滨市南岗区南通大街 145 号

邮政编码 150001

发行电话 0451-82519328

传　　真 0451-82519699

经　　销 新华书店

印　　刷 唐山唐文印刷有限公司

开　　本 787 mm×1 092 mm　1/16

印　　张 14

字　　数 358 千字

版　　次 2024 年 7 月第 1 版

印　　次 2024 年 7 月第 1 次印刷

书　　号 ISBN 978-7-5661-4502-4

定　　价 49.80 元

http://www.hrbeupress.com

E-mail:heupress@hrbeu.edu.cn

前　言

党的二十大报告指出，“坚持尊重劳动、尊重知识、尊重人才、尊重创造，实施更加积极、更加开放、更加有效的人才政策”“着力形成人才国际竞争的比较优势，加快建设国家战略人才力量”“深化人才发展体制机制改革……把各方面优秀人才集聚到党和人民事业中来”。

变频调速技术是伴随着电力电子技术的不断发展而逐步成熟起来的一门新兴的自动化控制技术。变频调速系统不但可以提高生产机械的控制精度生产效率和产品质量，有利于实现生产过程的自动化，还具有优良的控制性能和显著的节能效果。

本书旨在帮助读者深入了解电力电子在能源转换和电力控制方面的重要应用。本书以项目化形式组织编写，将理论知识与项目训练有机结合，理论知识以必需和够用为度，重点突出实际操作技能。本书特点如下。

（1）理论与实践结合。本书通过对实例的分析，帮助读者更好地理解电力电子与变频技术的应用场景和工程实践，并配合每个项目后的课后实践和实践评价模块，提升读者的实际操作能力。本书体现了理论的系统性和结构的严谨性，突出学科的应用性和创新性。

（2）教学与学习辅助。本书配套开发了微课视频、课件、参考答案、教案等教学资源与纸质教材无缝对接，便于学生掌握各知识点的深度和广度。

（3）更新及时。本书内容涵盖了电力电子与变频技术的最新研究进展和应用趋势，让读者紧跟行业动态，更好地了解这一领域的发展方向和前沿技术。

本书由牟国忠（山东商务职业学院）、常胜明（十堰市丹江口工业技工学校）、朱红梅（重庆移通学院）担任主编，由周虎（泰安技师学院）、梁玉惠（都安瑶族自治县职业教育中心）、王鹏（山东交通技师学院）、陈兵（黄河科技学院）、吴龙龙（江西交通职业技术学院）、黄振（菏泽工程技师学院）、钟晓英（惠州市技师学院）担任副主编。本书相关资料可扫封底二维码或登录 www.bjzzwh.com 下载获得。

编者在编写本书的过程中参考了大量资料，在此向相关人员表示感谢。由于编者水平有限，书中难免存在不足之处，恳请广大读者批评指正并提出宝贵意见。

编　者

目 录

CONTENTS

项目1　电力电子与变频技术概述

项目导读

电力电子与变频技术是电气工程领域中关键的分支，主要应用于电力转换、调速调压等方面。通用变频器是电力电子技术的一项典型应用，其结构和功能旨在实现对电机转速的调节和电源电压的控制。

通用变频器主要由整流器、中间直流环节、逆变器和控制系统等组成。整流器将交流电源转换为直流电，中间直流环节对电压进行平稳处理，逆变器则将直流电转换为可调控的交流电，从而实现对电机的调速。控制系统则通过对逆变器中开关元件的控制，调整输出频率和电压，实现对电机的多段速控。

变频器可通过控制整流器的工作，将输入的交流电转换为直流电。在直流环节中，通过电容和电感等元件平稳输出直流电，保证逆变器的工作稳定。逆变器根据控制信号将直流电转换为可调控的交流电，实现对电机的速度调节。通过控制系统中的调速模块，可以实现多段速控制，满足不同工况下的需求。

电力电子与变频技术在工业、交通、家居等领域发挥着重要作用，能够提高设备的效率，减少能源浪费，同时也为电机调速和电力系统的稳定运行提供了可靠的技术支持。

学习目标

知识目标

◆了解通用变频器的基本结构组成、工作原理和功能特点。

◆掌握变频器的基本操作方法和参数设置技巧。
◆理解多段速控制的原理和应用场景。
◆掌握利用变频器实现多段速控制的方法和步骤。

技能目标

◆能够正确连接和安装变频器，并完成基本的电气接线。
◆能够熟练操作变频器的控制面板，进行参数设定和修改。
◆能够根据需求设置和调整变频器的多段速控制功能。
◆能够通过编程或外部信号实现变频器的多段速控制。

素质目标

◆增强学生对工业设备运行原理和控制技术的理解与认识。
◆增强学生的动手能力和实际操作技能，提高问题解决能力。
◆培养学生细致认真的工作态度，严谨的操作习惯，确保设备安全运行。
◆培养学生的团队合作意识，能够与他人合作完成设备调试和控制任务。

思政目标

◆强化技术发展对社会生产力的推动作用的认识，培养创新思维和实践能力。
◆强调技术应用对环境保护和资源节约的重要性，提倡绿色生产理念。
◆增强学生安全意识和责任感，注重操作规范和事故预防。

任务 1　通用变频器的结构功能

1.1.1　交流异步电动机基础知识

1. 交流异步电动机的旋转原理

交流异步电动机的电磁转矩是由定子主磁通和转子电流相互作用产生的，基本原理如下。

（1）当交流异步电动机的定子绕组通入三相（或两相）交流电时，电动机气隙中便产生旋转磁场，旋转磁场的转速也称为同步转速，即

$$n_1 = \frac{60f_1}{p}$$

（2）只要转子与旋转磁场之间有转速差，转子绕组就切割磁力线，从而产生感应电动势，由于转子回路闭合而形成转子电流。转速差的大小用转差率表示

$$s = \frac{\Delta n}{n_1} = \frac{(n_1 - n)}{n_1}$$

（3）旋转磁场与转子电流相互作用产生电磁力，使转子以转速 n 旋转，转子旋转的方向与磁场旋转方向相同，三相绕组中任意两相对换旋转磁场就会反向旋转，从而使电动机反转，即

$$n_1=\frac{60f_1(1-s)}{p}$$

2. 交流异步电动机的运行状态

（1）电动机状态（$0<n<n_1$，$0<s<1$）

电机从电网吸收电功率，经过气隙的耦合作用从轴上输出机械功率。

当转子旋转时，转子感应电动势和电流变化频率为 f_2，转子（机械）转速为 n，气隙磁场转速为 n_1，气隙磁场与转子相对转速为 n_2（它决定了转子绕组感应电动势及电流的变化频率），其有如下关系式。

$$\begin{cases}n_2=n_1-n\\ f_2=\dfrac{pn_2}{60}=\dfrac{n_1-n}{n_1}\cdot\dfrac{pn_1}{60}sf_1\end{cases}$$

当 s 在 0.01~0.04 变化且 $f_1=50$ Hz 时，$f_2=0.5\sim2$ Hz。

电磁转矩与磁通、转子有功电流成正比，即

$$T_{em}=C_M\Phi_m I_2\cos\varphi_2$$

电磁转矩与电压的平方成正比，即

$$T_{em}=\frac{m_1pU_1^2\dfrac{r_2'}{s}}{2\pi f_1\left[\left(R_1+\dfrac{R_2'}{s}\right)^2+(X_{1\sigma}+X_{2\sigma}')^2\right]}$$

电动机状态为

$$U_1=E_1+IR_0$$

式中　R_0——电动机转子绕组的内阻。

可见，转差率 s 越大，转子绕组感应电动势及电流的变化频率 f_2 越大，功率因数则越低，在电流相同时电磁转矩越小。反之，在负载转矩一定的情况下，功率因数越低，则所需电流越大。普通鼠笼式异步电动机在采用传统方法启动时，由于功率因数很低，所以，虽然启动电流大，但启动转矩不大。

（2）发电机状态（$n>n_1$，$s<0$）

① 原动机拖动转子以 $n>n_1$ 转速旋转。

② 转子绕组运动（磁场转速慢）切割磁力线，产生感应电动势，进而产生电流，电流与气隙磁场的相互作用产生与转子转向相反的制动转矩。

③ 电机从轴上吸收机械功率，经过气隙耦合再向电网输出电功率。

发电机状态为

$$E_1=U_1+IR_0$$

（3）电磁制动状态（$n<0$，$s>1$）

当转子旋转方向与磁场方向相反时，电机既从电网吸收电功率又从轴上吸收机械功率，被吸收的电功率和机械功率都属于电机内部损耗。

3. 交流异步电动机的调速方法

由转速 $n_1=\dfrac{60f_1(1-s)}{p}$ 可知，异步电动机调速可以采用以下几种方法。

（1）改变转差率 s（改变转差率调速）

改变转差率调速的方法主要有定子调压调速、转子变电阻调速、电磁转差离合器调速、串极调速等。

① 定子调压调速。当负载转矩一定时，随着电动机定子电压的降低，主磁通减少，转子感应电动势减小，转子电流减小，转子受到的电磁力减小，转差率 s 增大，转速减小，从而达到调度的目的。同理，定子电压升高，转速增加，但电压一般不能超过额定值，所以又称为降压调速。

调压调速的优点：调速平滑，采用闭环系统调速时，机械特性较硬，调速范围较宽。

调压调速的缺点：在低速时，因为电磁转矩与电压的平方成正比，所以转矩很小，一般不能拖动恒转矩负载；同时转差功率损耗较大，功率因数低，电流大，效率低。

调压调速既非恒转矩调速，也非恒功率调速，适合于风机、泵类特性的负载，鼓风机就是利用定子调压调速的方法进行调速的。

若要求低速时机械特性较硬，即在一定静差率下有较宽的调速范围，又要保证电动机具有一定的过载能力，则可采用转速负反馈降压调速闭环控制系统，如图 1-1 所示。

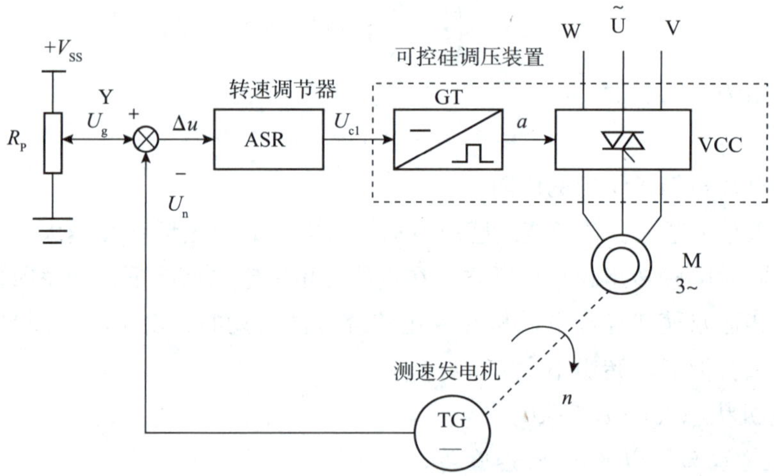

图 1-1　转速负反馈降压调速闭环控制系统

② 转子变电阻调速。当定子电压一定时，电机主磁通不变，改变转子电阻可改变机械特性，在转矩一定时即可改变电机的转速。

转子变电阻调速的优点是设备和线路简单，投资成本低，但其机械特性较软，转速随负载的波动较大，调速范围受到限制且低速时转差功率损耗较大，效率低，经济效益差。

目前，转子变电阻调速只在对调速要求不高的场合被采用，如塔式起重机的吊钩控制调速。

③ 电磁转差离合器调速（滑差调速）。电磁转差离合器是鼠笼式异步电动机与负载之间互相连接的一个电气设备。电磁转差离合器调速系统的工作原理：以恒定转速运转的异步电动机为原动机，通过改变电磁转差离合器的励磁电流来改变耦合力矩，从而进行速度调节。电磁转差离合器由电枢和磁极两部分组成，二者没有机械联系，均可自由旋转。

离合器的电枢与异步电动机转子轴相连并以恒速旋转，磁极与工作机械相连。如果磁极内励磁电流为零，则电枢与磁极间没有任何电磁联系，磁极与工作机械静止不动，相当于负载被“脱离”；如果磁极内通入直流励磁电流，则磁极产生磁场，电枢由于被异步电动机拖动旋转，与磁极产生相对运动，电枢绕组产生电流并产生力矩，磁极将沿着电枢旋转方向而旋转，此时负载相当于被“合上”。调节磁极内的直流励磁电流就可调节转速，如图 1-2 所示。

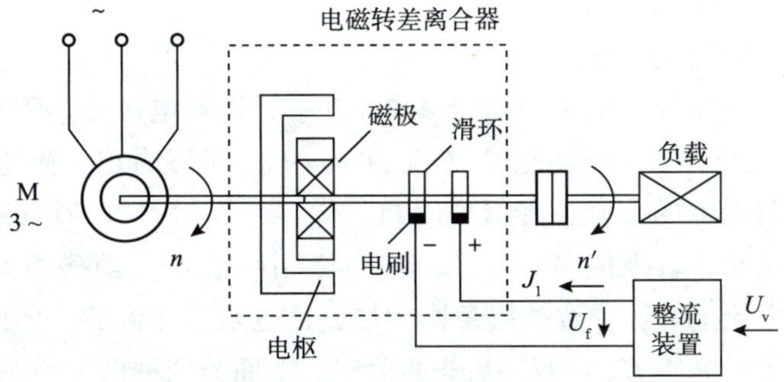

图 1-2 电磁转差离合器调速

电磁转差离合器调速的优点是控制简单，运行可靠，能平滑调速，采用闭环控制后可扩大调速范围，适用于通风类或恒转矩类负载。其缺点是低速时损耗大，效率低。

④ 串极调速。定子调压调速、转子变电阻调速、电磁转差离合器调速等方法，均存在转差功率损耗较大、效率低的问题。于是，串极调速被提出。串极调速的基本思想是将转子中的转差功率通过变换装置加以利用，以提高设备的效率。

串极调速的工作原理是在转子回路中引入一个与转子绕组感应电动势频率相同且可控的附加电动势，通过控制这个附加电动势的大小来改变转子电流的大小，改变转速。串极调速具有机械特性比较硬、调速平滑、损耗小、效率高等优点，便于向大容量发展，但串极调速存在功率因数较低的缺点，同时串极调速的控制设备比较复杂，成本比较高。

（2）改变频率 f（变频调速）

变频调速是利用交流电动机的同步转速随频率变化的特性，通过改变电动机的供电频率进行调速的方法。当极对数 p 不变时，电动机转子转速与定子电源频率成正比，因此，连续地改变供电频率，就可以连续平滑地调节电动机的转速。

异步电动机变频调速具有调速范围广、调速平滑性能好、机械特性较硬的优点，可以方便地实现恒转矩或恒功率调速，在异步电动机诸多的调速方法中，变频调速的性能最好。变频调速系统的启动、制动过程平稳，调速范围广，效率高，转速稳定性好，其调速特性与直流电动机调压调速和弱磁调速十分相似，并可与直流调速媲美。

对异步电动机进行调速控制时，电动机的主磁通应保持额定值不变。若磁通太弱，则铁芯利用不充分，转子电流相同时，电磁转矩小，电动机的负载能力下降；若磁通太强，则铁芯发热，可能恶化波形质量，所以变频调速过程中应始终保持磁通不变。

三相异步电动机定子每相电动势的有效值为

$$E_1 = 4.44 f_1 N_1 \Phi_m K_y$$

式中 E_1——定子每相由气隙磁通感应的电动势有效值，V；

f_1——定子频率，Hz；

N_1——定子相绕组有效匝数；

Φ_m——每极磁通量，Wb；

K_y——电动机的绕组系数。

如果不计定子阻抗压降，则 $U_1 \approx E_1 = 44 f_1 N_1 \Phi_{moy}$。若端电压 U_1 不变，则随着 f_1 的升高，气隙磁通 Φ 将减小，又从转矩公式 $T = C_M \Phi I_2 \cos\varphi_2$ 可以看出，磁通 Φ 的减小势必导致电动机允许输出转矩 T 的下降，降低电动机的输出，同时，电动机的最大转矩会降低，严重时会使电动机堵转；若维持端电压 U_1 不变而减小 f_1，则气隙磁通 Φ 将增加，这就会使磁路饱和，励磁电流上升，导致铁损急剧增加，这也是不允许的。因此许多场合，要求在调频的同时改变定子电压 U_1，以维持 Φ 的恒定。下面分两种情况说明。

① 基频以下的恒磁通变频调速。为了保持电动机的负载能力，就应保持气隙主磁通 Φ 不变，这就要求降低供电频率的同时降低感应电动势，保持$\dfrac{E_1}{f_1}$=常数，即保持电动势与频率之比为常数进行控制，这种控制又被称为恒磁通变频调速，属于恒转矩调速方式。由于难以直接检测和直接控制 E_1，我们可以近似地保持定子电压 U_1 和频率 f_1 的比值为常数，即认为保持 $E_1 \approx U_1$，U_1/f_1=常数。这就是恒压频比控制方式，是近似的恒磁通控制。

② 基频以上的弱磁变频调速。考虑由基频开始向上调速的情况，频率由额定值向上增大时，电压 U_1 由于受额定电压 U_{1N} 的限制不能再升高，只能保持 $U_1 = U_{1N}$ 不变，这样必然使主磁通随 f_1 增大而减小，相当于直流电动机弱磁调速的情况，即近似的恒功率调速方式。

由上面的讨论可知，异步电动机的变频调速必须按照一定的规律同时改变其定子电压和频率，基于弱磁变频调速原理构成的变频器即调速控制（variable voltage variable frequency，VVVF），这也是通用变频器的基本原理（WVF）。

根据 U_1 和 f_1 的不同比例关系，将有不同的变频调速方式。保持 U_1/f_1 为常数的比例控制方式适用于调速范围不太大或转矩随转速下降而减小的负载，如风机等；保持转矩 T 为常数的恒磁通控制方式适用于调速范围较大的恒转矩性质的负载，如升降机、搅拌机、传送带；保持功率 P 为常数的恒功率控制方式适用于负载随转速的增高而变小的场合，如主轴传动、卷绕机。

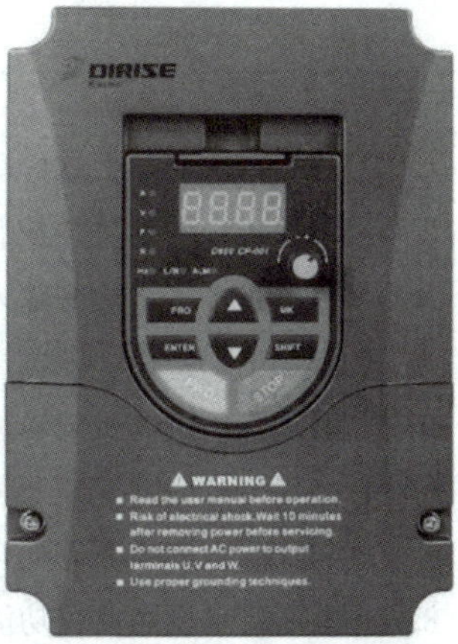

图 1-3　典型变频器外观

在恒定 U_1/f_1 控制中，随频率 f_1 的下降，定子绕组的电阻压降在 U_1 中所占的比例逐渐增大，造成气隙磁通 Φ_m 和转矩下降。采取适当提高 U_1/f_1 的方法来补偿定子绕组的电阻压降的增大，而保持 Φ_m 为定值，最终使电动机的转矩得到补偿，这种方法被称为转矩补偿。因为它是通过提高 U_1/f_1 而得到的，故又被称为 V/F 控制或电压补偿，许多书中则直译为转矩提升，实现低频补偿后的变频机械特性。若补偿过分，则说明电压 U_1 提升过多，使电动势 E 在 U_1 中的比例减小，定子电流 I_1 将增加，甚至会引起变频器因过电流而跳闸。典型变频器外观如图 1-3 所示。

1.1.2　变频调速的优点与变频器的作用

1. 变频调速的优点

许多生产设备由于工艺需要，要求电动机必须具有优良的调速性能，如机床、造纸机、轧钢机、纺织印染机、拉丝机、电线电缆生产线、卷尺生产线。

交流异步电动机传统调速方法的控制比较简单，一般采用滑差调速或交流整流异步电动机小范围调速，但由于转速稳定性差、传动速度不协调等，产品报废率高且调速范围小、能耗高，所以以前只在对工艺要求较低的生产机械中采用交流调速。

直流调速的性能比较好，所以对工艺要求较高的上述机械一般采用直流调速。但直流电动机结构复杂、对工作环境要求较高；直流电动机碳刷易磨损，碳刷架易打火而烧坏电动机；换向器经过长时间摩擦后，铜片会越来越薄，最后导致打火击穿。国产换向器和碳刷，一般只能用半年多时间。目前，直流电动机故障率高、保养难度大的问题，还没有从根本上得到解决，而且直流调速系统体积大、耗电量大，不能在易燃易爆场合使用。

随着电力电子技术的不断发展，变频调速技术日益成熟，交流变频调速正逐步取代直流调速。变频调速系统不但可以提高生产机械的控制精度、生产效率和产品质量，有利于实现生产过程的自动化，还具有优良的控制性能和显著的节能效果。

交流变频调速以其节能效果显著、保护完善、控制性能好、过载能力强、使用维护方便等特点，迅速发展，成为电动机调速的主流。

2. 变频器的作用

变频器是一种把工频电源（50 Hz 或 60 Hz）变换成各种频率的交流电源，以实现电动机变速运行的设备。变频器于 20 世纪 60 年代问世，于 20 世纪 80 年代在主要工业化国家得到广泛使用。自 20 世纪 80 年代被引进中国以来，变频器已成为节能应用与速度工艺控制中越来越重要的自动化设备，得到了快速发展和广泛应用。在电力、纺织与化纤、建材、石油、化工、冶金、市政、造纸、食品饮料、烟草等行业以及公用工程（中央空调、供水、水处理、电梯等）中，变频器都发挥着重要作用。

变频器的主要功能，见表 1-1。

表 1-1　变频器的主要功能

序号	主要功能
1	可实现软启动、软停车，使启动、制动性能得到大幅提高
2	可通过预置精确地控制输出频率
3	可通过外接线端的输入电压或电流信号，及时地调节输出频率
4	不用电路换接，即可实现电动机的正、反转控制
5	通过降低电动机的转速，可用于节能控制
6	高性能控制型变频器可实现恒转速或恒转矩控制
7	与 PLC、触摸屏等配合，可实现智能控制
8	具有可切换的监视功能

1.1.3　变频技术的发展概况

交流调速与控制技术是目前发展最为迅速的技术之一，这是与电力电子器件制造技术、变流技术、控制技术、微型计算机和大规模集成电路的飞速发展密切相关的。也就是说，每当新一代的电力电子器件出现时，体积更小、功率更大的新型通用变频器就会产生。

1. 电力电子器件的发展

电力电子器件制造技术的发展，为交流调速系统的发展和完善提供了基本的保证。目前应用最多的电力电子功率器件主要有 GTO、GTR、IGBT 以及智能模块（intelligent power module，IPM）。其中 IGBT 的开关频率可达到几十赫兹，而且具有低损耗、开关速度快、电压高、容量大、体积小、驱动功率小等特点。IGBT 能够实现无噪声驱动，在变频器中得到广泛应用。IPM 包含 IGBT 芯片及外围的驱动电路、保护电路，具有过流、短路、欠压与过热保护等功能，有很好的经济性。电力电子器件正朝着高电压、大功率、高频化、智能化和组合化的方向发展，有力地推动了交流调速系统向高电压、大功率、高频化、智能化和低噪声的方向发展。

2. 现代控制技术的发展

正弦脉宽调制（sinusoidal pulse width modulation，SPWM）控制技术是变频技术的核心技术之一，其可以实现变频变压与抑制高次谐波的功能，在包括交流调速的能量变换系统中得到了广泛应用。20 世纪 90 年代初，数字信号处理器（digital signal processor，DSP）开始应用于交流调速系统中，交流调速是在应用矢量控制等经典控制理论取得的成绩基础之上建立的，现代控制理论也在交流变频调速系统中得到了广泛的应用。基于现代控制理论的控制策略不断出现，包括滑模变结构技术、模型参考自适应技术、鲁棒观察器、二次型性能指标的最优控制技术和逆奈奎斯特阵列设计方法等。基于智能控制思想的控制策略包括模糊控制、神经元网络、专家系统，这些新控制策略的应用对交流调速系统的发展有重要的作用。

3. 微处理技术的发展

微电子技术的飞跃发展，使微处理器的性能不断提高，微处理器作为控制器在交流变频调速系统中得到了广泛应用，推动了交流调速向数字化方向发展。20 世纪 80 年代后期，MCS-51 等单片机被推出后，由于其较高的集成度和性能，具备一定的信息处理能力和数据运算速度，同时内部硬件资源比较丰富，开始作为通用控制器应用于交流调速系统。

1.1.4 变频调速技术的应用

1. 变频调速在棉纺织设备中的应用

目前棉纺织企业所使用的设备，还有许多 20 世纪 70—80 年代生产的设备，这些设备从机械状态来讲仍可长期使用，近期全部更新是不可能的，但对其进行部分电气传动改造是完全可行的。纺纱工艺流程要求加工设备的电气传动稳定，点动、启动及升降调速都应平滑实现，这样才能使纤维牵伸均匀，降低条干变异系数和减少质量不匀的情况出现，如图 1-4 所示。

图 1-4 变频调速在棉纺织设备中的应用

棉纺织设备旧的传动系统都是由皮带与齿轮来进行调速的，由于电动机启动的硬度，在点动与启动过程中，不可避免地会出现皮带打滑、齿轮冲击等现象。在机械传动系统中，齿轮越多，齿轮损伤的概率也就越大。

用变频调速技术能够很好地实现平滑启动，消除机械启动时的冲击力，实现无级变速，满足生产工艺要求，提高成纱质量。应用此技术在纱支品种变化的情况时，不需改变齿数比或皮带轮，只需通过变频设定就可完成设备工艺转速的改变。

2. 变频调速在水泥厂设备中的应用

立窑水泥厂生产线上的烧结风机，是主要的耗能设备，其风量是按工艺要求进行调节的。以前的水泥厂，是采用调节进风口或放风口挡板的开启度的方法来满足工艺要求的。由于该方法是以增大风阻或牺牲风机效率来达到要求的，即以增大耗能为代价来实现风量的粗调，过剩的风量向空中排放，加重了环境污染，诸多弊端一直困扰着每一家水泥厂。采用变频调速器进行锅炉引风机、鼓风机、炉排机改造，既可以节约电能，降低煤炭用量，延长锅炉及配套辅机的使用寿命，减少维修量，又可以减少对环境的污染，降低工人劳动强度。

3. 变频调速在中央空调控制中的应用

中央空调绝大多数时间在低负荷情况下工作，在满足中央空调系统正常工作的前提下，通过变频器控制可使冷冻水泵和冷却水泵做出相应的转速调节。根据流体力学原理，水泵转动系统的转矩与转速的二次方成正比，而轴功率与转速的三次方成正比，随着转速的下降，电动机从电网吸收的电能就会大大减少。因此，中央空调采用变频控制具有明显的节能效果。

4. 变频调速在电梯和运输设备控制中的应用

由于电梯和运输设备的拖动系统有很大的惯性，所以在启动过程中，如果频率上升得太快，则电动机转子的转速跟不上同步转速的上升，Δn 增大，引起电流的增大，甚至可能超过一定限值而导致变频器跳闸，同时过大的冲击力会造成运输物的挤压甚至倒塌。为了保证启动过程的平稳性，就必须采用软启动。

采用“S”形软启动，可有效地解决加速度的快慢与运输车的运行平稳性之间的矛盾，既可减小启动电流，又能提升启动转矩。同样，为了做到平稳而精确地快速停车，就可采用直流制动和再生制动配合使用的方法，即首先用再生制动方式将电动机的转速降至较低转速，然后转换成直流（DC）制动，使电动机迅速停住。

5. 变频调速在多单元同步联动控制系统中的应用

塑料、印染、造纸、纺织、轧钢等行业的生产，往往具有很多个同步传动单机，每个机组都具有独立的拖动系统。为了确保产品的质量，就要求各单元间被加工物（布匹、纸张等）的运行线速度能够步调一致，即实现同步运动。

以造纸行业为例，造纸设备虽然种类繁多，传动结构各异，但从系统组成来看都是由压榨、烘干、压光、卷取等几个部分组成的，而且各部分都有独立的电动机驱动。造纸工艺要求：设备传动时应保证纸在各部分的传送具有恒定的线速度和恒定的张紧度，目前实现这个要求的最佳控制方案就是变频调速。

实训任务

了解三菱 FR-E700 系列变频器主电路接线端子功能和控制端功能。

任务指导

1. 三菱 FR-E700 系列变频器主电路接线端子功能

三菱 FR-E700 系列变频器主电路接线端子功能见表 1-2。

表 1-2　三菱 FR-E700 系列变频器主电路接线端子功能

端子记号	端子名称	端子功能说明
R/L1、S/L2、T/L3	交流电源输入	连接工频电源； 当使用高功率因数变流器（FR-HC）及共直流母线变流器（FR-CV）时不要连接任何东西
U、V、W	变频器输出	连接 3 相鼠笼式电动机

续表

端子记号	端子名称	端子功能说明
P/+、PR	制动电阻器连接	在端子 P/+-PR 间连接选购的制动电阻器（FR-ABR）
P/+、N/-	制动单元连接	连接制动单元（FR-BU2）、共直流母线变流器（FR-CV）以及高功率因数变流器（FR-HC）
P/+、P1	直流电抗器连接	拆下端子 P/+-P1 间的短路片，连接直流电抗器
⏚	接地	变频器机架接地用，必须接地

2. 三菱 FR-E700 系列变频器控制端功能

(1) 输入信号

输入端子功能见表 1-3。

表 1-3　输入端子功能

<table>
<tr><th>种类</th><th>端子记号</th><th>端子名称</th><th colspan="2">端子功能说明</th><th>额定规格</th></tr>
<tr><td rowspan="8">接点输入</td><td>STF</td><td>正转启动</td><td>STF 信号 ON 时为正转、OFF 时为停止指令</td><td rowspan="2">STF、STR 信号同时 ON 时变成停止指令</td><td rowspan="5">输入电阻 4.7 kΩ 开路时电压 DC21~26 V 短路时 DC4~6 mA</td></tr>
<tr><td>STR</td><td>反转启动</td><td>STR 信号 ON 时为反转、OFF 时为停止指令</td></tr>
<tr><td>RH、RM、RL</td><td>多段速度选择</td><td colspan="2">用 RH、RM 和 RL 信号的组合可以选择多段速度</td></tr>
<tr><td>MRS</td><td>输出停止</td><td colspan="2">MRS 信号 ON（20 ms 或以上）时，变频器输出停止；用电磁制动器停止电动机时用于断开变频器的输出</td></tr>
<tr><td>RES</td><td>复位</td><td colspan="2">用于解除保护电路动作时的报警输出。请使 RES 信号处于 ON 状态 0.1 s 或以上，然后断开；
初始设定为始终可进行复位。但进行了 Pr.75 的设定后，仅在变频器报警发生时可进行复位。复位所需时间约为 1 s</td></tr>
<tr><td rowspan="3">SD</td><td>接点输入公共（漏型）（初始设定）</td><td colspan="2">接点输入端子（漏型逻辑）的公共端子</td><td rowspan="3">—</td></tr>
<tr><td>外部晶体管公共端子（源型）</td><td colspan="2">源型逻辑时当连接晶体管输出（即集电极开路输出）、如可编程控制器（PLC）时，将晶体管输出用的外部电源公共端接到该端子，可以防止因漏电引起的误动作</td></tr>
<tr><td>DC24 V 电源公共端子</td><td colspan="2">DC24 V0.1 A 电源（端子 PC）的公共输出端子与端子 5 及端子 SE 绝缘</td></tr>
</table>

续表

种类	端子记号	端子名称	端子功能说明	额定规格
接点输入	PC	外部晶体管公共端子（漏型）（初始设定）	漏型逻辑时当连接晶体管输出（即集电极开路输出）、如可编程控制器（PLC）时，将晶体管输出用的外部电源公共端接到该端子时，可以防止因漏电引起的误动作	电源电压范围 DC22~26 V 容许负载电流 100 mA
		接点输入公共端（源型）	接点输入端子（源型逻辑）的公共端子	
		DC24 V 电源	可作为 DC24 V、0.1 A 的电源使用	
频率设定	10	频率设定用电源	作为外接频率设定（速度设定）用电位器时的电源使用。（参照 Pr. 73 模拟量输入选择）	DC5.2 V±0.2 V 容许负载电流 10 mA
	2	频率设定（电压）	如果输入 DC0~5 V（或 0~10 V），在 5 V（10 V）时为最大输出功率，输入输出成正比。通过 Pr. 73 进行 DC0~5 V（初始设定）和 DC0~10 V 输入的切换操作	输入电阻 10 kΩ±1 kΩ 最大容许电压 DC20 V
	4	频率设定（电流）	如果输入 DC4~20 mA（或 0~5 V，0~10 V），在 20 mA 时为最大输入频率，输入输出成正比。只有 AU 信号为 ON 时端子 4 的输入信号才会有效（端子 2 的输入将无效）。通过 Pr. 267 进行 4~20 mA（初始设定）和 DC0~5 V、DC0~10 V 输入的切换操作。电压输入（0~5 V/0~10 V）时，请将电压/电流输入切换开关切换至“V”	电流输入的情况下如下。输入电阻 233 Ω±5 Ω 最大容许电流 30 mA；电压输入的情况下如下。输入电阻 10 kΩ±1 kΩ 最大容许电压 DC20 V
	5	频率设定公共端子	频率设定信号（端子 2 或 4）及端子 AM 的公共端子，请勿接大地	—

（2）输出信号

输出端子功能见表 1-4。

表 1-4　输出端子功能

种类	端子记号	端子名称	端子功能说明	额定规格
继电器	A、B、C	继电器输出（异常输出）	指示变频器因保护功能动作时输出停止的 1c 接点输出。异常时：B-C 间不导通（A-C 间导通），正常时：B-C 间导通（A-C 间不导通）	接点容量 AC230 V 0.3 A（功率因数=0.4）DC30 V 0.3 A

续表

种类	端子记号	端子名称	端子功能说明	额定规格
集电极开路	RUN	变频器正在运行	变频器输出频率大于或等于启动频率（初始值 0.5 Hz）时为低电平，已停止或正在直流制动时为高电平	容许负载 DC24 V（最大 DC27 V）0.1 A（ON 时最大电压降 3.4 V）低电平表示集电极开路输出用的晶体管处于 ON（导通状态）。高电平表示处于 OFF（不导通状态）
	FU	频率检测	输出频率大于或等于任意设定的检测频率时为低电平，未达到时为高电平	
	SE	集电极开路输出公共端子	端子 RUN、FU 的公共端子	—
模拟	AM	模拟电压输出	可以从多种监测项目中选一种作为输出。变频器复位中不被输出；输出信号与监测项目的大小成比例 输出项目：输出频率（初始设定）	输出信号 DC0～10 V 许可负载电流 1 mA（负载阻抗 10 kΩ 以上），分辨率 8 位

（3）通信

通信端子功能见表 1-5。

表 1-5　通信端子功能

种类	端子记号	端子名称	端子功能说明
RS-485	—	PU 接口	通过 PU 接口，可进行 RS-485 通信； 标准规格：EIA-485（RS-485）； 传输方式：多站点通信； 通信速率：4 800～38 400 b/s； 总长距离：500 m
USB	—	USB 接口	与个人计算机通过 USB 连接后，可以实现 FR Configurator 的操作； 接口：USB1.1 标准； 传输速度：12 Mb/s； 连接器：USB 迷你-B 连接器（插座迷你-B 型）

任务 2　变频器的基本操作

1.2.1　变频器的分类

变频器

变频技术是应交流电动机无级调速的需要而产生的，20 世纪 60 年代以后，电力电子器件的发展为变频技术提供了坚实的物质基础。变频器作为现代工业控制领域的重要设备，其种类繁多，应用广泛，具体分类如下。

1. 根据主开关器件分类

根据变频器主开关器件的不同，变频器可分为 IGBT 变频器、SCR 变频器、BJT 变频器、GTO 变频器等。主开关器件采用 IGBT 时，开关频率可达 20 kHz 以上，输出波形已经非常接近正弦波，因此又称正弦脉宽调制（SPWM）逆变器。把直流电逆变成交流电的环节较易控制，因此改善变频后，电动机的特性等方面都具有明显的优势，有利于扩大变频器的频率调节范围，目前得到迅速普及应用的主要是这种变频器。

2. 根据变流环节不同分类

（1）交-直-交变频器

交-直-交变频器先将工频交流电源（三相或两相）通过整流器变换成直流，再通过逆变器变换成可控频率和电压的交流电源，又称间接式变压变频器。交-直-交变频器的可调节频率范围较宽，低压变频器通常采用这种方式。

（2）交-交变频器

交-交变频器把频率固定的交流电源（恒压恒频 CVCF）直接变换成频率和大小连续可调的交流电源（VVVF），又称直接式变压变频器。其主要优点是没有中间环节，变频效率高，但其连续可调的频率范围窄，一般为额定频率的$\frac{1}{2}$以下。其转换前后的相数相同，主要用于低速大容量的调速系统。

3. 按照电压等级分类

（1）低压变频器（110 V、220 V、380 V）。

（2）中压变频器（500 V、660 V、1 140 V）。

（3）高压变频器（3 kV、3.3 kV、6 kV、6.6 kV、10 kV）。

4. 根据直流电路的储能环节（滤波方式）分类

（1）电压源型变频器

在交-直-交变频器装置中，当中间直流环节采用大电容滤波时，直流电压波形比较平直，在理想情况下，这种变频器是一个内阻为零的恒压源，这类变频装置叫作电压源型变频器，中、小容量变频器以电压源型变频器为主，如图 1-5（a）所示。

电压源型变频器电路在负载能量反馈到中间直流电路时，将导致电容电压升高，称为泵升电压；如果能量无法反馈回交流电源，泵升电压会危及整个电路的安全。

为解决这个问题，可采取的措施如下。

① 主电路中设置泵升电压限制电路，当泵升电压超过一定数值时，使 V_0 导通，将从负载反馈的能量消耗在 R_0 上。

② 将不可控整流电路改为可控整流电路，利用可控变流器实现再生反馈。当负载反馈能量时，可控变流器工作于有源逆变状态，将电能反馈回电网。负载需要经常运行在制动状态的情况下（如电力机车、起重设备等），这种变频器具有显著的节能效果。

整流和逆变均为 SPWM 控制的电压源型变流电路：整流和逆变电路的构成完全相同，

均采用SPWM控制，能量可双向流动；输入、输出电流均为正弦波，输入功率因数高且可实现电动机四象限运行。

（2）电流源型变频器

当交-直-交变频器装置中的中间直流环节采用大电感滤波时，这类变频装置称为电流源型变频器，适用于大容量变频器，如图1-5（b）所示。

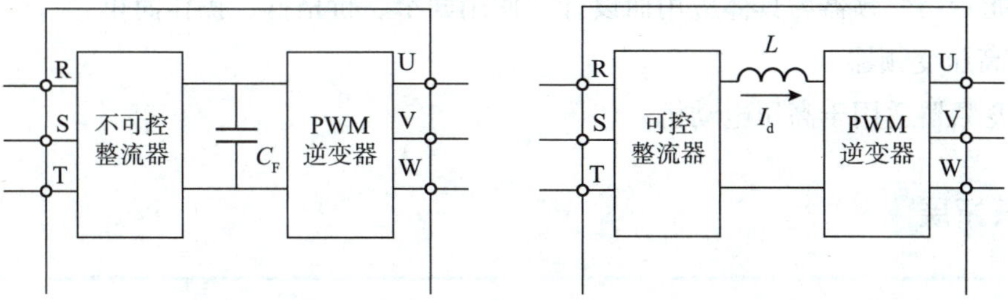

（a）电压源型　　（b）电流源型

图1-5　电压源型和电流源型变频器

整流电路为不可控的二极管整流时，电路不能将负载侧的能量反馈到电源侧。为使电路具备再生反馈电力的能力，整流电路同样可采用晶闸管可控整流电路，负载反馈能量时，可控变流器工作于有源逆变状态，使中间直流电压反极性。

整流和逆变均为SPWM控制的电流源型变流电路，可通过对整流电路的SPWM控制使输入电流为正弦波，并可使输入功率因数为1。

5. 根据电压的调制方式分类

（1）正弦波脉宽调制变频器

正弦波脉宽调制变频器采用正弦波脉冲宽度调制，电压的大小是通过调节脉冲占空比来实现的，中、小容量的通用变频器几乎全部采用此类变频器。

（2）脉幅调制（PAM）变频器

脉幅调制变频器采用脉冲幅度调制，电压的大小是通过调节直流电压幅值来实现的，比较少用。

6. 根据输入电源的相数分类

（1）三进三出变频器

三进三出变频器的输入侧和输出侧都是三相交流电，绝大多数变频器都属于此类。

（2）单进三出变频器

单进三出变频器的输入侧为单相交流电，输出侧是三相交流电，家用电器里的变频器均属于此类，通常其容量较小。

7. 按照工作原理分类

（1）V/f控制变频器。

（2）转差频率控制变频器。

（3）矢量控制变频器。

（4）直接转矩控制型变频器。

8. 按照用途分类

（1）通用变频器

通用变频器用于机械传动调速，功能齐全、性能好、价格贵。

（2）高性能专用变频器

高性能专用变频器为具体应用而设计，使用面窄、价格低、操作简单。

（3）高压变频器

高压变频器适用于高压电动机。

知识拓展

部分常用术语的中英文对照

变频器：inverter（亚洲），AC drive（美洲常用），frequency converter（欧洲常用）；

变流器：converters；

整流：rectifying-rectification；

整流器：rectifier；

逆变：inverting-inversion；

逆变器：inverter；

转矩脉动：torque pulsation；

脉宽调制：（pulse width modulation，PWM）；

谐波：harmonic；

矢量控制：（vector control，VC）；

直接转矩控制：（direct torque control，DTC）；

四象限运行：four quadrant operation；

再生（制动）：regeneration；

直流制动：DC braking；

漏电流：leak current；

滤波器：filter；

电抗器：reactor；

电位器：potentiometer；

编码器：encoder，（pulse generator，PLG）；

定子：stator；

转子：rotor。

1.2.2　变频器的结构与原理

低压通用变频器的输出电压为380～650 V，输出功率为0.75～400 kW，工作频率为0～400 Hz。它的主电路类型大多数采用的是交-直-交电路，而其逆变电路一般采用正弦脉宽调制（SPWM）控制方式。不同系列变频器的结构与原理基本相同，变频调速过程中出现的许多现象都可通过电路来分析。因此，熟悉变频器电路结构，了解各部分的作用，具有十分重要的意义。

1. 普通变频器的主电路

普通变频器的主电路是给异步电动机提供调压调频电源的电力变换部分，大致由三部分构成：整流电路、中间环节电路和逆变电路。

（1）整流电路

整流电路的作用是将工频电源变换为直流电源，分单相整流和三相整流，大多采用桥式全波整流电路。在中、小容量的变频器中，整流器件一般采用不可控的整流二极管或二极管模块，当三相线电压为380 V时，整流后的峰值电压为537 V，平均电压为515 V。某些具有大量再生能量的场合可用晶闸管变流器，由于其功率方向可逆，可以实现能量的回馈。

（2）中间环节电路

中间环节电路主要包括滤波电路、均压电路、限流电路、泵升电压限制电路、直流信号检测以及保护电路等。

① 滤波电路。滤波电路用于去除电路中的杂散信号或给定频率范围内的分量。常见的滤波电路包括低通滤波器、高通滤波器、带阻滤波器和带通滤波器，分别用于不同的滤波需求。

② 均压电路。均压电路用于保持电源输出的稳定电压，不受输入电压波动的影响。均压电路通常包括稳压二极管、稳压器等电路，能够在一定程度上抵消输入电压的波动，保持输出电压稳定。

③ 限流电路。限流电路用于限制电路中的电流，保护电路中的元件不受过载电流的损害。常见的限流电路包括电流限制器、限流二极管等。

④ 泵升电压限制电路。泵升电压限制电路用于避免电路中的电压超过一定限制值。泵升电压限制电路可以通过电路设计，控制电路中的电压不超过设定的阈值，保护电路和相关器件的安全运行。

⑤ 直流信号检测和保护电路。直流信号检测和保护电路用于检测直流信号的存在、大小或波形，以实现相应的保护功能。例如，过压保护、过流保护、短路保护等功能都可以通过直流信号检测和保护电路实现。

（3）逆变电路

① 逆变主电路。逆变主电路由逆变器桥臂，通常由功率开关器件（如晶闸管、功率晶体管）构成。逆变主电路的作用是将直流电源转换为交流电源。逆变主电路中的开关控

制方式决定了输出波形和频率，常见的控制方式包括 SPWM、SVPWM 等。

② 续流电路。在逆变器中，续流电路用于解决晶闸管或功率晶体管在导通状态时反压过高问题。续流电路会提供一条通道，供电流续流，保护开关器件免受反向电压冲击。

③ 缓冲电路。缓冲电路用于减小电路中的电压和电流的峰值，平滑输出波形，减少谐波内容。缓冲电路一般由电容器和电感构成，用于减小输出波形中的波纹。

④ SPWM 控制方式。SPWM 控制方式是一种常用的逆变器控制方式，通过调节逆变器开关器件（如晶闸管、IGBT）的导通时间来控制输出电压的大小。在 SPWM 控制方式下，逆变器输出的脉冲宽度按照正弦波信号进行调制，实现输出波形的近似正弦波，同时能够控制输出电压的幅值和频率。

2. 多电平电压源型逆变器

（1）高压变频器需要解决的主要问题

由于功率器件受到电压等级限制，为了获得高电压、大功率，需将功率器件串、并联使用。但如果变频器的 SPWM 逆变主电路，单纯依靠开关器件的串、并联来实现，则会出现如下问题。

① 串、并联器件的静态和动态均压电路会导致系统复杂，损耗增加，效率下降。

② 输出只有两个电平，电压波动大，会产生较大的谐波和过高的电压变化率 du/dt，引起电动机绕组绝缘过早老化，并对附近的通信或其他电子设备产生强烈的电磁干扰。

③ 开关器件在串、并联技术上的不确定因素会使逆变器的可靠性明显下降。

即使功率器件不受电压等级技术条件的限制，用双电平逆变器实现高压输出，也存在输出电压波动大的问题。

如果采用高-低-高方式，如图 1-6 所示，中间环节可以使用低压通用变频器，虽然能避免开关器件的静态和动态均压问题，但是存在中间低压环节电流大、效率低、占地面积大等缺点。如果将多个低压大容量逆变器并联，通过变压器升压获得高压大功率，输出电压波形可以接近正弦波，但是也存在效率低、动态性能不高和占地面积大等问题。

图 1-6　高-低-高方式

综上所述，人们希望高压逆变器在直接实现高压变换的同时，又能使输出电压波形接近正弦波，这就是高压变频器需要解决的主要问题。

（2）多电平电压源型逆变器

在高电压、大容量、交-直-交电压源型变频调速系统中，为了减少开关损耗和每个开关承受的电压，进而改善输出电压波形，减少转矩脉动，多采用增加直流侧电平的方法。1980 年日本长冈科技大学首次提出了三电平逆变器技术，这种逆变器结构既可以避免了开关器件串联引起的动态均压问题，又可以降低输出谐波和电压变化率 du/dt，功率开关器件可采用 GTO、IGBT 或 IGCT 等。

在三电平逆变器的基础上，经过多年的研究，后来又出现了五电平、七电平和九电平逆变器。从多电平逆变器主电路拓扑结构来看，主要有三种拓扑结构，包括二极管钳位型多电平逆变器、飞跨电容型多电平逆变器和具有独立直流电源的级联型逆变器。在实际应用中，最为成熟的是三电平或五电平逆变器，因此在满足性能指标的前提下，不宜追求过高的电平数目。

二极管钳位和飞跨式电容的逆变器电路，都存在由于直流分压电容充、放电不均衡造成的中点电压不平衡问题。中点电压的增减取决于开关模式的选择、负载电流方向、脉冲持续时间及所选用的电容等。中点电压不平衡会引起输出电压的畸变，必须加以抑制。主要手段是根据中点电压的偏差，采用不同开关模式和持续时间的选择以抑制中点电压的偏差。

3. 变频器的控制电路

变频器控制电路主要完成对主电路的控制，其中单片机根据各种输入信号和检测信号按一定程序产生 SPWM 信号；驱动电路将单片机产生的 SPWM 信号进行放大后控制逆变电路中 IGBT 的通断；信号检测保护电路用于变频器的电压、电流、温度等的保护；控制电路中还有存储电路、显示电路、隔离电路等。对于如矢量控制型变频器这种需要大量运算的变频器来说，有时还需要一个进行转矩计算的 CPU 以及一些相应的电路。

（1）驱动电路

驱动电路的作用是根据控制单元的指令对 IGBT 进行驱动。IGBT 栅极驱动电路有多种形式，按照驱动电路元件的组成可分为分立元件驱动电路和集成化驱动电路。

专为驱动电力 MOSFET 而设计的混合集成电路有三菱公司的 M57918L，其输入信号电流幅值为 16 mA，输出最大脉冲电流为+2 A 和−3 A，输出驱动电压为+15 V 和−10 V。

IGBT 的驱动多采用专用的混合集成驱动器，常用的有三菱公司的 M579 系列（如 M57962L 和 M57959L）和富士公司的 EXB 系列（如 EXB840、EXB841、EXB850 和 EXB851），内部具有退饱和检测及保护环节，当发生过电流时能快速响应且慢速关断 IGBT，并向外部电路给出故障信号。

M57962L 输出的正驱动电压均为+15 V 左右，负驱动电压为−10 V。

（2）变频器的控制方式

① 恒压频比控制

为避免电动机因频率变化导致磁饱和而造成励磁电流增大，引起功率因数和效率的降低，需要对变频器的电压和频率的比率进行控制，使该比率保持恒定，即恒压频比控制，以维持气隙磁通为额定值。

恒压频比控制方法比较简单，是一种被广泛采用的控制方式，该方式被用于转速开环的交流调速系统，适用于生产机械对调速系统的静、动态性能要求不高的场合。

工作原理：转速给定作为调节加减速的频率 f 指令值，同时乘以适当比例作为定子电

压 V_1 的指令值，该比例决定了 V/f 值。频率和电压由同一给定值控制，因此可以保证压频比为恒定。

在给定信号之后设置的给定积分器，将阶跃给定信号转换为按设定斜率逐渐变化的斜坡信号 u_{gt}，从而使电动机的电压和转速都平缓地升高或降低，避免产生冲击。

给定积分器输出的极性代表电动机转向，幅值代表输出电压、频率。绝对值变换器输出 u_{gt} 的绝对值 u_{abs}，电压频率控制环节根据 u_{abs} 及 u_{gt} 的极性得出电压及频率的指令信号，经 PWM 生成环节形成控制逆变器的 PWM 信号，再经驱动电路控制变频器中 IGBT 的通断，使变频器输出所需频率、相序和大小的交流电压，从而控制交流电动机的转速和转向。

普通控制型 V/f 通用变频器是转速开环控制方式，无速度传感器。优点是控制电路简单，采用通用标准异步电动机，通用性强，性价比高；缺点是不能恰当地调整电动机转矩，无法准确地控制电动机的实际转速，转速极低时由于转矩不足而无法克服较大的摩擦力。

② 具有恒定磁通功能的 V/f 通用变频器

通用变频器驱动不同类型的异步电动机时，根据电动机的特性对 V/f 值进行恰当的调整是十分困难的。一旦出现电压不足，电动机的特性与负载特性就会没有稳定运行交点，可能出现过载或跳闸。要想使电动机特性在最大转矩范围内与负载特性处处都有稳定运行交点，就应当让转子磁通恒定而不随负载发生变化。

普通控制型 V/f 通用变频器的 SPWM 控制主要是使逆变器输出电压尽量接近正弦波，即希望输出 SPWM 电压波形的基波成分尽量大，谐波成分尽量小。在控制上没有考虑负载电路参数对转子磁通的影响，如果采用磁通反馈控制让异步电动机所输入的三相正弦电流在空间产生圆形旋转磁场，那么就会产生恒定的电磁转矩，这样的控制方法叫做“磁链跟踪控制”。

因为磁链的轨迹是靠电压空间矢量相加得到的，所以有人把“磁链跟踪控制”称为“电压空间矢量控制”。考虑到这种功能的实现是通过控制定子电压和频率之间的关系来实现的，所以恒定磁通的控制方法仍然属于 V/f 控制方式。西门子公司的 MICRO/MIDI MASTER，富士公司的 FRENIC5 000G7/P7、G9P9，三垦公司的 SANCO-L 系列均属于此类。采用 32 位 DSP 或双 16 位 CPU 进行控制，为实现恒定磁通控制功能提供了必要的条件。

③ 矢量控制通用变频器

矢量控制方法的出现，使异步电动机变频调速后的机械特性及动态性能达到了足以和直流电动机调压时的调速性能相媲美的程度，从而使异步电动机变频调速在电动机的调速领域处于优势地位。

交流异步电动机的转子能够旋转的原因是交流电动机的定子能够产生旋转磁动势，而旋转磁动势是交流电动机三相对称的静止绕组 A、B、C 通过三相平衡的正弦电流所产生的。但是，旋转磁动势并不一定非要三相平衡，如果给在空间位置上互相垂直，在时间上互差 90°电角度的两相绕组通以平衡的电流，也能产生旋转磁动势。

直流电动机转子能够产生旋转是定子与转子之间磁场相互作用的结果。由于直流电动机的电刷位置固定不变，尽管电枢绕组在旋转，但电枢绕组所产生的磁场与定子所产生的磁场在空间位置上永远互相垂直。如果以直流电动机转子为参考点，那么定子所产生的磁场就是旋转磁动势。

由此可见，以产生同样的旋转磁动势为准则，三相交流绕组与两相直流绕组可以彼此等效。

④ 直接转矩控制

直接转矩控制是继矢量控制变频调速技术之后的一种新型的交流变频调速技术。它是利用空间电压矢量 PWM（SVPWM）通过磁链、转矩的直接控制，确定逆变器的开关状态来实现的。直接转矩控制还可用于普通的 PWM 控制，实现开环或闭环控制。

直接转矩控制技术用空间矢量的分析方法，直接在定子坐标系下计算与控制交流电动机的转矩，采用定子磁场定向，借助离散的两点式调节（band-band）控制产生 PWM 信号，直接对逆变器的开关状态进行最佳控制，以获得转矩的高动态性能。它省掉了复杂的矢量变换与电动机数学模型的简化处理，没有通常的 PWM 信号发生器。它的控制思想新颖，控制结构简单，控制手段直接，信号处理的物理概念明确。该控制系统的转矩响应迅速，限在一拍以内且无超调，是一种具有高静态性能和动态性能的交流调速方法。

实训任务

掌握三菱 FR-E700 系列变频器的运行模式设定方法、参数设定值变更方法以及变频器的初始化设定方法。

任务指导

以下是三菱 FR-E700 系列变频器运行模式设定、参数设定值变更以及参数值和校准值初始化到出厂设定值的具体操作方法。

1. 运行模式设定

（1）进入参数设定模式，在参数设置菜单中找到“运行命令设定”或类似选项。

（2）选择合适的运行模式，如手动、自动、远程等。

（3）根据需要调整其他相关参数，并保存设定。

2. 参数设定值变更

（1）进入参数设定模式，在参数设置菜单中找到需要修改的参数项。

（2）输入新的参数设定值。

（3）确认修改后的数值无误，并保存设定。

3. 参数值和校准值初始化到出厂设定值

（1）进入参数设定模式，在参数设置菜单中找到“出厂设定值初始化”或类似选项。

（2）选择要初始化的内容，包括参数值、校准值等。

（3）确认初始化操作，系统将所有选定内容恢复到出厂设定值。

4. 操作模式选择（Pr. 79）

X16 信号输入所使用的端子通过将 Pr. 178 ~ Pr. 184（输入端子功能选择）设定为“16”来分配功能，见表 1-6。

表 1-6　X16 信号输入所使用的端子

<table>
<tr><th colspan="2" rowspan="2">Pr. 79
设定值</th><th colspan="2">X16 信号状态运行模式</th><th rowspan="2">备注</th></tr>
<tr><th>ON（外部）</th><th>OFF（PU）</th></tr>
<tr><td colspan="2">0（初始值）</td><td>外部运行模式</td><td>PU 运行模式</td><td>可以在外部、PU、网络运行模式间切换</td></tr>
<tr><td colspan="2">1</td><td colspan="2">PU 运行模式</td><td>固定为 PU 运行模式</td></tr>
<tr><td colspan="2">2</td><td colspan="2">外部运行模式</td><td>固定为外部运行模式（可切换至网络运行模式）</td></tr>
<tr><td colspan="2">3、4</td><td colspan="2">外部/PU 组合模式</td><td>固定为外部/PU 组合模式</td></tr>
<tr><td colspan="2">6</td><td>外部运行模式</td><td>PU 运行模式</td><td>可以在持续运行的同时，进行外部、PU、网络运行模式的切换</td></tr>
<tr><td rowspan="2">7</td><td>X12（MRS）
ON</td><td>外部运行模式</td><td>PU 运行模式</td><td>可以在外部、PU、网络运行模式间切换（外部运行模式时输出停止）</td></tr>
<tr><td>X12（MRS）
OFF</td><td colspan="2">外部运行模式</td><td>固定为外部运行模式（强制切换到外部运行模式）</td></tr>
</table>

需要注意的是，在进行参数设定和更改时，请务必谨慎操作，确保了解参数的含义和影响，避免因误操作导致设备故障或不当运行。

任务 3　变频器的多段速控制

1.3.1　变频器的频率给定方法

1. 频率给定的方式

要调节变频器的输出频率，必须首先向变频器提供改变频率的信号，这个信号称为频率给定信号，也称频率指令信号或频率参考信号。所谓给定方式，是指调节变频器输出频率的具体方法，也就是提供给定信号的方式。

（1）面板给定方式

通过操作面板上的键盘或电位器进行频率给定（即调节频率）的方式，称为面板给定方式，面板给定有两种情况。

① 键盘给定

频率的大小通过键盘上的上升键（▲键）和下降键（▼键）来进行给定，键盘给定属于数字量给定，精度较高。

② 电位器给定

部分变频器在面板上设置了电位器。频率大小也可以通过电位器来调节，电位器给定属于模拟量给定，精度稍低，为最高频率的±0.50以内。

多数变频器在面板上并无电位器，故说明书中所说的“面板给定”，实际就是键盘给定。

变频器的面板通常可以取下，通过延长线安置在用户操作方便的地方，如图1-7所示。

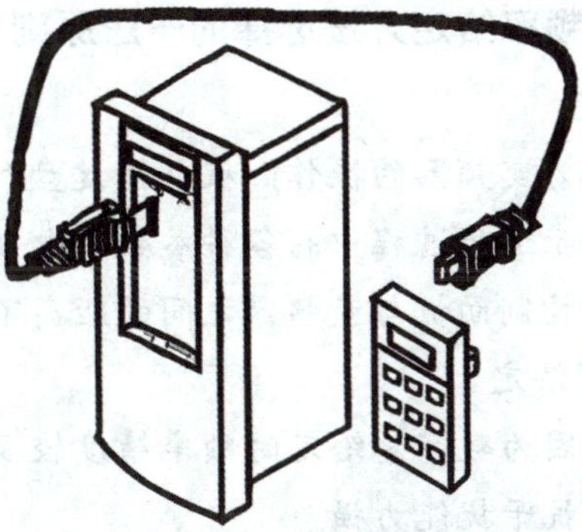

图1-7　面板遥控给定

（2）外部给定方式

从外接输入端子输入频率给定信号，来调节变频器输出频率的大小，称为外部给定或远控给定，主要的外部给定方式介绍如下。

① 外接模拟量给定

外接模拟量给定通过外接给定端子从变频器外部输入模拟量信号（电压或电流）进行给定，并通过调节给定信号的大小来调节变频器的输出频率。

模拟量给定信号的种类见表1-7。

表1-7　模拟量给定信号的种类

种类	举例
电压信号	以电压大小作为给定信号，给定信号的范围有0~10 V、2~10 V、0~±10 V、0~5 V、1~5 V、0~±5 V等
电流信号	以电流大小作为给定信号，给定信号的范围有0~20 mA、4~20 mA等

② 外接数字量给定

外接数字量给定通过外接开关量端子，输入开关信号进行给定，如多段速给定。

③ 外接脉冲给定

外接脉冲给定通过外接端子输入脉冲序列进行给定。

④ 通信给定

通信给定由PLC或计算机通过通信接口进行频率给定。

⑤ 辅助给定

辅助给定在变频器的给定信号输入端，配置有辅助给定信号输入端（简称辅助给定），辅助给定信号与主给定信号叠加，起调整变频器输出频率的辅助作用。

变频器采用哪一种给定方式，须通过功能预置来事先决定，以三菱 FR-E700 系列变频器为例，可通过参数 Pr. 79 来进行设置。

知识拓展

频率给定方法选择的一般原则

1. 面板给定和外接给定

优先选择面板给定，因为变频器的操作面板包括键盘和显示屏，而显示屏的显示功能十分齐全。例如，可显示运行过程中的各种参数、电压电流以及故障代码等。但由于受连接线长度的限制，控制面板与变频器之间的距离不能过长。

2. 数字量给定与模拟量给定

优先选择数字量给定，因为数字量给定时频率精度较高；数字量给定通常用触点操作，不仅不易损坏，而且抗干扰能力强。

3. 电压信号与电流信号

优先选择电流信号，因为电流信号在传输过程中，不受线路电压降、接触电阻及其压降、杂散的热电效应以及感应噪声等的影响，抗干扰能力较强。

因为电流信号电路比较复杂，所以在距离不远的情况下，仍选用电压给定方式居多。

2. 频率给定的其他功能

（1）频率指令的保持功能

变频器在停机后，是否保持停机前运行频率的选择功能。再开机时，变频器的运行频率有以下两种状态可供选择。

① 保持功能无效

运行频率为 0，如要恢复到原来的工作频率，需重新加速。

② 保持功能有效

运行频率自动上升到停机前的工作频率。

（2）点动频率功能

点动是各类机械在调试过程中经常使用的操作方式。因为主要用于调试，故所需频率较低，一般也不需要调节。所以，点动频率（用 f_J 表示）是通过功能预置来确定的，有的变频器也可以预置多挡点动频率。

（3）频率给定异常时的处理功能

频率给定信号异常大致有以下两种情形。

① 给定信号丢失

当外接模拟频率给定信号因电路接触不良或断线而丢失时，变频器处理方式的选择功能。例如，是否停机；如继续运行，则在多大频率下运行等。

② 给定信号小于最低频率时的处理功能

有的负载在频率很低时实际上不能运行，因而需要预置“最低频率”。对应地，也就有一个最小给定信号。当实际给定信号小于最小给定信号时，应视为异常状态。

1.3.2　频率给定线的设定方法

1. 基本频率给定线

由模拟量进行频率给定时，称为模拟量给定方式，模拟量给定时的频率精度略低，为最高频率的±0.50。变频器的给定信号 G（G 是给定信号的统称，既可以是电压信号 U_G，也可以是电流信号 I_G）与对应的给定频率 f 之间的关系曲线 $U=f(G)$ 或 $I=f(G)$，称为频率给定线。

在给定信号 X 从 0 增大至最大值 X_{max} 的过程中，给定频率 f 线性地从 0 增大到最大频率 f_{max} 的频率给定线称为基本频率给定线。其起点为（$G=0$，$f_G=0$），终点为（$G=G_{max}$，$f_G=f_{max}$），如图 1-8 所示。

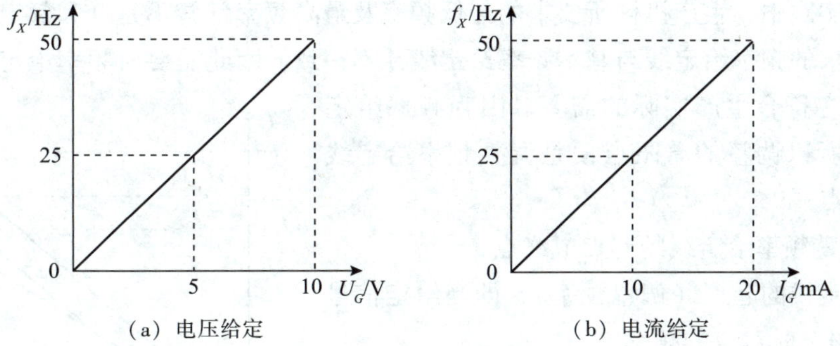

图 1-8　基本频率给定线

(1) 电压信号

以电压大小作为给定信号的称为电压信号，其范围有 0~5 V 或 0~10 V，输入端为 2 号端子，可通过参数 Pr. 73 切换，即输入电压可进行“0~5 V，0~10 V”选择，Pr. 73= “0”对应 DC0~5 V；Pr. 73= “1”对应 DC0~10 V。

说明：本教材中的变频器参数设定方法均以三菱变频器为参考，其他系列的变频器参数设定方法，可参考使用说明手册。

例如，Pr. 73= “1”时，给定电压信号为 $U_G=0\sim10$ V，若对应的输出频率 $f_G=0\sim50$ Hz，则 $U_G=0$ 与 $f_G=0$ 相对应；$U_G=10$ V 与 $f_G=50$ Hz 相对应。

电压给定方法比较容易，用一个电位器即可调节，如图 1-9 所示，但是稳定性较差。

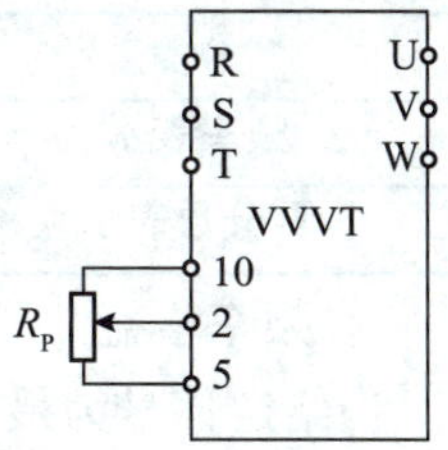

图 1-9　电位器给定

(2) 电流信号

以电流大小作为给定信号的称为电流信号，其范围为 4~20 mA，有的为 0~20 mA。

由于电流信号所传输的信号不受线路电压降、接触电阻及其压降、杂散的热效应以及感应噪声等的影响，因此其抗干扰能力较强。在远距离控制中，给定信号的范围常用 4～20 mA，其“零”信号为 4 mA，这既为了提高抗干扰能力，也为了方便检查工作是否正常。

在进行测量时，因为电流中还有 4 mA，说明给定信号电路的工作是正常的，如图 1-10（a）所示；无电流信号说明因传感器或信号电路发生故障而根本没有信号，在进行测量时，如果给定信号值为 0，则说明给定电路的工作不正常，如图 1-10（b）所示。

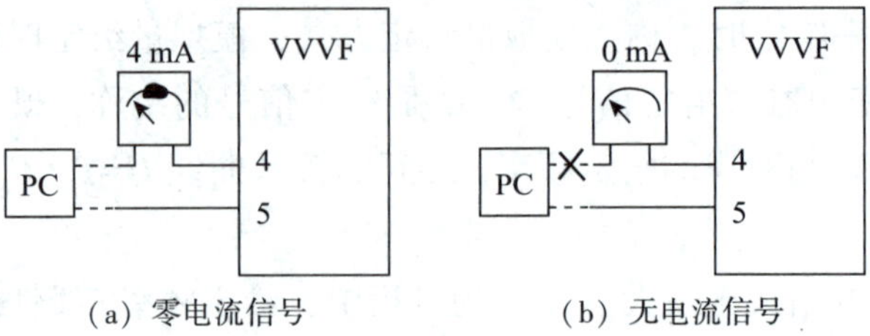

图 1-10　零电流与无电流信号

2. 频率给定线的调整

在生产实践中，生产机械所要求的最低频率及最高频率常常不是 0 和额定频率，或者说，实际要求的频率给定线与基本频率给定线并不一致，因此需要对频率给定线进行适当的调整，使之符合生产实际的需要。因为频率给定线是直线，所以调整的着眼点便是调整频率给定线的起点或终点。

（1）调整频率给定线的起点或终点

频率给定线的起点（偏置频率），即当给定信号为最小值（0）时对应的频率。

频率给定线的终点（频率增益），即当给定信号为最大值（100%）时所对应的频率。

① 偏置频率

部分变频器把给定信号为 0 时的对应频率称为偏置频率，用 f_{BI} 表示，如图 1-11 所示。

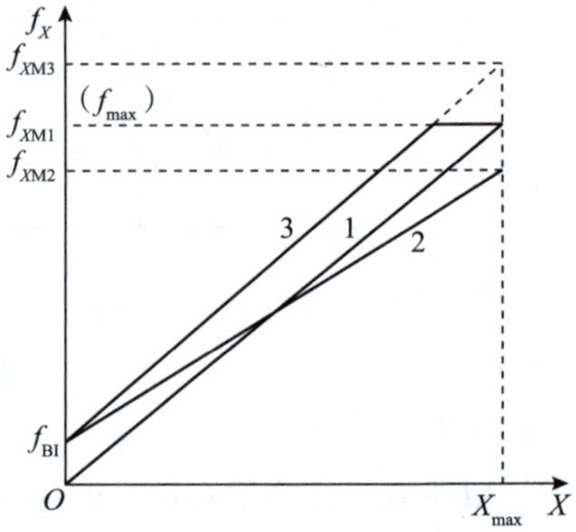

图 1-11　偏置频率与频率增益

偏置频率的表示方式见表 1-8。

表 1-8　偏置频率的表示方式

分类	表示方式
频率表示	直接用频率值 f_{BI} 表示
百分数表示	用与最大输出频率 f_{max} 之比的百分数 f_{BI}% 表示

② 频率增益

当给定信号为最大值 X_{max} 时，对应的最大给定频率 f_{XM} 与变频器预置的最大输出频率 f_{max} 之比的百分数，用 $G\%$ 表示，即

$$G\%=\frac{f_{XM}}{f_{max}}\times 100\%$$

式中　f_{max}——变频器预置的最大频率，Hz；

f_{XM}——虚拟最大给定频率，其不一定与最大频率f_{max}相等，Hz；

当$G\%<100\%$时，变频器实际输出的最大频率就等于f_{XM}；

当$G\%>100\%$时，变频器实际输出的最大频率等于f_{max}。

（2）任意设定两点（两点决定了一条直线）

三菱变频器的频率给定线可通过参数Pr.902，Pr.903（电流控制时为Pr.904、Pr.905），任意设置两点来进行调整。参数Pr.125（Pr.126）与变频器的其他参数一样，只能输入频率的大小（或增益），对应的给定信号默认为100%；参数Pr.902、Pr.903、Pr.904、Pr.905这四个参数是特别的，要同时输入频率和对应的给定信号百分比，可用于任意两点的设置。

给定电压的百分比计算比较容易，即输入电压与满量程电压之比；而给定电流的百分比计算时要注意起点是4 mA。如某传感装置输入变频器的电流是10 mA，则给定电流的百分比是6 ∶16，大约为37%。

3. 上限频率和下限频率

为了防止因传感器故障或变频器输入信号干扰而使生产机械出现过高或过低的转速，有必要设置上、下限频率。与生产机械所要求的最高转速相对应的频率称为上限频率，用f_H表示，又称最大频率f_{max}。在数字量给定（包括键盘给定、外接升速/降速给定、外接多挡转速给定等）时，上限频率是变频器允许输出的最高频率；在模拟量给定时，是与最大给定信号对应的频率，f_{max}由上限频率参数Pr.1=0~120 Hz设定。上限频率与最高频率之间，必有$f_H \leqslant f_{max}$。与生产机械所要求的最低转速相对应的频率，称为下限频率，用f_L表示，由下限频率参数Pr.2设定。

1.3.3　变频器常用的控制功能

变频器的频率给定线是输出频率与给定信号的对应关系，而变频器的实际运行还有许多制约与控制。

1. 电动机的正、反转控制

变频控制电路中，电动机的正、反转是通过改变SPWM波形的相序来实现的，不需要切换主电路，所以没有火花，具体控制方法主要有两种。

（1）正、反转输入控制端控制

STF端子与公共端SD相连接时为正转运行；STR端子与公共端SD相连接时为反转运行；若两者都与公共端SD相连则为无效，如图1-12所示。

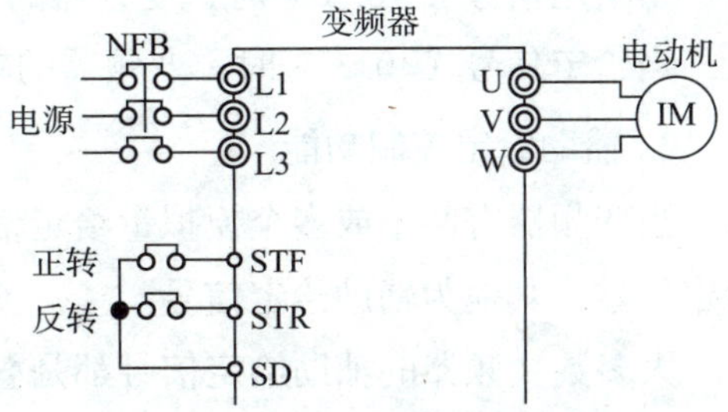

图1-12　正、反转输入端控制方式

（2）模拟量给定控制

① 双极性给定信号控制

双极性给定信号可“+”可“-”，正信号控制正转，负信号控制反转。

② 单极性给定信号控制

单极性给定信号只有“+”值，由给定信号中间的任意值作为正转和反转的分界点。

（3）死区的设置

用模拟量给定信号进行正、反转控制时，“0”速控制很难稳定，在给定信号为“0”时，常出现正转或反转的“蠕动”现象。为了防止这种“蠕动”现象，需要在“0”速附近设定一个死区 ΔX，使给定信号从 $-\Delta X$ 到 $+\Delta X$ 的区间内，输出频率为 0，如图 1-13 所示。

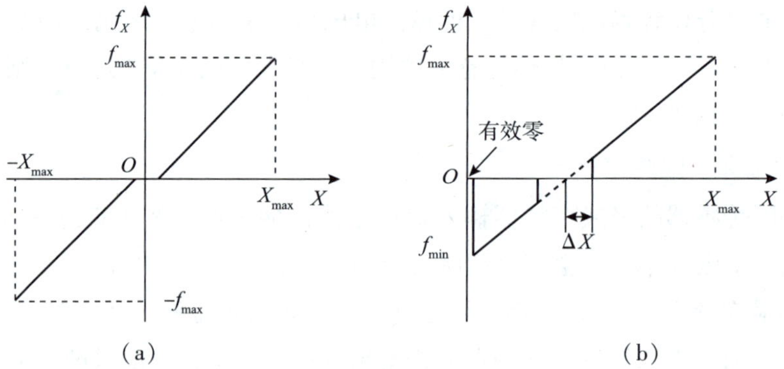

图 1-13　模拟量给定的正、反转控制

（4）有效“0”的功能

在给定信号为单极性的正、反转控制方式中，存在着一个特殊的问题，即如果给定信号因电路接触不良或其他原因而“丢失”，则变频器的给定输入端得到的信号为“0”，其输出频率将跳变为反转的最大频率，电动机将从正常工作状态转入高速反转状态。在生产过程中，这种情况的出现是有害的，甚至有可能损坏生产机械。

对此，变频器设置了一个有效“0”功能。就是说，变频器的最小给定信号不等于 0（$X_{min} \neq 0$）。如果给定信号 $X=0$，变频器将认为是故障状态而把输出频率降至 0。

例如，将有效“0”预置为 0.3 V，则

当给定信号 $X=0.3$ V 时，变频器的输出频率为 f_{min}；

当给定信号 $X<0.3$ V 时，变频器的输出频率降为 0。

2. 辅助给定控制功能

当变频器有两个或多个模拟量给定信号同时从不同的端子输入时，其中必有一个为主给定信号，其他为辅助给定信号。

大多数变频器的辅助给定信号都是叠加到主给定信号上去的，叠加后的频率给定线如图 1-14 所示（曲线 2 和曲线 3）。

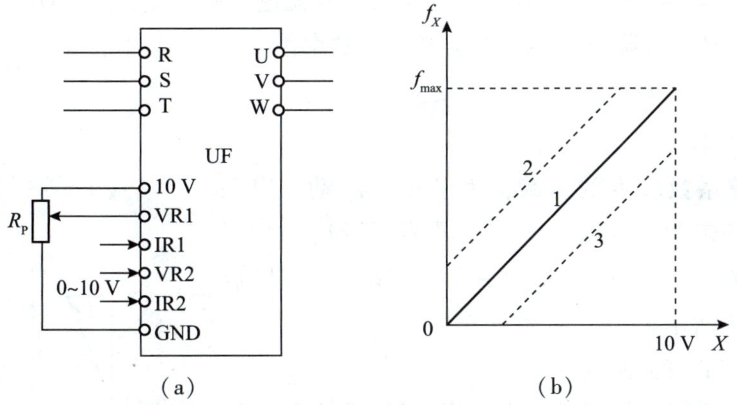

图 1-14　主给定与辅助给定

3. 设置回避频率消除振荡

设置回避频率的目的是消除机械谐振，任何机械都有一个固有的振荡频率，它取决于机械结构。运动部件的固有振荡频率常常和运动部件与基座之间以及各运动部件之间的紧固情况有关，而机械在运行过程中的实际振荡频率则与运动的速度有关。在对机械进行无级调速的过程中，机械的实际振荡频率也将不断变化。当机械的实际振荡频率和它的固有频率相等时，机械将发生谐振，这时机械的振动将十分剧烈，可能导致机械损坏。

消除机械谐振的途径有改变机械的固有振荡频率和避开可能导致谐振的速度。

在变频调速的情况下，设置回避频率使拖动系统“回避”可能引起谐振的转速是必要的，设置回避频率的具体方法是通过设置回避频率区域来实现的，即设置回避频率的区间。

（1）设置回避频率的方法

① 设置回避频率区间

回避区的起始频率 f_L 是在频率上升过程中开始进入回避区的频率；回避区的截止频率 f_H 是在频率上升过程中退出回避区的频率。

② 设置回避频率的中心

预置回避中心频率时，必须预置以下两组数据，见表 1-9。

表 1-9　预置回避中心频率时必须预置的数据

序号	数据
1	中心回避频率 f_J，即回避频率所在的位置
2	回避宽度 Δf_J，即回避频率的范围

（2）回避频率的数量

三菱变频器最多可以预置三段回避频率，可通过参数 Pr. 31 ~ Pr. 36 = 0~400 Hz 进行设置。Pr. 31、Pr. 33、Pr. 35 分别设置三段回避频率的起点；Pr. 32、Pr. 34、Pr. 36 分别设置三段回避频率的截止点。

例如，Pr. 31 = 29，Pr. 32 = 31，则当输入信号无论怎样改变，29～31 Hz 段是不可能稳定运行的，但在频率升降过程中还是会经过该频率段。

4. 变频启动运行的控制

（1）启动频率

对于静摩擦系数较大的负载，为了易于启动，启动时需要有一点冲击力。为此，可根据需要预置启动频率 f_s（Pr. 13 = 0～60 Hz），使电动机在该频率下“直接启动”，如图 1-15 所示。

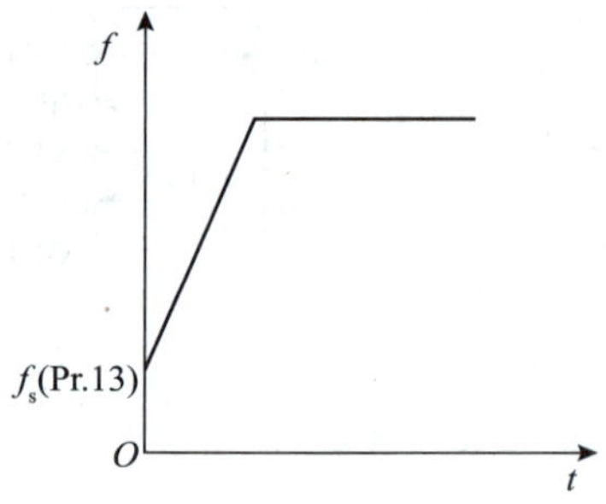

图 1-15　启动频率

（2）启动前的直流制动

启动前的直流制动用于保证拖动系统从零速开始启动，因为变频调速系统总是从最低频率开始启动的，如果在开始启动时，电动机已经有一定转速，那么将会引起过电流或过电压。启动前的直流制动功能可以保证电动机在完全停转的状态下开始启动。

5. 变频器的升、降速控制

（1）升速时间

在生产机械的工作过程中，升速过程属于从一种状态转换到另一种状态的过渡过程，在这段时间内，通常不进行生产活动。因此，从提高生产力的角度出发，升速时间越短越好。但升速时间越短，频率上升越快，越容易“过流”。所以，预置升速时间（Pr. 7 = 0～3 600 s/0～360 s）的基本原则是在不过流的前提下越短越好。通常，可先将升速时间预置长一些，观察拖动系统在启动过程中电流的大小，如启动电流较小，则可逐渐缩短时间，直至启动电流接近最大允许值时为止。

（2）降速时间

在降速过程中，电机处于发电状态，其电能通过逆变电路，反馈到直流电路，将产生泵升电压，使直流电压升高。降速过程和升速过程一样，也属于从一种状态转换到另一种状态的过渡过程。从提高生产力的角度出发，降速时间应越短越好。但降速时间越短，频率下降越快，直流电压越容易超过上限值。所以在实际工作中，也可以先将降速时间（Pr. 8 = 0～3 600 s/0～360 s）预置长一些，观察直流电压升高的情况，在直流电压不超过允许范围的前提下，尽量缩短降速时间。

水泵类负载，由于有液体（水）的阻力，一旦切断电源，水泵立即停止工作，故在降速过程中不会产生泵升电压，直流电压不会增大。但过快的降速和停机，会导致管路系统的“水锤效应”，必须尽量避免，所以即使直流电压不增大，也应预置一定的降速时间。风机的惯性较大，且风机在任何情况下都属于长期连续负载，因此，其降速时间应适当预置长一些。

（3）升、降速方式

① 线性方式（Pr. 29=0）

频率与时间呈直线性关系，如图1-16所示，多数负载可预置线性方式。

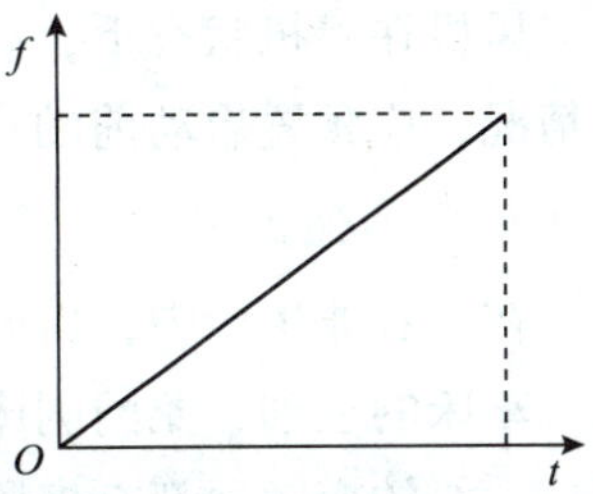

图1-16　线性升速方式

② S形A（Pr. 29=1）

在开始阶段和结束阶段，升、降速比较缓慢，具有缓和升、降速过程的冲击振动作用。这种启动方式，可有效地防止运输货物的倒塌。

③ S形B（Pr. 29=2）

在两个频率f_1、f_2间提供一个S形升、降速曲线，且稍有停顿，在加、减速过程中，使人或货物有一个反应过程，如图1-17（b）所示。

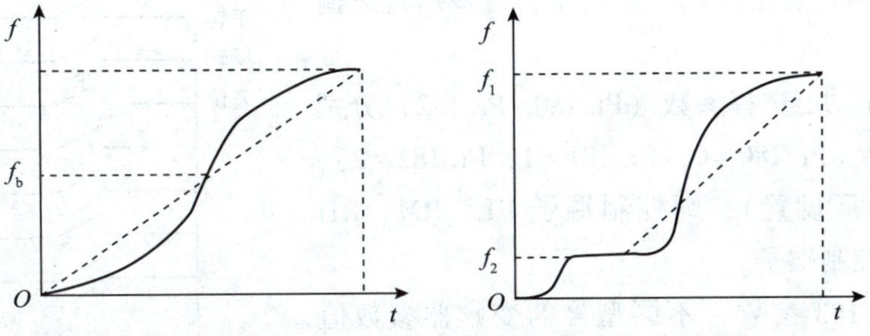

图1-17　非线性升速方式

6. 直流制动控制

为了防止出现生产机械的“爬行”和“溜坡”现象，同时也为了缩短停车时间，有必要加入直流制动。Pr. 10是直流制动时的动作频率，Pr. 11是直流制动时的动作时间（作用时间），Pr. 12是直流制动时的电压（转矩），通过设定这三个参数，可以提高生产机械停止的准确度，使之符合负载的运行要求。

（1）直流制动动作频率f_{DB}（Pr. 10=0~120 Hz）

在大多数情况下，直流制动都是和再生制动配合使用的，首先通过变频器的逆变电路用再生制动方式（降速方式）将电动机的转速降至较低转速，其对应的频率为直流制动的动作频率f_{DB}，然后再加入直流制动，使电动机迅速停住。负载要求制动时间越短，则动作频率f_{DB}应越高，但冲击也就越大。

（2）直流制动电压U_{DB}（Pr. 12=0，增益为30%的电源电压）

在定子绕组上施加直流电压的大小，决定了直流制动的强度，负载惯性越大，U_{DB}也应该越大，但制动也就越“硬”。

（3）直流制动时间t_{DB}（Pr. 11=0~10 s）

直流制动时间是指施加直流制动的时间长短。预置直流制动时间t_{DB}的主要依据是负载是否有“爬行”现象，以及对克服“爬行”的要求如何。要求高的，t_{DB}应当长一些。

风机在停机状态下，有时会因自然风的对流而旋转，且旋转方向总是反转的。如遇这种情况，应预置启动前的直流制动功能，以保证电动机在零速下启动。

7. 多段速控制

在工农业生产中，由于生产工艺的要求，许多生产机械需要在不同的转速下运行。例如，车床的主轴、龙门刨床的主运动、高炉加料料斗的提升和电梯的变速。针对这些情况，一般的变频器都有多段速度控制功能，以满足生产工艺的要求。

在三菱变频器的外接输入端中，通过功能预置，最多可以将 4 个输入端（RH，RM，RL，REX）作为多挡转速控制端，根据若干个输入端的状态（接通或断开）可以按二进制方式组成 1~15 挡。每一挡可预置一个对应的工作频率，则电动机转速的切换便可以用开关器件通过改变外接输入端子的状态及其组合来实现。

使用多挡转速控制功能时，必须进行以下两步预置：

（1）通过预置确定哪几个输入端子为多挡转速输入端子。

将输入端子功能选择参数（Pt. 180~Pr. 182）分别预置成 0，1，2（Pr. 180=0，Pr. 181=1，Pr. 182=2），Pr. 183=6（出厂设置），则控制端子 RL、RM、RH 成为 7 挡转速控制端子。

若修改 Pr. 183 参数（不同型号的变频器参数值不一样，详见使用说明书），则控制端子 REX、RL、RM、RH 成为 15 挡转速控制端子，如图 1-18 所示。

（2）预置与各挡转速对应的工作频率（进行频率给定）。分别用参数 Pr. 4~Pr. 6，Pr. 24~Pr. 27，设置 1~7 挡转速频率；Pr. 232~Pr. 239，设置 8~15 挡转速频率。

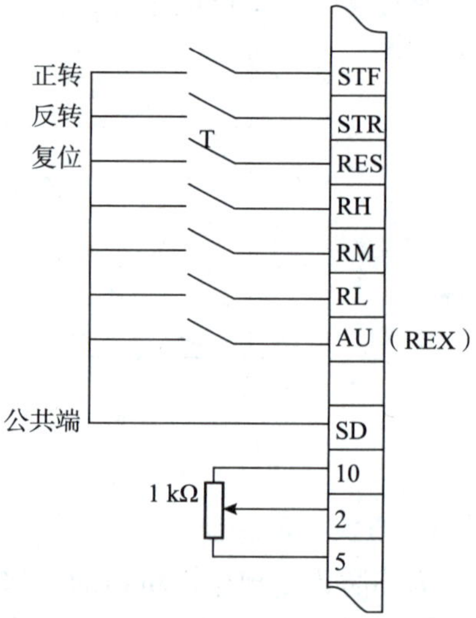

图 1-18 三菱变频器多段速控制端

在图 1-18 中，STF、STR 是控制变频器正、反转运行的，RH、RM、RL（REX）是控制变频器输出频率的。在简单控制场合，这些输入端可以采用普通的钮子开关或按钮，与公共端相连时为“有效”；在要求较高的控制系统中，可以采用 PLC 的输出端作为开关量输入控制。

8. PID 调节功能概述

PID 控制属于闭环控制，是使控制系统的被控量在各种情况下，都能够迅速而准确地无限接近控制目标的一种手段。具体地说，其可以随时将传感器测量的实际信号（称为反馈信号）与被控量的目标信号相比较，以判断是否已经达到预定的控制目标。如尚未达到，则根据两者的差值进行调整，直到达到预定的控制目标为止。

图 1-19 为基本 PID 控制框图，X_T 为目标信号，X_F 为反馈信号，变频器输出频率 f_X 的大小由合成信号（X_T-X_F）决定。一方面，反馈信号 X_F 应无限接近目标信号 X_T，即 $X_T-X_F=0$；另一方面，变频器的输出频率 f_X 又是由 X_T 和 X_F 相减的结果来决定的。

为了使变频器输出频率 f_X 维持一定值，就要求有一个与此相对应的给定信号 X_G，这个给定信号既需要有一定的值，又要与 $X_T-X_F=0$ 相联系。

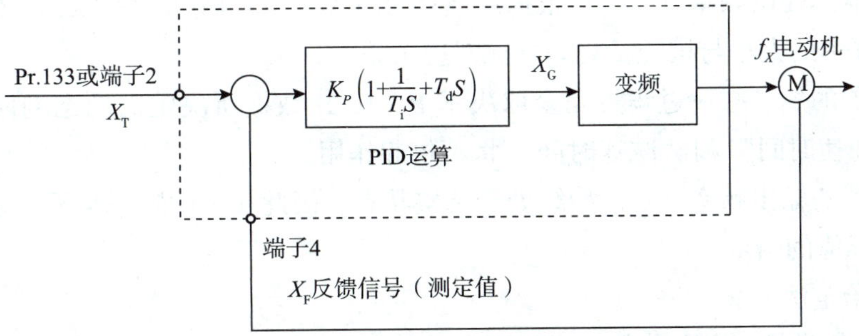

K_P–比例增益；T_i–积分时间；T_d–微分时间

图 1–19　基本 PID 控制框图

（1）比例增益环节（P）

为了使 X_G 这个给定信号既有一定的值，又与 $X_T-X_F=0$ 相关联，要将（X_T-X_F）进行放大后再作为频率给定信号，即

$$X_G=K_P(X_T-X_F)$$

式中，K_P 为放大倍数，也叫比例增益。

定义静差£ $=X_T-X_F$，当 X_G 保持一定的值，比例增益 K_p 越大，静差£ 越小。为了使静差£ 减小，就要使 K 增大。如果 K_P 太大，一旦 X_T 和 X_F 之间的差值变大，$X_G=K_p(X_T-X_F)$ 一下子增大或减小了许多，很容易使变频器输出频率发生超调，又容易引起被控量的振荡。

（2）积分环节（I）

积分环节能使给定信号 X_G 的变化与 $X_G=K_P(X_T-X_F)$ 对时间的积分成正比，既能防止振荡，也能有效地消除静差。但积分时间太长，又会产生当目标信号急剧变化时，被控量难以迅速恢复的情况。

（3）微分环节（D）

微分环节可根据偏差的变化趋势，提前给出较大的调节动作，从而缩短调节时间，解决了因积分时间太长而使恢复滞后的缺点。

9. PID 调节功能预置

（1）PID 动作选择

在自动控制系统中，电动机的转速与被控量的变化趋势相反，称为负反馈或正逻辑，反之为负逻辑。如空气压缩机的恒压控制中，压力越高要求电动机的转速越低，其逻辑关系为正逻辑；空调机制冷中温度越高，要求电动机转速越高，其逻辑关系为负逻辑。

PID 动作选择（Pr. 128）有以下三种功能。

“0”——PID 功能无效。

“1”——PID 正逻辑（负反馈、负作用）。

“2”——PID 负逻辑（正反馈、正作用）。

参数 Pr. 128 的值根据具体情况进行预置，当预置变频器 PID 功能有效时，变频器完全按 P、I、D 调节规律运行，其工作特点如下。

① 变频器的输出频率（f_X）只根据反馈信号（X_F）和目标信号（X_T）比较的结果进行调整，故频率的大小与被控量之间并无对应关系。

② 变频器的加、减速过程将完全取决于 P、I、D 数据所决定的动态响应过程，而原来预置的“加速时间”和“减速时间”将不再起作用。

③ 变频器的输出频率（f_X）始终处于调整状态，因此显示的频率常不稳定。

（2）目标值的给定

① 键盘给定法

因为目标信号是一个百分数，所以可由键盘直接给定。

② 电位器给定法

目标信号从变频器的频率给定端输入，一般以电压输入端作为目标信号输入，以电流输入端作为反馈信号的输入，因为变频器已经预置为 PID 运行方式，所以在调节目标值时，显示屏上显示的是百分数，如图 1-20 所示。

③ 变量目标值给定法

在生产过程中，有时要求目标值能够根据具体情况进行调整，变量目标值为分档类型，如图 1-21 所示。

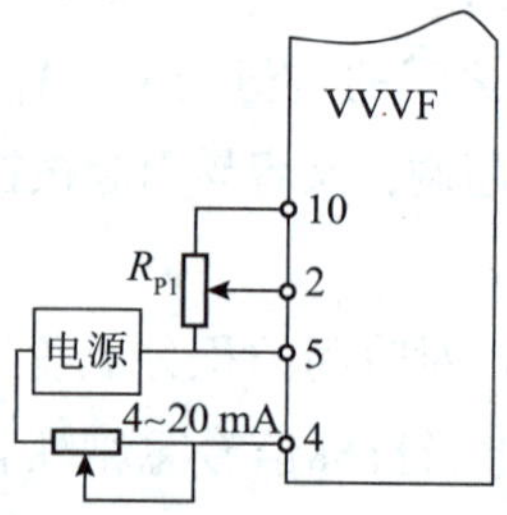

图 1-20　目标值与反馈值给定

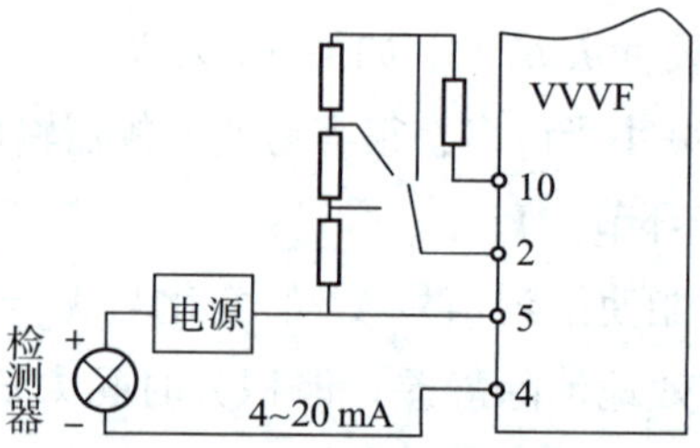

图 1-21　变量目标值给定

（3）PID 参数设定

在系统运行之前，可以先用手动模拟的方式对 PID 功能进行初步调试。以负反馈为例：先将目标值预置到实际需要的数值；将一个可调的电流信号接至变频器的反馈信号输入端，缓慢地调节反馈信号。正常情况是，当反馈信号低于目标信号时，变频器的输出频率将不断上升，直至最高频率；反之，当反馈信号高于目标信号时，变频器的输出频率将不断下降，直至频率为 0。上升或下降的快慢反映了积分时间的长短。

在许多要求不高的控制系统中，微分功能 D 可以不用。当系统运行时，被控量上升或下降后难以恢复，说明反应太慢，应加大比例增益 K_P，直至比较满意为止；在增大 K_P 后，虽然反应快了，但容易在目标值附近波动，说明系统有振荡，应加大积分时间，直至基本不振荡。在某些对反应速度要求较高的系统中，可考虑增加微分环节 D。

FR-E500 变频器的 PID 参数设置及范围，见表 1-10。

表1-10　FR-E500 变频器的 PID 参数设置及范围

类别	参数设置及范围
比例增益 K_P	(Pr. 129 = 0. 1% ~ 1 000%，9 999 即无效)，出厂设置为 100%
积分时间 T_i	(Pr. 130 = 0. 1 ~ 3 600 s，9 999 即无效)，出厂设置为 1 s
微分时间 T_d	(Pr. 134 = 0. 01 ~ 10. 00 s，9 999 即无效)，出厂设置为 0. 01 s

实训任务

掌握三菱 FR-E700 系列变频器的多段速控制方法。

任务指导

三菱 FR-E700 系列变频器的多段速控制操作如下。

1. 接线

如图1-22所示多段速控制接线图，接通电动机与电源，并将变频器的参数值和校准值全部初始化到出厂设定值（PU 模式）。

此时，输入端子功能选择参数（Pt. 180 ~ Pr. 183）应该分别为 Pr. 180 = 0，Pr. 181 = 1，Pr. 182 = 2，Pr. 183 = 6，控制端子 RL、RM、RH 成为 7 挡转速控制端子。

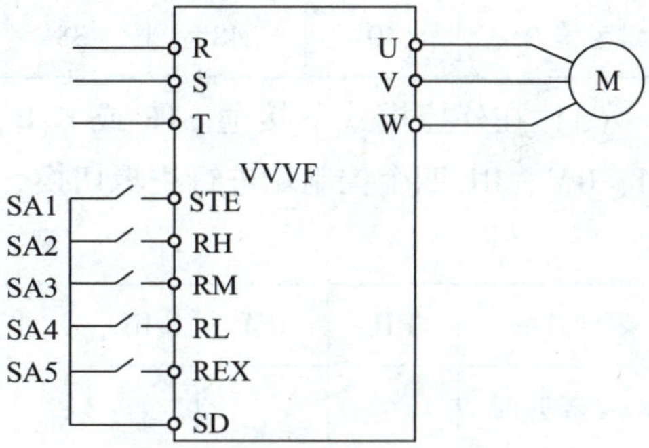

图1-22　多段速控制接线图

2. 设置 1 ~ 7 挡转速频率

预置与各挡转速对应的工作频率（进行频率给定），分别用参数 Pr. 4 ~ Pr. 6，Pr. 24 ~ Pr. 27，按表1-11要求设置 1 ~ 7 挡转速频率。

表1-11　1 ~ 7 挡转速频率设定表

控制端子	RH	RM	RL	RM、RL	RH、RL	RH、RM	RH、RM、RL
参数号	Pr. 4	Pr. 5	Pr. 6	Pr. 24	Pr. 25	Pr. 26	Pr. 27
设定值/Hz	50	30	5	20	25	45	10

3. 7 段速运行控制

在外控模式下接通 STF 或 STR，电动机开始运行，按表1-12中次序对 RH、RM、RL 三个控制端进行逻辑切换，观察并记录输出频率。

表1-12　7 段速运行控制输出频率表

闭合开关	RH	RM	RL	RM、RL	RH、RL	RH、RM	RH、RM、RL
运行频率/Hz							

4. 十五段速控制

（1）预置十五段速控制功能。

将输入端子功能选择参数（Pr. 180~Pr. 183）分别预置成0、1、2、8（24），控制端REX、RH、RM、RL即成为15挡转速控制端子。

（2）按表1-13和表1-14预置与各挡转速对应的工作频率。

表1-13　1~7挡转速运行参数设定表

控制端子	RH	RM	RL	RM、RL	RH、RL	RH、RM	RH、RM、RL
参数号	Pr. 4	Pr. 5	Pr. 6	Pr. 24	Pr. 25	Pr. 26	Pr. 27
设定值/Hz	50	30	5	20	25	45	10

表1-14　8~15挡转速运行参数设定表

参数号	Pr. 232	Pr. 233	Pr. 234	Pr. 235	Pr. 236	Pr. 237	Pr. 238	Pr. 239
设定值/Hz	40	48	38	28	18	12	36	26

（3）在外控模式下接通STF或STR，电动机开始运行，按表1-15中次序对REX、RH、RM、RL四个控制端进行逻辑切换，观察并记录输出频率。

表1-15　记录表

闭合开关	RH	RM	RL	RM、RL	RH、RL	RH、RM	RH、RM、RL
REX断开时运行频率/Hz							
REX闭合时运行频率/Hz							

课后实践

学习本项目的内容后，请认真完成表1-16的实践清单。

表1-16　实践清单

使用三菱FR-E700系列变频器进行电机的基本控制	
实践任务	在给定的实际场景中，使用三菱FR-E700系列变频器控制一个电机的运行。根据要求，实现电机的启停控制、变频调速，并设置多段速度控制功能
实践目标	熟悉三菱FR-E700系列变频器的基本操作方法和参数设置； 掌握变频器的启停控制，了解变频调速原理和方法； 熟悉多段速度控制的设置步骤和应用场景； 锻炼学生操作设备的技能和问题解决能力

续表

<table>
<tr><th colspan="2">使用三菱 FR-E700 系列变频器进行电机的基本控制</th></tr>
<tr><td>实践步骤</td><td>(1) 准备工作
确保变频器和电机的正确连接和接线，确保电气安全；
了解电机的额定参数，如额定电流、额定功率等
(2) 启停控制
设置变频器的运行模式为手动模式；
通过变频器的控制面板或外部开关，实现电机的启停操作
(3) 变频调速
设置变频器的运行模式为自动模式；
调整变频器的频率设定值，观察电机的转速变化
(4) 多段速度控制
进入变频器的参数设定模式，找到多段速度控制相关的参数项；
根据实际需求，设置多个速度段的频率设定值和时间设定值；
保存设定并测试多段速度控制的效果</td></tr>
<tr><td>实践提示</td><td>(1) 在操作变频器前，请确保已经详细阅读用户手册，并理解相关参数的含义和作用；
(2) 操作变频器时，注意安全，避免电器触电和设备损坏；
(3) 在设定变频器参数时，谨慎操作，确保输入正确的数值和设定；
(4) 在进行多段速度控制设置时，了解实际场景的要求，合理设置频率和时间设定值；
(5) 在操作过程中，及时监测电机的运行状况，发现异常及时停止操作并排除故障</td></tr>
<tr><td>实践总结</td><td></td></tr>
</table>

实践评价

完成以上实践后，认真完成表 1-17 的实践评价。

表 1-17　实践评价

<table>
<tr><th>评价内容</th><th>分值</th><th>得分</th></tr>
<tr><td>参与实践的积极性、主动性</td><td>25</td><td></td></tr>
<tr><td>独立思考能力</td><td>25</td><td></td></tr>
<tr><td>创新能力</td><td>25</td><td></td></tr>
<tr><td>对变频器基本操作的掌握程度</td><td>25</td><td></td></tr>
<tr><td colspan="3">教师点评：</td></tr>
</table>

项目小结

本项目对变频器及其应用进行了深入介绍和分析。

首先介绍了通用变频器是一种应用广泛的电力电子设备，其主要功能是对交流异步电动机进行调速控制。通用变频器的结构功能所涉及的知识点有交流异步电动机基础知识、变频调速的优点与作用、变频技术的发展概况、变频调速技术的应用。

其次介绍了变频器的基本操作所涉及的知识点，包括变频器的分类、结构和原理。

最后介绍了变频器的多段速控制是变频技术的核心功能之一。可采用多种方式对变频器的频率进行给定，通过设定变频器常用的控制功能，可以实现对电机的精确控制，适应不同工况下的要求。在变频器的多段速控制过程中，所涉及的知识点主要包括变频器的频率给定方法、频率给定线的设定方法以及变频器常用的控制功能。

思考练习

1. 交流异步电动机的旋转原理是什么？
2. 变频调速的优点有哪些？
3. 变频器的主要功能有哪些？

项 目2　变频器的安装与故障排除

项目导读

变频器可根据需要调节输出电机的转速、电压和电流，具有节能、减少机械设备的磨损和噪声、提高设备的运行效率等优点。因此，变频器的安装和维护显得尤为重要。

变频器在运行中可能出现一些故障，例如，主电路故障、输出电路故障等。对于主电路故障，需要检查电源质量、安装电阻和电缆的连接情况，以及检测变频器的电压、电流和阻抗等参数；对于输出电路故障，需要检查输出线圈的连接和电容等元件的状态，以及检测输出电流和电压的波形等参数。此外，变频器也需要定期进行维护，包括检查电路板的清洁和连接状态，润滑传动机构和检查各种传感器是否正常等。

总体来说，变频器的安装和维护要点较多，需要进行系统的设计和实施，同时也需要定期进行检查和维护，以确保设备的安全和正常运行，为生产和工业制造等领域提高效率与降低成本提供有力支持。

学习目标

知识目标

◆了解变频器安装的基本原则和注意事项，包括机械安装和电气连接。

◆掌握主电路和电器元件的选择原则，了解不同元件对电路稳定性和性能的影响。

◆熟悉变频器电路的常见故障现象和排除方法，提高对电路故障的识别和解决能力。

技能目标

◆能够正确安装和连接变频器，包括机械固定和电气接线。

◆能够根据系统要求选择合适的电器元件，如断路器、接触器、继电器。

◆具备使用测试仪器进行电路测试和故障排除的技能。

◆能够独立分析电路故障原因，并采取有效的修复措施。

素质目标

◆培养学生细致耐心的工作态度，确保安装和维护工作的准确性与稳定性。

◆增强学生对电气安全和操作规范的意识，保障自身和他人的安全。

◆提高学生解决问题的能力和创新意识，培养学生动手实践的能力。

◆培养学生的团队合作意识，能够与他人协作完成复杂电气工作。

思政目标

◆强化学生对安全生产和电气设备操作规范的重要性的认识，强调责任和安全意识。

◆培养学生的工匠精神和责任心，追求卓越，精益求精。

◆强调学生的创新意识和实践能力，注重技术的应用和推广。

◆加强提倡绿色生产理念和可持续发展意识，推动工业领域的可持续发展。

任务 1　变频器的安装

1.1.1　变频器的安装要求

变频器的安装

变频器是半导体材料构成的设备，为了充分发挥变频器的性能，必须确保设备环境能够充分满足国际电工委员会标准（international electrotechnical commission，IEC）对变频器所规定环境的允许值。

1. 变频器对安装环境的要求

变频器属于电子器件装置，为了确保变频器安全、可靠地稳定运行，其安装环境应满足以下要求。

（1）环境温度

环境温度是影响变频器寿命及可靠性的重要因素，在保证通风情况下，变频器工作环境上限温度可提高到 50 ℃。如果变频器长期未使用，存放温度最好为-10~30 ℃。如果无法满足这些要求，应安装空调。

（2）环境湿度

变频器的安装环境相对湿度不能超过90%（无结露现象），对于新建厂房和在阴雨季节，每次开机前，应检查变频器是否有结露现象，以免变频器发生短路故障。

（3）安装场所

当变频器应在海拔1 000 m以下使用时，如果海拔高度超过1 000 m，则变频器的散热能力下降。变频器最大允许输出电流和电压都要降低使用，降低的百分率与变频器的具体型号有关。例如，某变频器在海拔高度1 000 m以下，最大允许输出电流和电压分别为500 A和400 V，如果将此变频器安装在海拔高度为3 000 m的场所，此变频器的生产厂家规定最大允许输出电流和电压分别为465 A和360 V。

变频器应在室内使用，安装位置要求无直射阳光、无腐蚀性气体及易燃气体、尘埃少的环境。潮湿、腐蚀性气体及尘埃是造成变频器内部电子器件生锈、接触不良、绝缘性能降低的重要因素。对于有导电性尘埃的场所（如碳纤维生产厂），要采用封闭式结构。对有可能产生腐蚀性气体的场所，应对控制板进行防腐处理。

（4）其他条件

如果变频器长期不用，变频器内的电解电容会发生劣化现象，当实际运行时会出现由于电解电容的耐压降低和漏电增加而引发故障。因此，最好每隔半年通电一次，通电时间保持30~60 min，使电解电容自我修复以改善劣化特性。在振动场所应用变频器时，应采用防震措施，并进行定期的检查、维护和加固工作。

2. 变频器的发热与散热要求

（1）变频器的发热

和其他设备一样，发热是由内部的损耗功率产生的。在变频器中，各部分损耗的比例大致为：逆变电路约占50%；整流及直流电路约占40%；控制及保护电路占10%。粗略地说，每1 kV·A的变频器容量，其损耗功率为40~50 W。

（2）变频器的散热

变频器的散热很重要，温度过高对任何设备都具有破坏作用，但对于多数设备而言，其破坏作用常常是比较缓慢的，受破坏时的温度通常是不准确的，而唯独在SPWM逆变电路中，温度一超过某一限值，会立即导致逆变管的损坏，并且该温度限值往往十分准确。

在SPWM逆变桥中，每一桥臂的上、下两管总是处于不断地交替导通的状态，或由上管导通、下管截止转换为上管截止、下管导通。在交替过程中，一旦出现一管尚未完全截止，而另一管已经开始导通的状况，将立即引起直流高压经上管和下管“直通”（相当于短路），于是上、下两管必将立即损坏。

为了避免上述现象的出现，在交替的控制电路中，必须留出一个“等待时间”。等待时间的长短，一方面必须足够长，以保证工作的可靠性；另一方面，必须尽量短，否则将引起调制过程的非线性，从而影响逆变后输出电压的波形和数值大小，所以其余量是很小的。

温度升高时，由于半导体对温度的敏感性，上、下两管的开通时间和关断时间，以及由延迟电路产生的等待时间都将发生变化，并且具有比较准确的变化规律。当温度一旦超出某一限值时，将导致“等待时间”的不足，使逆变电路的输出波形出现“毛刺”，最终逆变管因直通而损坏。因此，变频器在安装时的散热问题是至关重要的，为了阻止变频器内部的温度升高，变频器必须把所产生的热量充分地散发出去。通常采用的方法是通过冷却风扇把热量带走，所以首要的问题便是如何保证散热的途径畅通，不易被阻塞。

知识拓展

变频器应用技巧

（1）信号线及控制线应选用屏蔽线，这样对防止干扰有利。当线路较长时，例如，距离 100 m 以上，导线截面应相应放大。信号线及控制线不要与动力线放置在同一电缆沟或桥架中，以免相互干扰，最好穿管放置。

（2）传输信号以选用电流信号为主，因电流信号不容易衰减，亦不容易受干扰。实际应用中传感器输出的信号是电压信号，可以通过变换器将电压信号变换成电流信号。

（3）变频器闭环控制一般可采用正逻辑控制，即负反馈。净输入信号（UT-UF）大，输出量亦大，而当给定信号 UT 不变，UF 增大时，净输入信号减小，输出量也减小（如中央空调制热工作时及一般压力、流量、温度等控制时）。但亦有反作用的，即当 UT 不变，UF 增大时，净输入信号减小，输出量也要增大。

（4）在闭环控制时能选用压力信号的，就不要选用流量信号。这是因为压力信号传感器价格低，安装容易，工作量小，调试方便。但工艺过程有流量配比要求的且要求精确时，必须选用流量控制器，并根据实际的压力、流量、温度、介质、速度等来选用合适的流量计，如电磁式、靶式、涡街式、孔板式。

（5）变频器内置的 PLC、PID 功能适用于信号变动量较小、较稳定的系统。但由于内置的 PLC、PID 功能在工作时只调节时间常数，所以难以达到较为满意的过渡过程要求，而且调试比较费时。另外，这种调节不是智能的，故一般不经常采用，而是选用外置的智能化的 PID 调节器。

（6）信号变换器在变频器外围电路中亦被经常用到，一般由霍尔元件加电子线路组成。按信号变换和处理方式可分为电压变电流、电流变电压、直流变交流、交流变直流、电压变频率、电流变频率、一进多出、多进一出、信号叠加、信号分路等各种变换器。

（7）变频器在应用时往往要配外围电路，其方式如下。

① 由自制继电器等控制元件组成的逻辑功能电路。

② 购买现成的单元外置电路（如日本三菱公司单元外置电路）。

③ 选用简易可编程控制器商标（国外、国内都有此产品）。

④ 使用变频器不同功能时，可选用功能卡（如日本三菱变频器）。

⑤ 选用中小型可编程序控制器。

1.1.2　变频调速系统的调试步骤

对变频调速系统的调试工作，并没有严格规定的步骤，只是大体上应遵循“先空载、继轻载、后重载”的一般规律，下面为通常采用的方法步骤。

1. 变频器的通电和预置

一台新的变频器在通电时，输出端可先不接电动机，而首先要熟悉它，在熟悉的基础上进行各种功能的预置。

（1）熟悉键盘，即了解键盘上各键的功能，进行试操作，并观察显示的变化情况等。

（2）按说明书要求进行“启动”和“停止”等基本操作，观察变频器的工作情况是否正常，同时也要进一步熟悉键盘的操作。

（3）进行功能预置，预置完毕后，先就几个较易观察的项目，如升速和降速时间、点动频率、多挡变速时的各挡频率，检查变频器的执行情况是否与预置的内容吻合。

（4）将外接输入控制线接好，逐项检查各外接控制功能的执行情况。

（5）检查三相输出电压是否平衡。

2. 电动机的空载试验

变频器的输出端接上电动机，但电动机尽可能与负载脱开，进行通电试验。其目的是观察变频器配上电动机后的工作情况，顺便校准电动机的旋转方向，试验步骤如下。

（1）先将频率设置于 0 位，合上电源后，稍微升高工作频率，观察电动机的起转情况及旋转方向是否正确，如方向相反，则予以纠正。

（2）将频率上升至额定频率，让电动机运行一段时间，如一切正常，再选若干个常用的工作频率，同样使电动机运行一段时间。

（3）将给定频率信号降至 0（或按停止按钮），观察电动机的制动情况。

3. 拖动系统的启动和停机

将电动机的输出轴与机械传动装置连接起来，进行试验。

（1）起转试验

使工作频率从 0 开始微微增加，观察拖动系统能否起转，在多大频率下起转，启动过程中运行是否平稳。如起转比较困难，则应设法加大启动转矩，具体方法有加大启动频率、加大 U/f、采用矢量控制等。

（2）启动试验

将给定信号调至最大，按启动键，观察以下两点。

① 启动电流的变化。

② 整个拖动系统是否在升速。

如因启动电流过大而跳闸，则应适当延长升速时间；如在某一速度段启动电流偏大，则设法通过改变启动方式（S 型、半 S 型）来解决。

（3）停机试验

将运行频率调至最高工作频率，按停止键，进行如下观察。

① 拖动系统停机过程是否出现因过电压或过电流而跳闸，如有则应适当延长降速时间。

② 当输出频率为 0 时，观察拖动系统是否有爬行现象，如有则应适当加强直流制动。

4. 拖动系统的负载试验

负载试验的主要内容如下。

（1）如 $F_{max}>F_N$，则应进行最高频率时的带负载能力试验，也就是考察在正常负载下是否带得动。

（2）在负载的最低工作频率下运行，应考察电动机的发热情况，使拖动系统工作在负载所要求的最低转速下，施加该转速下的最大负载，按负载所要求的连续运行时间进行低速连续运行，观察电动机的发热情况。

（3）过载试验，按负载可能出现的过载情况及持续时间进行试验，观察拖动系统能否继续工作。当电动机在工频以上运行时，不能超过电动机容许的最高频率限制。

1.1.3 变频器的运行环境维护要求

为了使变频器能稳定地工作，必须确保变频器的运行环境满足其所规定的允许环境。

1. 运行场所要求

（1）电气室应保证湿气少、无水浸。

（2）保证无爆炸性、燃烧性、腐蚀性气体和液体，粉尘少。

（3）通道畅通，保证维修检查容易进行。

（4）通风口或换气装置无堵物，变频器产生的热量能及时排除。

2. 使用条件

（1）变频器的运行温度多为 0~40 ℃或-10~50 ℃，要注意变频器柜体的通风性。

（2）变频器周围湿度为 90%以下，周围湿度过高，存在电气绝缘能力降低和金属部分的腐蚀问题。如果受安装场所的限制，变频器不得已安装在湿度高的场所，变频器的柜体应尽量采用密封结构。为了防止变频器停止时结露，有时装置需加对流加热器。

（3）变频器周围不应有腐蚀性、爆炸性或燃烧性气体以及粉尘和油雾。变频器的安装周围如有爆炸性和燃烧性气体，由于变频器内有易产生火花的继电器和接触器，所以可能会引起火灾或爆炸事故。有腐蚀性气体时，金属部分产生腐蚀，影响变频器的长期运行。当变频器周围存在粉尘和油雾时，这些气体在变频器内附着、堆积将导致绝缘能力降低。对于有强迫风冷装置的变频器，由于过滤器堵塞将引起变频器内温度异常上升，导致变频器不能稳定运行。

（4）变频器的耐振性随机种的不同而不同，振动超过变频器的容许值时，将产生部件紧固部分松动以及继电器和接触器等可动部分的器件误动作，导致变频器不能稳定运行。对于机床、船舶等事先能预见的振动场合，应考虑变频器的振动问题。

（5）变频器的标高多规定在 1 000 m 以下，标高过高则气压下降，容易产生绝缘破坏，另外标高过高冷却效果也下降，必须注意温升。

3. 电源及 EMC 标准

（1）SD 变频器应符合的电网标准

SD 变频器应符合的电网标准，见表 2-1。

表 2-1　SD 变频器应符合的电网标准

序号	电网标准
1	IEC/EN61000-4-4：瞬变电压/噪声脉冲：4 kV
2	(VDE0847 Part4-4)
3	IEC/EN61000-4-5：浪涌电压：4 kV 共模
4	(VDE0847Part4-5) 2 kV 差分
5	IEC/EN61000-4-11：电压塌陷：30%，60 ms
6	(VDE0847Part4-11) 10%，100 ms
7	电压中断：>95%，5 s
8	电压波动：Vrated&#61617；10%
9	IEC/EN61000-2-4：工业环境低频干扰的兼容性
10	(VDE0839Part2-4) 级 3，10%畸变系数（THD）
11	EN61000-3-2 谐波电流的限定值

（2）EMC 规则

① 1 级：普通工业环境

EMC 电机传动标准 EN61800-3。

② 2 级：具有滤波器的工业环境

EMC 电机传动标准 EN50081-2 和 EN50082-2。

(VDE083981-2 部分和 VDE0839 部分 82-2)

③ 3 级：具有滤波器的民用、商业环境

EMC 电机传动标准 EN50081-2 和 EN50082-2。

(VDE083981-1 部分和 VDE0839 部分 82-1)

4. IP 防护等级

IP 码定义了变频器的防护等级，IP20/IP21（对应 NEMA1）意味着变频器必须安装在防护等级很高的机柜中以适应周围的环境，IP56（对应 NEMA4/12）的变频器有单独的机壳，可以安装在机柜外。

IPXXX 等级的详细描述如下。

第一个数字 X 表示防护外来物等级，其含义如下。

0——无防护。

1——防护大于 50 mm 的固体物质。

2——防护大于 12 mm 的固体物质。

3——防护大于 2.5 mm 的固体物质。

4——防护大于 1 mm 的固体物质。

5——防护粉尘（有限侵入）。

6——防护粉尘（完全）。

第二个数字 X 表示防水等级，其含义如下。

0——无防护。

1——防护水垂直浇入。

2——防护水以 15°直接喷洒。

3——防护水以 60°直接喷洒。

4——防护水以任何角度直接喷洒。

5——防护来自任何角度水的低压喷射。

6——防护来自任何角度水的低压喷射。

7——防护浸泡在 15 cm 和 1 m 以下的水中。

8——防护浸泡在一定压力的水中。

提示：一定不要把 IP21 防护等级的变频器应用到不符合其防护规范的场合。

第三个数字 X 表示安全要求（一般不标注）。

知识拓展

变频器在运行中遇到问题的处理方式

变频器如果在运行中遇到问题，可以采取以下的措施进行处理。

（1）将机柜内的所有设备用短而粗的接地电缆可靠地连接到公共的星形接地点或公共的接地母线上。

（2）将与变频器连接的任何控制设备用短而粗的接地电缆连接到同一个接地网或星形接地点。

（3）将电动机返回的接地线直接连接到控制该电动机的变频器接地端子（PE）上。

（4）接触器的触点采用扁平的，因为它们在高频时阻抗较低。

（5）截断电缆头时应尽可能整齐，保证未经屏蔽的线段尽可能短。

（6）控制电缆的布线应尽可能远离供电电源线，使用单独的走线槽。在必须与电缆交叉时，应该相互成 90 °交叉。

（7）与控制电路的连接线都应该采用屏蔽电缆。

（8）确保机柜内安装的接触器应该是带阻尼的，即在交流接触器线圈上接有阻尼电路；在直流接触器线圈上接有续流二极管。

（9）接到电动机的连接线应采用屏蔽电缆，并用电缆接线卡子将屏蔽层两端接地。

1.1.4 通用变频器的维护

1. 变频器的检查

新一代变频器的可靠性已经很高，但由于使用和维护不当，仍可能发生故障或导致运行状况不佳，缩短设备的使用寿命。即使是最新一代的变频器，由于长期使用，以及温度、湿度、振动、尘土等环境的影响，其性能也会有一些变化。如果使用合理、维护得当，则能延长机器的使用寿命，并能减少因突然故障造成的生产损失。因此，变频器的日常维护与检查是不可缺少的。

（1）变频器检查注意事项

操作者必须熟悉变频器的基本原理、功能特点和指标等，具有操作变频器运行的经验。维护前必须切断电源，还要特别注意主回路中的电容器部分，确认电容放电结束后再进行作业。测量仪表的选择应符合厂家的规定，选择仪表及进行测量时，应按厂方规定进行，必要时可以询问厂家。

（2）日常检查项目

检查变频器在运行时是否有异常现象；安装环境是否符合要求；冷却系统是否正常；变频器、电动机、变压器、电抗器等是否过热、变色或有异味；变频器和电动机是否有异常振动、异常声音；主回路电压和控制回路电压是否正常；滤波电容器是否有异味，小凸肩（安全阀）是否胀出；各种显示是否正常。

（3）定期检查的主要项目及维护方法

需做定期检查时，待变频器停止运行后，切断电源，打开后即可进行。但必须注意，即使切断电源，主电路直流部分的滤波电容器放电也需要时间，需待充电指示灯熄灭后，用万用表等确认直流电压已降到安全电压（直流 25 V 以下），然后再进行检查。

定期检查应一年进行一次，绝缘电阻检查可以三年进行一次。定期检查的重点是变频器运行时无法检查的部位。定期检查的主要项目及维护方法见表 2-2。

表 2-2　定期检查的主要项目及维护方法

主要项目		维护方法
冷却系统	冷却风机	冷却风机是全密封的，维护工作不需对其进行清洁和润滑。但应注意，先将扇叶固定，然后使用压缩空气清洁散热器，以保护轴承。冷却风机损坏的前兆是轴承的噪声升高，或清洁的散热器温升高于正常水平。当变频器用于重要的场合时，请在上述前兆出现时及时更换冷却风机； 变频器频繁出现过温警告或故障，则说明冷却风机工作状态异常
	散热器	在正常的使用条件下，散热器应每年清洁一次。运行在污染较严重的场合，散热器的清洁工作应频繁一些。当变频器不可拆卸时，请使用柔软的毛刷清洁散热器。如果变频器可以移动或在户外进行清洁，应使用压缩空气清洁散热器
电解电容器		观察电解电容器是否有漏液和变形。一般情况下，电解电容的使用寿命为 100 000 h，静电容值应大于标称值的 85%。实际使用寿命由变频器的使用方法和环境温度决定。降低环境温度可以延长其使用寿命，但电容的损坏不可预测
接触器、充电电阻		检查接触器触点是否粗糙，检查充电电阻是否有过热的痕迹。检查绝缘电阻是否在正常范围内
接线端子、控制电源		检查螺钉、螺栓等紧固件是否松动，进行必要的紧固；导体、绝缘体和变压器是否有腐蚀、过热的痕迹，是否变色或破损；确认控制电源电压是否正确，确认保护、显示回路有无异常

2. 零部件的更换

变频器由多种部件组装而成，某些部件经长期使用后性能降低、劣化，这是故障发生的主要原因。为了长期安全生产，某些部件必须及时更换。

（1）更换冷却风扇

变频器主回路中的半导体器件靠冷却风扇强制散热，以保证其工作在温度允许的范围内。冷却风扇的寿命受限于轴承，为 10 000～35 000 h。当变频器连续运行时，需要 2～3 年更换一次风扇或轴承。

（2）更换滤波电容器

在中间直流回路中使用的是大容量电解电容器，由于脉冲电流等因素的影响，其性能劣化受周围温度及使用条件的影响很大。在一般情况下，使用周期大约为 5 年。由于电容器经过一定时间后劣化会迅速发展，所以检查周期最长为 1 年，接近寿命时，检查周期最好在半年以内。

定时器在使用数年以后，动作时间会有很大变化，所以如果在检查动作时间之后不能肯定，则需要进行更换。继电器和接触器经过长久使用会发生接触不良现象，需根据开关寿命进行更换。

熔断器的额定电流大于负载电流，在正常使用条件下寿命约为 10 年，可按此时间更换。

实训任务

掌握三菱 A500 变频器的柜式安装与壁挂式安装方法。

任务指导

1. 三菱 A500 变频器的柜式安装方法

当周围的尘埃较多，或和变频器配用的其他控制电器较多而需要和变频器安装在一起时，采用柜式安装。柜式安装时的注意事项如下。

（1）注意发热和散热问题，变频器的最高允许温度为 5 ℃，一般情况下应考虑设置换气扇，采用强迫换气。

（2）应在柜顶加装抽风式冷却风扇，冷却风扇的位置尽量在变频器的正上方，在空气吸入口应设有空气过滤器，在电缆引入口设有精梳板，在电缆引入之后密封。

（3）考虑到电源电压的波动，换气扇的选取应留有 20%余量。

（4）当一个控制柜内装有两台或两台以上变频器时，应尽量并排安装（横向排列），如必须采用纵向排列时，则应在两台变频器之间加装横隔板，以避免下面变频器出来的热风进入上面的变频器。

2. 三菱 A500 变频器的壁挂式安装方法

由于变频器本身具有较好的外壳，一般情况下，允许直接靠墙壁安装，称为壁挂式安装，如图 2-1 所示。

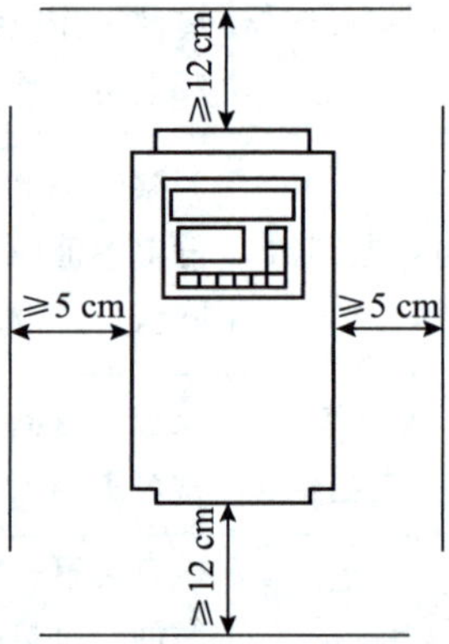

图 2-1　变频器壁挂式安装

为了保持通风的良好，变频器与周围阻挡物的距离：两侧≥5 cm，上下方≥12 cm。

为了改善冷却效果，所有变频器都应垂直安装，为了防止异物掉在变频器的出风口而阻塞风道，最好在变频器出风口的上方加装保护网罩。

任务 2　变频器的主电路和电器选择

1.2.1　变频器主电路和控制电路的接线

1. 变频器主电路的接线

变频器主电路的基本接线如图 2-2 所示。QS 为低压断路器；KM 为接触器触点；R、S、T 为变频器的输入端，接电源进线；U、V、W 为变频器的输出端，与电动机相接；变频器的输入端和输出端是绝对不允许接错。如果将电源进线接到了 U、V、W 端，则不管哪个逆变管导通，都将引起两相间的短路而将逆变管迅速烧坏。

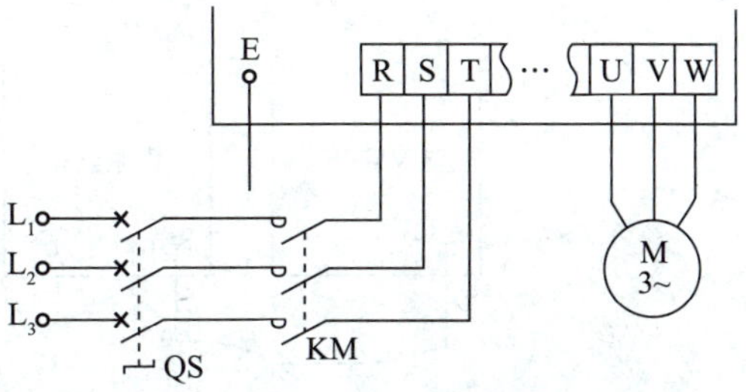

图 2-2　变频器主电路的基本接线

在连接变频器主电路时的注意事项如下。

（1）不能用接触器 KM 的触点来控制变频器的运行和停止，应该使用控制面板上的操作键或接线端子上的控制信号。

（2）变频器的输出端不能接电力电容器或浪涌吸收器；电动机的旋转方向如果和生产工艺要求不一致，最好用调换变频器输出相序的方法，不要用调换控制端子的控制信号来改变电动机的旋转方向。

（3）某些负载是不允许停机的，当变频器发生故障时，必须迅速将电动机切换到工频电源上，使电动机不停止工作。

2. 变频器控制电路的接线

（1）模拟量控制线接线

模拟量控制线主要包括如下几点。

① 输入侧的给定信号线和反馈信号线。

② 输出侧的频率信号线和电流信号线。

模拟量信号的抗干扰能力较低，因此必须使用屏蔽线，屏蔽层靠近变频器的一端，应接控制电路的公共端（COM），而不要接到变频器的地端（E）屏蔽层的另一端应该悬空，如图 2-3 所示。

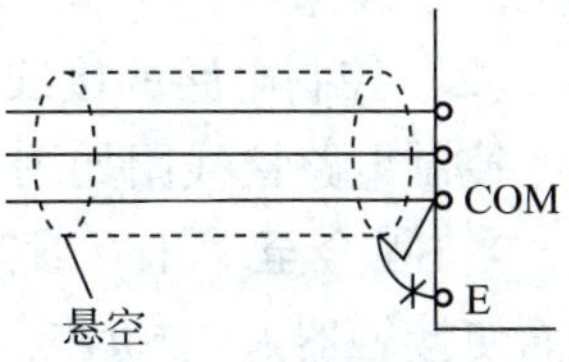

图 2-3　屏蔽线接法

布线时还应该注意尽量远离主电路 100 mm 以上，尽量不和主电路交叉，如必须交叉时，应采取垂直交叉的方式。

（2）开关量控制线接线

如启动、点动、多挡转速控制等的控制线，都是开关量控制线。一般来说，模拟量控制线的接线原则也都适用于开关量控制线。但开关量的抗干扰能力较强，故在距离不远时，允许不使用屏蔽线，但同一信号的两根线必须互相绞在一起。如果操作台离变频器较远，则应先将控制信号转变成能远距离传送的信号，再将能远距离传送的信号转变成变频器所要求的信号。

（3）变频器的接地

所有变频器都专门有一个接地端子“E”，用户应将此端子与地线相接。当变频器和其他设备，或有多台变频器一起接地时，每台设备都必须分别和地线相接，如图 2-4（a）所示；不允许将一台设备的接地端和另一台设备的接地端相接后再接地，如图 2-4（b）所示。

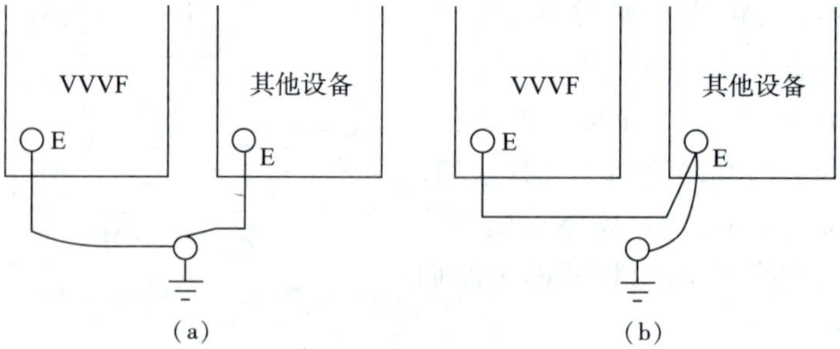

图 2-4　变频器和其他设备的接地

1.2.2　工变频转换电路的接线分析

下面以三菱 A500 变频器为例，分析工变频转换电路的接线。

1. 实现工变频切换的控制要求

（1）用户可根据工作需要自由选择“工频运行”或“变频运行”两种工作方式。

（2）在“变频运行”时，变频器一旦发生故障使保护触点动作，可自动切换为“工频运行”方式，同时进行声光报警。

2. 工变频切换的继电器控制电路

（1）主电路接线和分析

主电路的接线图如图 2-5 所示，接触器 KM_1，用于将电源接至变频器的输入端，KM_2 用于将变频器的输出端接至电动机，KM_3 用于将工频电源接至电动机，接触器 KM_2 和 KM_3 绝对不允许同时接通，互相之间必须有可靠的互锁。热继电器 FR 用于工频运行时电动机的过载保护。

（2）控制电路的接线和分析

控制电路接线图如图 2-6 所示，运行方式由三位开关 SA 进行选择。

当 SA 合至“工”频运行方式时，按下启动按钮 SB_2，中间继电器 KA_1 动作并自锁，进而使接触器 KM_3 动作，电动机进入“工频运行”状态。按下停止按钮 SB_1，中间继电 KA_1 和接触器 KM_3 均失电，电动机停止运行。

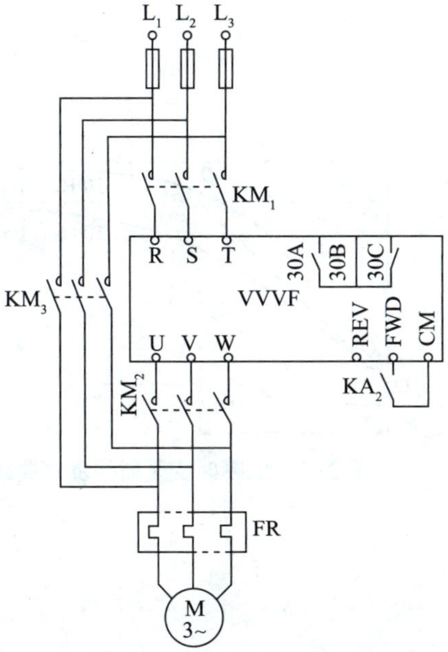

图 2-5　继电器控制主电路接线图

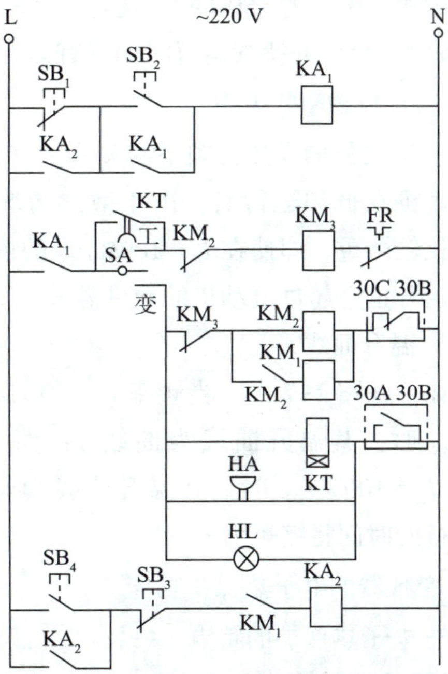

图 2-6　继电器控制的控制电路接线图

当 SA 合至“变”频运行方式时，按下启动按钮 SB_2，中间继电器 KA_1 动作并自锁，进而使接触器 KM_2、KM_1 得电动作，将工频电源接到变频器的输入端，电动机接至变频器的输出端，并允许电动机启动。

按下 SB_4，中间继电器 KA_2 动作，电动机开始升速，进入“变频运行”状态。KA_2 动作后，停止按钮 SB_1 将失去作用，以防止直接通过切断变频器电源使电动机停机。

在变频运行过程中，如果变频器因故障而跳闸，则“30B-30C”断开，接触器 KM_2 和 KM_1 均失电，变频器和电源之间以及电动机和变频器之间的联系都被切断。与此同时，“30B-30A”闭合，一方面，由蜂鸣器 HA 和指示灯 HL 进行声光报警，另一方面，时间继电器 KT 延时闭合，使 KM_3 动作，电动机进入工频运行状态。

操作人员发现后，应将选择开关 SA 旋至“工”频运行位。这时，声光报警停止，并使时间继电器断电。

1.2.3　变频器的过载保护功能

过载保护功能是在电动机过载时进行保护的。从根本上说，对电动机进行过载保护的目的，是使电动机不因过热而烧坏。因此，进行保护的主要依据便是电动机的温升不应超过其额定值。

1. 热保护的反时限特性

电动机的热保护功能具有反时限特性。即电动机的过载电流越大，允许过载的时间越短，保护动作的时间也越短。

例如，当运行电流为额定电流的 105%时，可维持 5.8 min 后才进行保护跳闸；当运行电流为额定电流的150%时，运行1 min就需进行保护跳闸；而当运行电流为额定电流的180%时，允许的持续运行时间只有0.6 min。

2. 温升与频率的关系

（1）电动机的发热与频率的关系

电动机在低频运行时，由于散热情况变差，故发热比较严重。即使在 $I_m=100\%I_{MN}$ 的情况下，其稳定温升也会超过电动机的允许温升。

（2）温升曲线

例如，在图2-7中，当频率 $f_X=50$ Hz、$I_m=100\%I_{MN}$ 时，其温升曲线为曲线1；而当 $f_X=20$ Hz、$I_m=100\%I_{MN}$ 时，其温升曲线为曲线2。允许运行的时间将缩短为 t'。

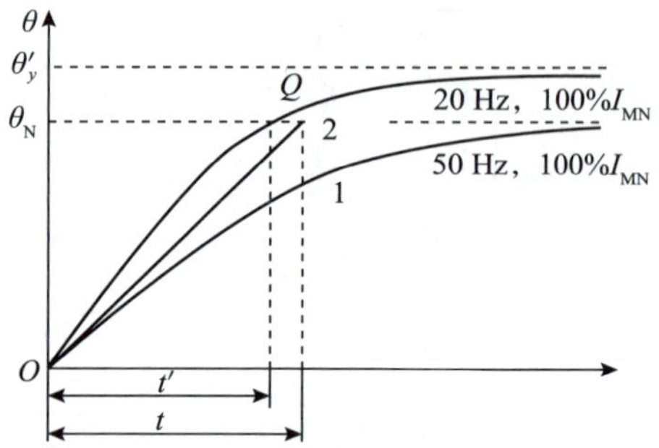

图2-7　低频时变频器的发热曲线

3. 变频器的电子热保护功能

（1）电子热保护的特点

根据电动机发热的上述规律，所有的变频器都配置了电子热保护功能，其热保护曲线如图2-8所示。主要特点如下。

① 具有反时限特性。

② 在不同的运行频率下有不同的保护曲线：当频率为50 Hz、运行电流为150%I_{MN} 时，允许连续运行的时间较长，为 t_1；当频率为20 Hz时，允许连续运行的时间缩短为 t_2；而当频率为10 Hz时，允许连续运行的时间进一步缩短为 t_3。可见，频率越低，允许连续运行的时间越短。

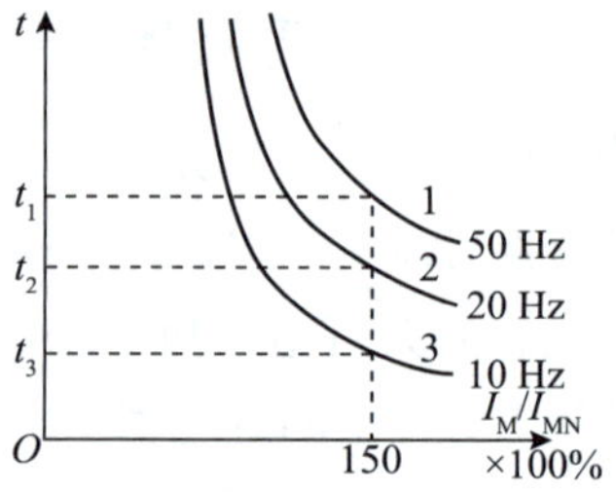

图2-8　变频器的电子热保护特性曲线

（2）电子热保护功能的预置

在实际应用中，变频器的容量和电动机容量之间的配用情况不是固定的。例如，对于长期不变的负载，一台55 kV·A的变频器配用的电动机应该是37 kW。但对于变动负载、断续负载和短时负载，由于电动机是允许短时间过载的，而变频器则不能。因此，也可能配用22 kW甚至15 kW的电动机。针对这种情况，在预置电子热保护功能时，必须预置"电流取用比"，即

$$I_M\%=\frac{I_{MN}}{I_N}\times100\%$$

式中　$I_M\%$——电流取用比；

I_{MN}——电动机的额定电流，A；

I_N——变频器的额定电流，A。

变频器将根据用户所预置的电流取用比，来决定进行保护跳闸的时间。

1.2.4　变频器的自处理功能

变频器的保护功能是比较准确而灵敏的，但过多的跳闸，也会使用户感到不方便。为此，变频器对于某些持续时间不长、电流或电压在上升时的变化率（di/dt 和 du/dt）不高的“故障”，设置了避免跳闸的自处理功能，也叫防失速功能。例如，在升、降速过程中的过电流和过电压，以及偶发性的短时间过载。

1. 加速过电流的自处理功能

（1）加速过程中的过电流

众所周知，加速时间预置得太短，会增大加速电流，产生过电流。

这里需要注意的是，在电力拖动系统中，加速时间的长短是一个相对的概念。它是和拖动系统的惯性大小（由 GD^2 表示）有关的。如果拖动系统的惯性很大，即使预置的加、减速时间并不短，但只要拖动系统的实际转速跟不上频率的上升，使电动机的转差增大，转子绕组切割旋转磁场的速度增大，也会形成过电流。

总之，在加速过程中，只要出现拖动系统的转速跟不上频率的变化，导致过电流者，就是加速时间预置得太短所形成的。

（2）变频器对加速过电流的自处理功能

在加速过程中，如果加速电流超过了某一设定值 I_{set}（启动电流的最大允许值），变频器的输出频率将暂停增加，待拖动系统的转速跟了上来，电流下降到设定值 I_{set} 以下后再继续升速，如图 2-9 所示。

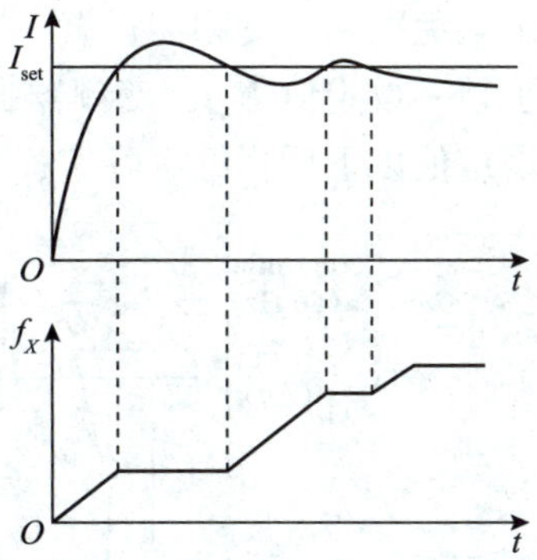

图 2-9　变频器对加速过电流的自处理功能

2. 运行过电流的自处理功能

在拖动系统中，运行过电流主要有以下两种情况。

（1）正常过载

例如，当电动机拖动变动负载、断续负载或短时负载时，只要电动机的温升不超过额定值，短时间的过载是允许的。而这短时间的过载，有可能导致变频器的过电流。

（2）非正常过载

非正常过载主要发生在生产机械本身发生故障，或因保养不当，润滑系统干涸等，导致电动机负载加重。

（3）变频器对运行过电流的自处理功能

变频器在运行过程中出现过电流时，其自处理方法是，当电流超过设定值 I_{set} 时，变频器首先将工作频率适当降低，到电流低于设定值 I_{set} 时，工作频率再逐渐恢复，如图 2-10 所示。

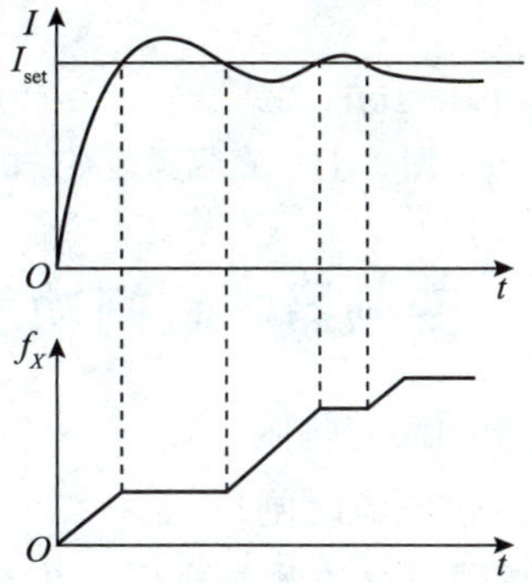

图 2-10　变频器对运行过电流的自处理功能

3. 减速过电压的自处理功能

（1）变频调速系统的减速过程

变频调速系统是通过降低频率来减速的。正常运行时，电动机的实际转速总是低于同步转速，设为 1 440 r/min。这时，转子绕组以转差 Δn 反方向（与旋转磁场方向相反）切割旋转磁场，转子电流和转子绕组所受电磁力 F_M 的方向如图 2-11（a）上图所示。由图可知，由 F_M 构成的电磁转矩 T_M 的方向和磁场的旋转方向相同，从而带动转子旋转。

当频率刚下降（设下降为 45 Hz）的瞬间，由于惯性，转子的转速仍为 1 440 r/min，但旋转磁场的转速却已经下降了（例如，下降为 1 350 r/min）。因此，转子绕组切割旋转磁场的方向、转子电动势和电流等都与原来相反，电动机变成了发电机，处于再生制动状态，如图 2-11（a）所示。

从能量平衡的观点看，降速过程是拖动系统释放动能的过程，所释放的动能转换成了再生电能。再生电能由逆变管旁边的二极管进行三相全波整流后反馈到直流电路，使直流电压上升，称为泵升电压，如图 2-11（b）所示。

（2）减速过电压的自处理

减速过电压的自处理即降速过快引起的过电压。和升速过程相仿，对于惯性较大的负载，如果降速时间预置得过短，会因拖动系统的动能释放得太快而引起直流回路的过电压。为了避免跳闸，变频器设置了降速过电压的自处理功能。如果在降速过程中，直流电压超过了某一设定值 U_{set}，变频器的输出频率将不再下降，电动机暂缓降速，待直流电压下降到设定值以下后再继续降速，如图 2-12 所示。

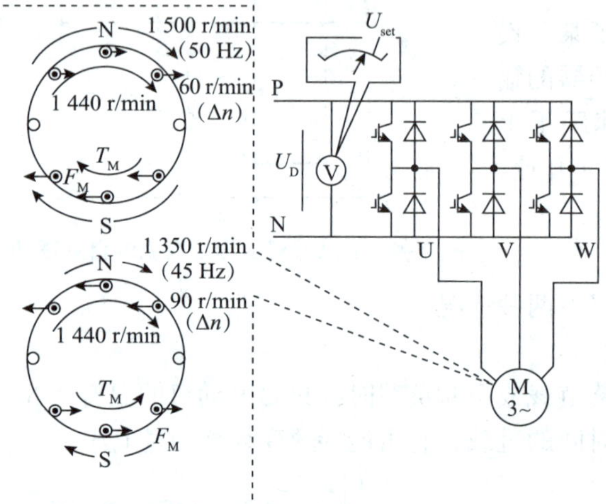

（a）电动机状态　　（b）直流电压上升

图 2-11　变频调速系统的减速过程

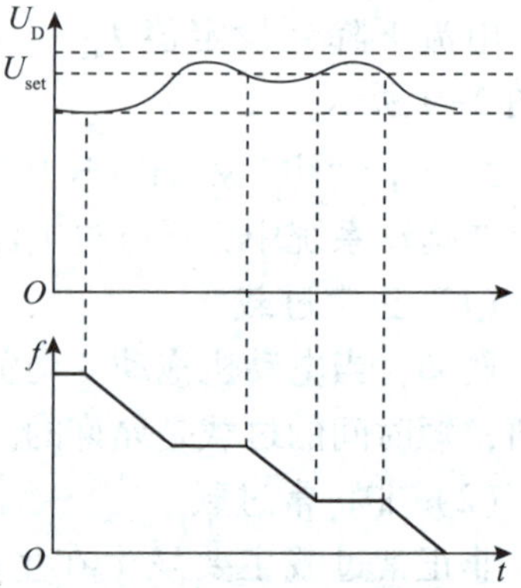

图 2-12　降速自处理功能

1.2.5　变频器的跳闸功能

1. 变频器的跳闸

（1）过电流跳闸

变频器过电流跳闸主要发生在电流上升的变化率 di/dt 较大，可能对变频器构成威胁的情况下，其主要原因如下。

① 变频器输出侧短路。

② 变频器的转矩补偿（U/f）预置过高，而负载又较轻，电动机的磁路因补偿过分而

严重饱和，励磁电流出现很高的尖峰，变频器因 di/dt 很大而跳闸。

③ 电动机因负载过重而堵转。

（2）过电压跳闸

过电压跳闸的主要原因如下。

① 电源电压过高。

② 减速时间预置过短而又未预置自处理功能。

③ 受到电压冲击的干扰。比较常见的是变电所内的补偿电容在合闸瞬间产生冲击电压，虽然时间很短，但电压的变化率 du/dt 很高，如图 2-13 所示。

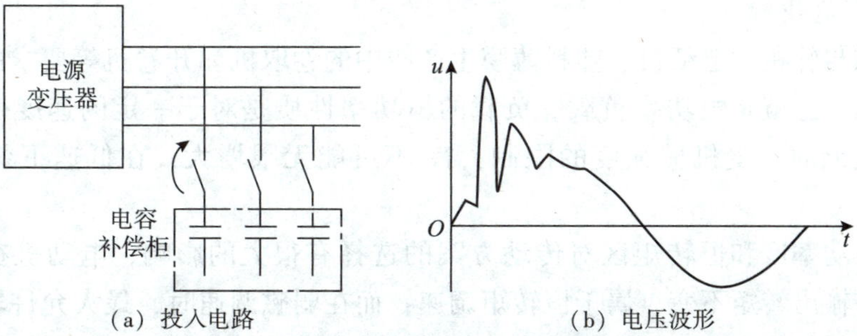

图 2-13　电容投入过电压图

（3）欠电压跳闸

欠电压跳闸的主要原因如下。

① 电源电压过低。

② 电源断相（有的变频器另有缺相保护功能）。

③ 附近有其他大容量的电子设备，尤其是晶闸管设备。大容量晶闸管在导通瞬间，容易使电源电压出现凹口。

2. 重合闸功能的必要性

（1）避免误动作

变频器的保护环节较多，且灵敏度较高，存在着误动作的可能。为了防止拖动系统因误动作而停机，变频器在跳闸后，将自动试行重合闸。

（2）防止因外部的重复冲击而跳闸

如上述，电容器补偿柜投入瞬间的尖峰电压，以及晶闸管设备导通瞬间的电压凹口等。对于这种重复率较低的过电压或欠电压，变频器在跳闸后，可以重合闸。

（3）电源的瞬间过电压或停电

电源网络如因某种原因（如雷电）出现瞬间过电压或停电，变频器可以重合闸。

1.2.6　变频器的选择方法

1. 变频器类型的选择

（1）生产机械的负载特性

变频器的正确选择对于控制系统的正常运行是非常关键的，选择变频器时必须充分了解变频器所驱动的负载特性。人们在实践中将生产机械分为三种类型：恒转矩负载、恒功率负载和通风性负载。

① 恒转矩负载

负载转矩 T_L 与转速 n 无关，任何转速下 T_L 总保持恒定或基本恒定。如传送带、搅拌机和挤压机等摩擦类负载，其负载转矩与转速的大小基本无关，但转矩随转速的方向不同而改变，称之为“反抗性恒转矩负载”；吊车、提升机等位能负载，无论运行在何种状态，转矩的大小与方向都是不变的，称之为“位能性恒转矩负载”。

变频器拖动恒转矩性质的负载时，低速下的转矩要足够大，并且有足够的过载能力。如果需要在低速下稳速运行，应该考虑标准异步电动机的散热能力，避免电动机的温升过高。

② 恒功率负载

机床主轴与轧机、造纸机、塑料薄膜生产线中的卷取机和开卷机等要求的转矩，大体与转速成反比，这就是恒功率负载。负载的恒功率性质是对于一定的速度变化范围而言的。当速度很低时，受机械强度的限制，T_L 不可能无限增大，在低速下将转变为恒转矩性。

负载的恒功率区和恒转矩区对传动方案的选择有很大的影响，电动机在恒磁通调速时，最大允许输出转矩不变，属于恒转矩调速；而在弱磁调速时，最大允许输出转矩与速度成反比，属于恒功率调速。电动机的恒转矩和恒功率调速范围与负载的恒转矩和恒功率范围相一致时，即所谓“匹配”的情况下，电动机的容量和变频器的容量均最小。

③ 通风性负载

在各种风机、水泵中，随叶轮的转动，空气或液体在一定的速度范围内所产生的阻力大致与 n^2 成正比。随着转速的减小，转矩按转速的 2 次方减小，这种负载所需的功率与 n^3 成正比。当所需风量和流量减小时，利用变频器通过调速的方式来调节风量和流量，可以大幅地节约电能。由于高速时所需功率随转速增长过快，与 n^3 成正比，所以通常不应使风机和泵类负载超工频运行。

（2）变频器类型的选择

由于生产机械的性质不同，对于拖动电机运行的变频器要求也不一样，因此变频器类型的选择，要根据负载的要求来进行。

① 风机、泵类负载，$T_L \propto n^2$。低速下负载转矩较小，通常可以选择普通功能型，即普通 V/f 控制型变频器。

② 恒转矩类负载，例如，挤压机、搅拌机、传送带、电动叉车、立体车库的平移机构、起重机的提升机构和提升机，有两种情况，见表 2-3。

表 2-3　恒转矩类负载的选择

序号	选择情况
1	采用普通功能型变频器实现恒转矩调速，这种方案常采用加大电动机和变频器容量的办法，以提高低速转矩
2	采用具有转矩控制功能的高功能型变频器实现恒转矩负载的恒速运行，这种方案是比较理想的。这种变频器低速转矩大，静态机械特性硬度大，不怕冲击负载，具有挖土机特性。从目前看，这种变频器的性价比是很高的

恒转矩负载下的传动电动机，如果采用通用标准电动机，则应考虑低速下的强迫通风冷却。新设备投产，可以考虑专为变频调速设计的加强了绝缘等级并考虑了低速强迫通风的变频专用电动机。

③ 轧钢、造纸、塑料薄膜加工线这一类对动态性能要求较高的机械，原来多采用直流调速传动方式。目前，矢量控制型变频器已经通用化，加之笼型异步电动机具有坚固耐用、不用维护、价格便宜等优点，对于要求高精度、快响应的生产机械，采用矢量控制高性能型通用变频器是一种很好的方案。

2. 变频器容量的选择

（1）连续恒载运转时所需的变频器容量（kV·A）的计算

以下变频器容量的计算公式适用于单台变频器拖动单台电动机连续运行的情况，三个等式是统一的。选择变频器时应同时满足三个等式的关系，尤其变频器电流是一个较关键的量，必须满足以下条件：

$$P_{CN} \geqslant \frac{kP_M}{\eta\cos\varphi}$$

$$P_{CN} \geqslant \sqrt{3}kU_M I_M \times 10^{-3}$$

$$I_{CN} \geqslant kI_M$$

式中　P_M——负载所要求的电动机的轴输出功率；

η——电动机的效率（通常约为 0.85）；

$\cos\varphi$——电动机的功率因数（通常约为 0.75）；

U_M——电动机的电压，V；

I_M——电动机工频电源时的电流，A；

k——电流波形的修正系数（PWM 方式时，取 1.05~1.10）；

P_{CN}——变频器的额定容量，kV·A；

I_{CN}——变频器的额定电流，A。

（2）一台变频器带动多台电动机并联运行（即成组传动时变频器容量的计算）

① 当变频器短时过载能力为 150%，1 min 时，如果电动机加速时间在 1 min 以内，则

$$1.5P_{CN} \geqslant \frac{kP_M}{\eta\cos\varphi}[n_T + n_s(K_s - 1)] = P_{CN1}\left[1 + \frac{n_s}{n_T}(K_s - 1)\right]$$

$$P_{CN} \geqslant \frac{2}{3}\frac{kP_M}{\eta\cos\varphi}[n_T + n_s(K_s - 1)] = \frac{2}{3}P_{CN1}\left[1 + \frac{n_s}{n_T}(K_s - 1)\right]$$

$$I_{CN} \geqslant \frac{2}{3}n_T I_M\left[1 + \frac{n_s}{n_T}(K_s - 1)\right]$$

② 当电动机加速时间在 1 min 以上，则

$$P_{CN} \geqslant \frac{kP_M}{\eta\cos\varphi}[n_T + n_s(K_s - 1)] = P_{CN1}\left[1 + \frac{n_s}{n_T}(K_s - 1)\right]$$

$$I_{CN} \geqslant n_T I_M\left[1 + \frac{n_s}{n_T}(K_s - 1)\right]$$

式中　P_M——负载所要求的电动机的轴输出功率；

n_T——并联电动机的台数；

n_s——同时启动的台数；

η——电动机的效率（通常约为 0.85）；

$\cos\varphi$——电动机的功率因数（通常约为 0.75）；

P_{CN1}——连续容量，$P_{CN1}=kP_{MnT}/\eta\cos\varphi$，kV·A；

K_s——电动机启动电流/电动机额定电流，A；

I_M——电动机的额定电流，A；

k——电流波形的修正系数（PWM 方式时，取 1.05~1.10）；

P_{CN}——变频器的额定容量，kV·A；

I_{CN}——变频器的额定电流，A。

此变频器容量的计算公式适用于一台变频器为多台并联电动机供电且各电动机不同时启动的情况。选择变频器容量，无论电动机加速时间在 1 min 以内或以上，都应同时满足容量计算式和电流计算式。

（3）大惯性负载启动时变频器容量的计算

$$P_{CN}\geqslant\frac{kn_M}{9\,550\eta\cos\varphi}\left(T_L+\frac{GD^2n_M}{375t_A}\right)$$

式中　GD^2——换算到电动机轴上的总飞轮矩，N·m²；

T_L——负载转矩，N·m；

η——电动机的效率（通常约为 0.85）；

$\cos\varphi$——电动机的功率因数（通常约为 0.75）；

t_A——电动机加速时间，s（根据负载要求确定）；

k——电流波形的修正系数（PWM 方式时，取 1.05~1.10）；

P_{CN}——变频器的额定容量，kV·A；

n_M——电动机额定转速，r/min。

此变频器容量的计算公式适用于大惯量负载的情况，例如起重机的平移机构、离心式分离机、离心式铸造机，负载折算到电动机轴上的等效 GD^2 比电动机转子的 GD^2 大得多。

知识拓展

变频器选择的注意事项

依据电动机的实际工艺要求和运用场合，合理选择不同类型的变频器。

（1）在选择变频器时，应考虑电动机电流增加 10% 的情况，适当留有余量，防止温升过高影响电动机使用寿命。

（2）当变频器用于长电缆运行时，应采取措施抑制长电缆对地耦合电容的影响，避免变频器出力不够。为此，应选择放大一、二挡的变频器，或在变频器输出端安装输出电抗器。

(3) 当变频器用于控制并联的几台电动机时，应考虑变频器到电动机的电缆长度总和在变频器容许范围内。在此种情况下，应选择 *V/f* 控制方式的变频器，并实现电动机的过流、过载保护。此时需在每台电动机侧加熔断器。

(4) 对于高环境温度、高开关频率和高海拔等特殊应用场合，会引起变频器降容，需选择放大一挡的变频器。

(5) 当变频器用于高速电动机时，由于高速电动机的电抗小，会产生较多高次谐波，使变频器输出电流增加。因此，用于高速电动机的变频器应稍大于普通电动机的变频器。

(6) 当变频器用于变极电动机时，应充分注意选择变频器的容量，使其最大额定电流在变频器额定输出电流以下。在进行极数转换时，应先停止电动机工作，否则会造成电动机空转，严重时可能损坏变频器。

(7) 在驱动防爆电动机时，应将变频器设置在危险场所之外。

(8) 在使用齿轮减速电动机时，使用范围受到齿轮转动部分润滑方式的制约。在低速范围内无限制，但超过额定转速高速范围内，有可能发生润滑油用光的危险。因此，不要超过最高转速容许值。

(9) 当变频器用于绕线转子异步电动机时，应选择比通常容量稍大的变频器。纹波电流可能引起过电流跳闸现象，因此选择变频器时需考虑这一点。

(10) 当变频器用于同步电动机时，输出容量会降低10%~20%，变频器的连续输出电流要大于同步电动机额定电流与同步输入电流的标幺值的乘积。

(11) 对于转矩波动大和峰值负载的场合，如压缩机、振动机，应选择比最大电流更大的额定输出电流的变频器。

(12) 当变频器用于潜水泵电动机时，需选择额定电流大于潜水泵电动机的额定电流的变频器。

(13) 用于控制罗茨风机或特种风机时，需注意变频器的容量是否足够大。

(14) 选择变频器时，要注意其防护等级是否与现场情况相匹配，以防止灰尘和水汽影响变频器的长久运行。

1.2.7 变频器电路的防干扰措施

由于变频器中的逆变部分是通过高速半导体开关来产生一定宽度和极性的SPWM控制信号，这种具有陡变沿的脉冲信号会产生很强的电磁干扰，尤其是输出电流，它们将以各种方式把自己的能量传播出去，形成对其他设备的干扰信号，严重超出电磁兼容性标准的极限值要求。因此，变频器的生产厂家为变频器用户制造了一些专用设备，来抑制变频器产生的电磁干扰，以达到质量检测标准，并确保设备安全运行。

1. 防止外界对变频器的干扰

外界对变频器的干扰主要来自电源进线。

(1) 当电源侧的补偿电容投入网络时，在暂态过程中，电源电压将出现很高的峰值，其结果可能使整流二极管因承受过高的反向电压而损坏，如图 2-14 所示。

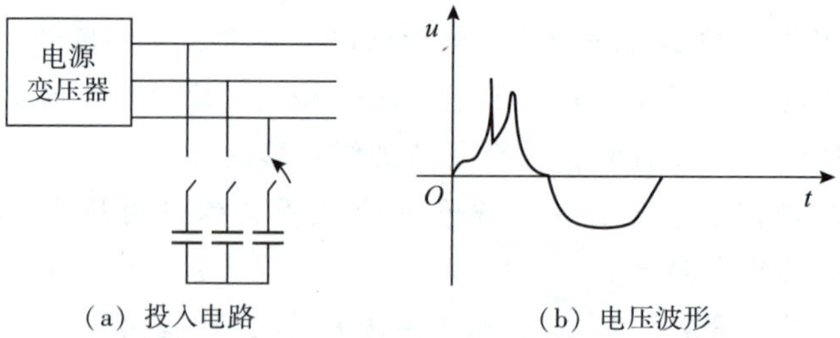

图 2-14　补偿电容投入时电压的畸变

（2）当网络内有容量较大的晶闸管换相设备时，由于晶闸管总是在每个半个周期的部分时间内导通，在其导通时，容易使网络电压出现凹口。它不仅“污染”了电网，还使整流二极管有可能因出现较大的反向恢复电压而受到损坏。在变频器的输入电路中接入交流电抗器，可以有效地抑制上述两种干扰。

2. 防止逆变器对外产生的干扰

当变频调速系统的容量足够大时，其产生的高频信号足以对周围各种电子设备的工作形成干扰，主要后果包括影响无线电设备的正常接收和影响周围机器设备的正常工作。

此外，变频器输出具有陡变沿的驱动脉冲包含多次高频谐波。连接变频器与电动机之间的电缆存在杂散电容和电感，并受某次谐波的激励而产生衰减振荡，导致传送到电动机输入端的驱动电压产生过冲现象，同时电动机绕组也存在杂散电容，过冲电压在绕组中产生尖峰电流，可能引起过热，甚至烧坏绝缘层而导致损坏，同时也会增加电源的功率损耗。如果逆变器的开关频率位于听觉范围内，电动机还可能产生噪声污染。

为了抑制逆变器对外产生的干扰，以下方法可供采取。

（1）提高被干扰对象的抗干扰能力。

（2）使变频器传送到被干扰对象的干扰信号减弱。

然而，对于变频器用户来说，这两种方法很难被采用或实际上也常常做不到。因此，在上述两种方法中，唯一可行的是提高被干扰对象的抗干扰能力。

通常，对低频干扰可通过串接滤波器之类的元件来阻止其沿电缆传输。对高频干扰可采用屏蔽、良好接地和搭接等手段来防止电磁波向外辐射。具体抑制措施如下。

（1）接地不正确可能带来干扰问题，在概念上必须区分“安全接地”和“电磁干扰接地”，特别是在高频区域，集肤效应导致连接点呈高阻状态，造成接地不良，增强对外辐射干扰，对外界的影响也变得敏感。因此，电磁干扰接地时应具有很低的高频阻抗。在操作时应除去连接点处的油漆或其他涂料，确保低阻连接；不同接地点之间使用尽可能短的扁平导线把它们连接在一起。

（2）变频器安装于机壳内，三者应连接在一起，以屏蔽交流调速系统向外辐射能量和防止外界电磁波进入系统。

（3）使用滤波器。

（4）用屏蔽线的方法来削弱电磁感应和静电感应。

（5）在逆变器 DC 侧的正、负端到地线之间跨接 100 nF 以下的 Y 型电容器，这种方法特别适用于较小功率（小于 7.5 kW）的逆变器电路。

（6）控制线和信号线应与电源线分开，通常距离在 20 cm 以上即可。如果控制线必须与电源线交错，应尽量使交叉角接近 90°。

1.2.8　变频器电路所需的外围设备

在选定了变频器之后，下一步的工作就是根据需要选择与变频器配合工作的各种设备。正确选择变频器周边设备主要是为了保证变频器驱动系统能够正常工作；提供对变频器和电动机的保护；抑制干扰，减少对其他设备的影响。

外围设备通常是选购配件，分为常规配件和专用配件，如图 2-15 所示。在图 2-15 中，1、2、3、4、9 和 10 是常规配件；5、6、7、8 和 L 是专用配件。

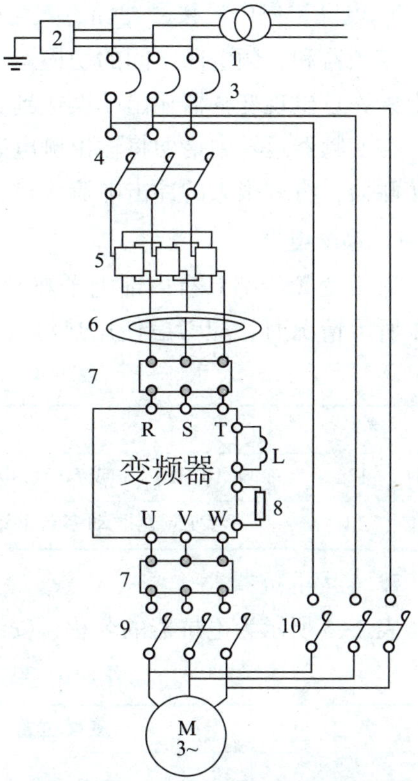

1-电源变压器；2-避雷器；3-电源侧断路器；
4-电磁接触器；5-电源侧交流电抗器；
6-无线电噪声滤波器；7-电源滤波器；
8-制动电阻；9-电动机侧电磁接触器；
10-工频电网切换用接触器；
11-用于改善功率因数的直流电抗器。

图 2-15　变频器的外围设备

1. 电源变压器

电源变压器的作用是将供电电网的高压电源转换为变频器所需要的电压等级（200 V 或 400 V）。电源变压器的容量确定方法一般来说可以为变频器容量的 1.5 倍左右，在进行变频器容量的选择时，具体计算可以参考下式

$$\text{变压器容量}=\frac{\text{变频器的输出功率}}{\text{变频器输入功率因数}\times\text{变频器效率}}$$

式中，变频器的输出功率即为被驱动电动机的总容量，kW；变频器的输入功率因数在有交流电抗器时取 0.5~0.8，没有输入交流电抗器时取 0.6~0.8；变频器的效率一般取 0.9~0.95。

2. 避雷器

避雷器的作用是吸收由电源侵入的感应雷击浪涌电压，保护与电源相连接的全部机器。高电压大容量变频器建议使用避雷器。

3. 电源侧断路器

电源侧断路器主要用于变频器、电动机与电源回路的通断，其作用是在出现过流或短路事故时能自动切断变频器与电源的联系，以防事故扩大。由于在变频调速系统中，电动机的启动电流可控制在较小范围内，因此电源侧断路器的额定电流可按变频器的额定电流来选用。如果有工频电源切换电路，当变频器停止工作时，电源直接接电动机，电源侧断路器应按电动机的启动电流进行选择。

4. 电源侧交流接触器

电源一旦断电，电源侧交流接触器自动将变频器与电源脱开，以免在外部端子控制状态下重新供电时变频器自行工作，以保护设备及人身安全；在变频器内部保护功能起作用时，通过接触器使变频器与电源脱开。另外，即使无电源侧的交流接触器（MC）也可使用。

5. 电动机侧电磁接触器和工频电网切换用接触器

变频器和工频电网之间的切换运行是互锁的，这可以防止变频器的输出端接到工频电网上。一旦出现变频器输出端误接到工频电网的情况，将损坏变频器。

在变频器运转中请勿将输出侧电磁接触器开启（OFF→ON）。在变频器运转中开启电磁接触器，将有很大的冲击电流流过，有时会因过电流而停机。

6. 热继电器

通用变频器都具有内部电子热敏保护功能，不需要热继电器保护电动机，但遇到表2-4所示情况时，应考虑使用热继电器。

表 2-4　应考虑使用热继电器的情况

序号	需使用热继电器的情况
1	在 10 Hz 以下或 60 Hz 以上连续运行时
2	一台变频器驱动多台电动机时

7. 专用电抗器

表 2-5 所示为电抗器的名称、安装位置和作用。

表 2-5　电抗器的名称、安装位置和作用

名称	安装位置	作用
输入交流电抗器	电网电源和变频器输入端之间	实现变频器和电源的匹配； 改善功率因数； 减少高次谐波的不良影响
输出交流电抗器	变频器输出端和电动机之间	降低电动机噪声（通常电动机的噪声为 70～80 dB，接入电抗器可以将噪声降低 5 dB 左右）；降低输出高次谐波的不良影响
直流电抗器	对于大容量变频器，有时也采用在变频器的整流电路和平滑电容之间接入直流电抗器代替输入电抗器	改善功率因数

在选择交流电抗器的容量时，一般按下式进行

$$L=\frac{(2\%\sim5\%)U}{2\pi fI}$$

式中　U——额定电压，V；

I——额定电流，A；

f——最大频率，Hz。

常用交流电抗器和直流电抗器的规格分别见表2-6和表2-7。

表2-6　常用交流电抗器的规格

电动机容量/kW	30	37	45	55	75	90	110	132	160	200	220
允许电流/A	60	75	90	110	150	170	210	250	300	380	415
电感量/mH	0.32	0.26	0.21	0.18	0.13	0.11	0.09	0.08	0.06	0.05	0.05

表2-7　常用直流电抗器的规格

电动机容量/kW	30	37~55	75~90	110~132	160~200	220	280
允许电流/A	75	150	220	280	370	560	740
电感量/mH	600	300	200	140	110	70	55

注意：小功率变频器（<95 kW）安装交流电抗器，对于提高功率因数的效果比较明显。大功率变频器安装交流电抗器时，尽管对提高功率因数的效果不明显，但对改善变频器运行质量和滤波都有好处。

8. 专用滤波器

在无源滤波器的应用中，主要目的是允许特定频率的信号通过，同时阻止干扰信号沿电源线传输并进行阻抗变换。这种滤波器能有效反射干扰信号，阻止其通过地线传播至干扰源。为确保滤波器的性能，建议在变频器的输入和输出端均安装滤波器。简单的滤波器可由几个电容和一个轭流圈组成，而在安装输入端滤波器时，应确保其尽量靠近变频器，并与变频器共用基板。若两者距离超出规定标准，则需使用扁平导线进行连接。

变频器输出端滤波器的安装，有助于解决电动机过热和噪声问题。通过使用输出滤波器，无须在变频器和电动机之间使用屏蔽电缆线来防止电磁辐射。这不仅降低了系统成本和安装费用，而且有效抑制了变频器对外产生的干扰，突显了使用滤波器的主要优势。是否选择使用滤波器应根据变频器的实际情况来决定，例如，电源滤波器和无线电噪声滤波器可以在交流调速控制系统投入使用后再进行选购。

在选购和使用滤波器时，需注意以下几点：滤波器在工作期间会消耗电能并产生热量，因此除了满足额定容量要求外，还需确保其在一定环境温度下正常工作。此外，滤波器的额定电压必须满足接入线路的要求。变频器输出侧滤波器的输入端应接变频器，输出端接电动机，若接错可能导致变频器损坏。

尽管无源滤波器具有较低的成本，但是其性能受到电网阻抗的显著影响，且电网与无源滤波器之间可能产生共振，无法对谐波实现动态补偿。因此，部分国家采用有源滤波器或混合式滤波器（结合无源滤波器和有源滤波器的滤波器）来抑制电网谐波。这些新型的滤波器已开始受到各国电力电子界的广泛关注。

9. 主电路线径的选择

一般来说，与同容量普通电动机的电线选择方法相同，考虑到其输入侧谐波电流较多，功率因数往往较低，应本着宜大不宜小的原则来选择线径。

因为频率下降时，电压也要下降，在电流相等的情况下，线路电压降 ΔU 在输出电压中占的比例将上升，而电动机得到电压的比例则下降，有可能导致电动机带不动负载并发热，电动机与变频器的连接如图 2-16 所示。所以，在选择变频器与电动机之间导线的线径时，最关键的因素便是线路电压降 ΔU 的影响，一般要求 $U \leqslant (2\% \sim 3\%) U_N$。

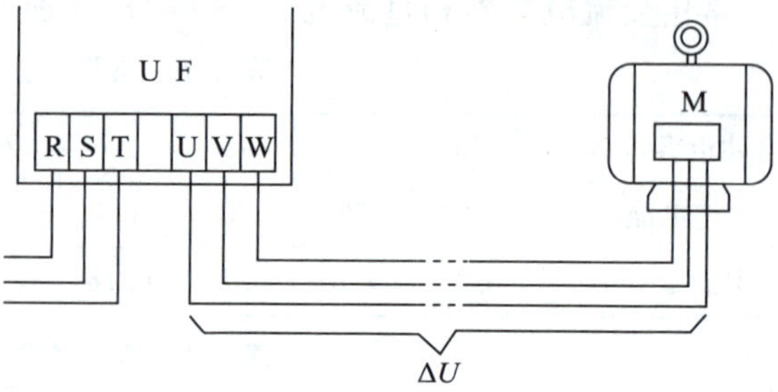

图 2-16　电动机与变频器的连接

U(V) 的计算公式为

$$\Delta U = \frac{\sqrt{3} I_{MN} R_0 l}{1\ 000}$$

式中　I_{MN}——电动机的额定电流，A；

R_0——单位长度导线的电阻，mΩ/m；

L——导线的长度，m。

实训任务

进行变频器的主电路和电器选择。

任务指导

变频器系统的主电路是指从交流电源到负载之间的电路，各种不同型号的变频器的主电路端子的排列顺序可能有所不同，但是基本功能都是一样的，通常都是用 R、S、T 表示电源的输入端，U、V、W 表示变频器的输出端。在实际应用中，变频器需要和许多外接电器一起使用，构成一个比较完整的主电路。

变频器的主电路和电器选择参考如下。

1. 断路器的选择

断路器俗称自动空气开关，其外形如图 2-17 所示，它可在正常负荷下接通或断开电路。当电路中发生短路、过载、欠电压、过电压等故障时，低压断路器自动掉闸断开电路，起到保护电路和设备的作用，并防止事故范围扩大。在变频器主电路中，它的主要作用如下。

(1) 隔离作用

当变频器进行维修或长时间不用时，须将其切断，使变频器与电源隔离，确保安全。

(2) 保护作用

当变频器的输入侧发生短路或电源电压过低等故障时，可迅速进行保护。

图 2-17　断路器的外形

因为断路器具有过电流保护功能，为了避免不必要的误动作，选用时应充分考虑电路中是否有正常过电流。在变频器单独控制电路中，属于正常过电流的情况有以下两种。

（1）变频器刚接通瞬间，对电容器的充电电流可高达额定电流的2~3倍。

（2）变频器的进线电流是脉冲电流，其峰值可能经常超过额定电流。

一般变频器允许的过载能力为额定电流的150%、持续1 min。所以为了避免误动作，断路器的额定电流 I_{QN} 应选

$$I_{QN}=(1.3\sim1.4)I_N$$

式中　I_N——变频器的额定电流。

在电动机要求实现工频和变频切换的控制电路中，断路器应按电动机在工频下的启动电流来进行选择，即

$$I_{QN}\geqslant 2.5I_{MN}$$

式中　I_{MN}——电动机的额定电流。

2. 接触器的选择

接触器的外形如图2-18所示。它是一种应用广泛的低压控制电器，由触点系统、电磁机构、弹簧、灭弧系统和支架底座等组成。它可以远距离频繁地接通、断开负荷，具有零电压及欠电压保护功能。在变频器主电路中，根据连接的位置不同，其型号选择也不同。

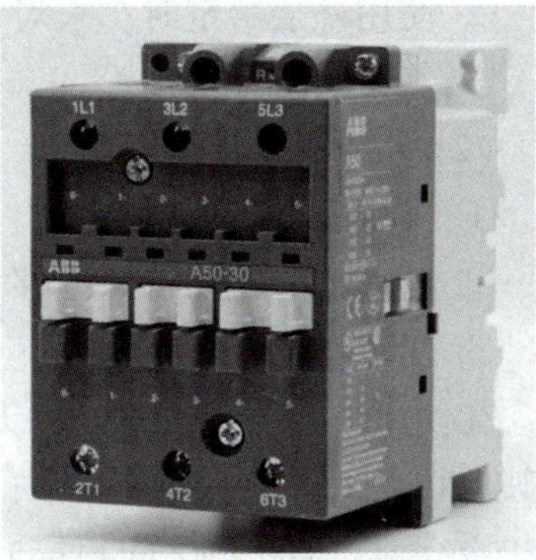

图2-18　接触器的外形

（1）输入侧接触器的选择

输入侧接触器的选择原则是：主触点的额定电流 I_{KN} 只需大于或等于变频器的额定电流 I_N 即可，即

$$I_{KN}\geqslant I_N$$

（2）输出侧接触器的选择

输出侧接触器仅用于和工频电源切换等特殊情况。因为输出电流中含有较强的谐波成分，其有效值略大于工频运行时的有效值，故主触点的额定电流 I_{KN} 满足

$$I_{KN}\geqslant 1.1I_{MN}$$

任务3　变频器电路的故障排除

1.3.1　变频器常见故障的原因

1. 过电流跳闸的原因分析

重新启动时，一升速就跳闸，这是过电流十分严重的表现，主要原因如下。

（1）负载侧短路。

（2）工作机械卡阻。

（3）逆变管损坏。

（4）电动机的启动转矩过小，拖动系统转不起来。

重新启动时，并不立即跳闸，而是在运行（包括升速和降速运行）过程中跳闸，可能的原因如下。

（1）升速时间设定太短。

（2）降速时间设定太短。

（3）转矩补偿设定较大，引起低频时空载电流过大。

（4）电子热继电器整定不当，动作电流设定得太小，引起误动作。

2. 电动机不转的原因分析

（1）功能预置不当的一般原因

① 上限频率与最高频率或基本频率与最高频率设定矛盾，最高频率的预置值必须大于上限频率和基本频率的预置值。

② 使用外接给定时，未对“键盘给定/外接给定”的选择进行预置。

③ 其他的不合理预置。

（2）其他可能的原因

① 机械有卡阻现象。

② 电动机的启动转矩不够。

③ 变频器发生电路故障。

在使用外接给定方式时，无“启动”信号。当使用外接给定信号时，必须由启动按钮或其他触点来控制其启动，如不需要由启动按钮或其他触点控制时，应将 RUN 端（或 FWD 端）与 COM 端之间短接起来。

1.3.2　变频器在工程应用中的故障实例

交流变频调速以其节能显著、保护完善、控制性能好、过载能力强、使用维护方便等特点，迅速发展起来，已成为电动机调速的主潮流。如何结合生产工艺要求正确使用变频器并使其充分发挥效益，已成为人们关注的焦点。现结合工程应用中的故障实例，对变频器在应用中普遍存在的问题进行分析。

1. 电动机引起的故障

某台变频水泵，当变频器输出频率达到 16 Hz 时，变频器就出现过流跳闸现象。因为变频器驱动的是水泵电动机，水泵类负载的转矩与转速的平方成正比，不会在启动过程的某频率出现过载情况，变频器过流肯定另有原因。断开电动机，空载运行正常（该变频器可以空载运行），再接入电动机，仍然在 16 Hz 左右出现过流跳闸。换一台电动机，运行正常，说明过流原因是电动机故障。

案例处理：拆解电动机，发现电动机绕组有短路现象。原来变频器的输出频率上升时，电压也在上升，当电压上升到匝间击穿电压时，变频器就出现过流跳闸现象。

2. 使用条件造成的故障

一家油田某采区所用的九台变频器在短期内烧毁三台，故障都是变频器控制板上的变压器烧毁，导致主板等部件损坏。据了解，该地区电网电压有时高达 480 V，远超过手册中规定的+10%的电压上限，使绝缘裕度较小的控制变压器烧毁，这是一个变频器用于严重过压条件下而损坏的典型事例。

因此，使用变频器时，应对使用现场的电网质量、环境温度、粉尘、干扰等条件认真调查，外部条件不能满足要求时应采取有效措施加以解决。

3. 操作不当引起的故障

一般情况下，不能用电源侧接触器 KM1 的触头来控制变频器的运行和停止，应该使用控制面板上的操作键或接线端子上的控制信号对电动机的启动和制动进行控制，只有在故障的情况下，才能通过接触器直接切断电源。实际应用中，有许多控制方案设有电源侧接触器。

知识拓展

变频器故障避免的措施

1. 电动机的过载保护

部分“专业”人员认为，变频器内部的过载保护只是为保护其自身而设，对电动机过载保护不适用，为了保护电动机，必须另设热继电器。所以，在实际应用中，各种变频调速控制方案在电路的不同位置设置了热继电器，在变频器的输出端与电动机的输入端之间更为常见，以完成所控单台电动机的过负荷保护，这显然又是一种误解。

若在变频器的输出端与电动机的输入端之间设置热继电器，在变频运行过程中，一旦热继电器动作，通过控制电路可及时断开变频器的电源，但此时变频器内部的泵升电压限制电路已关闭，而其输出端仍与电动机的输入端相连，电动机不能实现发电制动还在高速运转，在电动机剩磁的作用下所产生的感应电动势很有可能损害逆变模块。

对于一台变频器控制一台标准四极电动机的控制方案而言，使用变频器电子热过载继电器保护电动机过载，无疑要优于外加热继电器。通常，考虑到变频器与电动机的匹配，电子热过载继电器可在50%~105%额定电流范围内选择设定。

只有在下列情况时，才用常规热继电器代替电子热继电器。

（1）所用电动机不是四极电动机。

（2）使用特殊电动机（非标准通用电动机）。

（3）一台变频器控制多台电动机。

（4）电动机频繁启动。

但是，如果用户有丰富的运行经验时，建议通过电子热继电器的合理设定（引入校正系数）来完成单台电动机变频调速的过载保护。

2. 变频器与电动机间不宜装设接触器

装设于变频器和电动机间的接触器在电动机运行时通断，将产生操作过电压，对变频器造成损害，因此，用户手册要求原则上不要在变频器与电动机之间装设接触器。但是，当变频器用于下列情况时，仍有必要设置。

（1）当节能控制的变频调速系统常工作于额定转速，为实现经济运行需切除变频器。

（2）参与重要工艺流程，不能长时间停运，需切换备用控制系统以提高系统可靠性。

（3）一台变频器控制多台电动机（包括互为备用的电动机）。

（4）变频器输出侧设置电磁机构时，应避免接触器在变频器有输出时动作，任何时候严禁将电源接入变频器输出端。

目前，有些用户为了方便测试负荷电缆和电动机绝缘，在变频器输出侧设置自动空气开关，用以在测试时切除变频器，该法弊大于利。由于变频器输出电缆（线）要求选用屏蔽电缆或穿管敷设，缆线故障概率很小。

通常情况下测量电动机及电缆绝缘时，可选用铅丝或软铜线将变频器输入、输出、直流电抗器和制动单元连接端子可靠短接后进行测试，仅在需要测量电缆相间绝缘时拆线检测，确实无必要增加投资，否则还要采取可靠措施，防止在运行中误操作。

实训任务

熟悉变频器的故障诊断显示数据，掌握变频器的故障诊断与排除方法。

任务指导

排除变频器电路故障的实施步骤如下。

1. 变频器有故障诊断显示数据

当变频器发生故障后，如果变频器有故障诊断显示数据，其处理方法是：查找变频器使用说明书当中有关指示故障原因的内容，找出故障部位。用户可根据变频器使用说明书指示部位重点进行检查，排除故障元件。

2. 变频器无故障诊断显示数据

当变频器发生故障，而又无故障显示时，不能贸然通电以免引起更大的损坏。这时应在断电后，做电阻特性参数测试，初步查找问题所在。

（1）主电路的检查

以三菱 FR-E500 系列变频器为例，打开变频器端盖，去掉所有端子的外部引线。检查 N、P、R_1、T1、R、S、T、U、V、W 等端子之间的导通情况及电阻特性参数。把指针式万用表置于 1 Ω 或 10 Ω 挡，如果测试状态正常，其测试结果见表 2-8。所谓导通，即电阻为几欧至几十欧；不导通，则电阻很大，在十几千欧以上。

对相同的元件做测量时，如果发现测试结果不一致或差别很大，则说明某元件出现了问题。例如，测量 Q_{vp} 时，在 P、V 之间用黑红表笔不管怎么测量都导通，则说明这只 GTR 已损坏，应再细查。

表 2-8　测试状态正常表

被测元件	表笔连接端		测试结果	被测元件	表笔连接端		测试结果
	红（-）	黑（+）			红（-）	黑（+）	
电容	P	N	几百欧	线圈 R_1，T_1	R_1	T_1	十几欧至几十欧
	N	P	呈容性，最终为几十千欧		T_1	R_1	十几欧至几十欧
D_{rp}	P	R	导通	Q_{up}	P	U	导通
	R	P	不导通		U	P	不导通
D_{sp}	P	S	导通	Q_{vp}	P	V	导通
	S	P	不导通		V	P	不导通
D_{tp}	P	T	导通	Q_{wp}	P	W	导通
	T	P	不导通		W	P	不导通
D_{rn}	N	R	不导通	Q_{un}	N	I	不导通
	R	N	导通		U	N	导通
D_{sn}	N	S	不导通	Q_{vn}	N	V	不导通
	S	N	导通		V	N	导通
D_{tn}	N	T	不导通	Q_{wn}	N	W	不导通
	T	N	导通		W	N	导通

以下情况需提示：检测中发现 D_{rp}、D_{sp}、D_{tp} 的 R、P 之间，S、P 之间，T、P 之间，用黑红表笔调换测量都不通，可以判断是整流桥损坏或充电电阻 R_1 烧坏；在 Q_{up}、Q_{vp}、Q_{wp} 的检测中，若 P、U 之间，P、V 之间，P、W 之间用黑红表笔调换测量均不导通，则判断可能是 GTR 损坏或 FUSE 烧断；在对 Q_{un}、Q_{vn}、Q_{wn} 检测时，发生上述情况，除 GTR 可能损坏外，电阻 R_1 也可能烧坏。其测试结果见表 2-8。

上述检查后，若进一步判断，则应将控制板拆下，对主回路 R_1 进行测量，其电阻值为几十欧至 150 Ω，如果导通则说明短路开关损坏或继电器粘连。

初判损坏的元件应拆下来单独检查，如果损坏则需更换。75 kV · A 以上的变频器的 GTR 一般并联使用，更应逐个检查。

（2）驱动电路的检查

在主回路检修后，接上控制板，拔下 GTR 基极的插座，将外部连线接上。通电，观察数显是否正常，CHARGE 灯是否亮。

无数字显示时，检查 R_1 与 T_1 间是否加上了 380 V 电压。如果 R_1 与 T_1 之间有电压，检查 3052 稳压块是否有 5 V 电压，没有电压可能是变压器损坏，也可能是稳压块损坏。

CHARGE 灯不亮时，可能是主电路无电，检查 N、P 之间电压是否为 540 V，如果是 540 V，那么可能是 CHARGE 灯损坏或 CHARGE 灯电路有问题。

数字显示正常后，把 U/f 设定在 0 挡，将频率升至 50 Hz，校测 B_{u1}、B_{v1}、B_{w1} 和 B_{u2}、B_{v2}、B_{w2} 波形。示波器探头的测试点见表 2-9，标准波形如图 2-19 所示，其电压幅值为参考数值，变频器不同电压幅值也不同。

表 2-9　示波器探头的测试点

正端	B_{u1}	B_{v1}	B_{w1}	B_{u2}	B_{v2}	B_{w2}
地端	E_u	E_v	E_w		E	

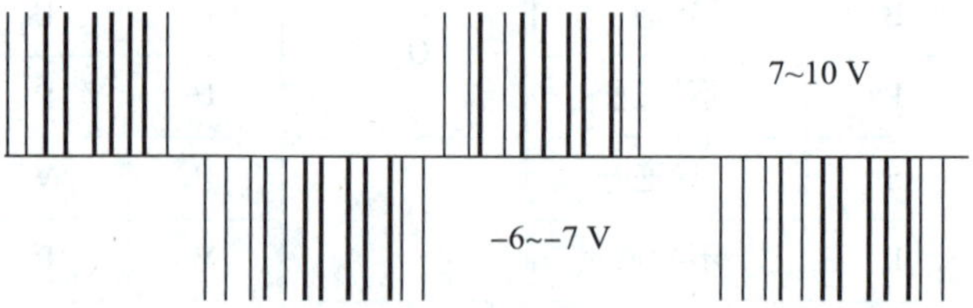

图 2-19　GTR 驱动波形

如果波形异常，说明被检测驱动电路有问题，应细查驱动管，驱动电路中的元件及电源部分的电压。

（3）大功率晶体管（GTR）的简易测量

如果怀疑大功率晶体管 GTR 有问题，在没有 GTR 的测试设备条件下，可用万用表简易判断，检查步骤如下。

① 关断输入电源，确保 CHARGE 灯不亮后，拆除端子上的 R、S、T、U、V、W 接线。

② 拆除控制电路板上的连接件，将电路板连同附件板一起从设备上拆下。

③ 如果模块是并联使用的情况，拔出模块 B_2、E_{2x}、E_{2x} 中的并联端子（捏拔电线的端子插头，不要拔电线本身），然后测试每个模块。

④ 把万用表调至 1 Ω 或 10 Ω 挡，如图 2-20 所示，其为正常。

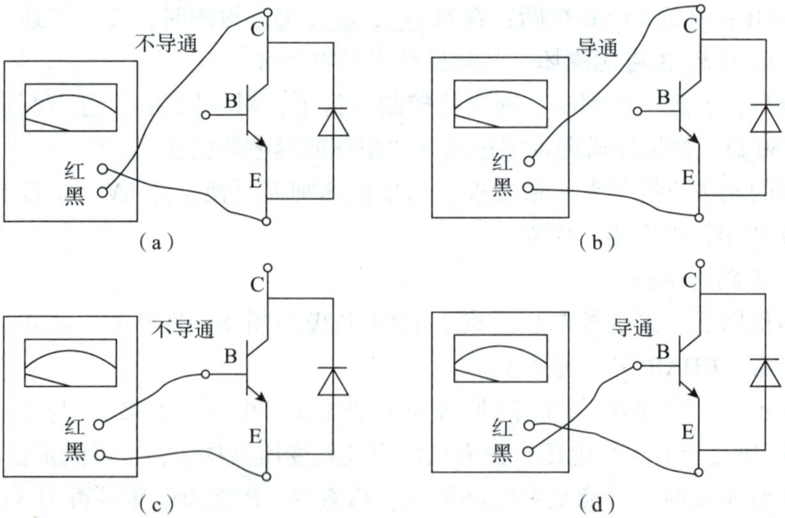

图 2-20　使用万用表检查 GTR 模块

提示：不导通时电阻值为无穷大，导通时电阻值为几欧至几十欧，用这种方法可初步判断选用的 GTR 是否可用。

（4）大功率晶体管（GTR）的更换

如果检查出有损坏的 GTR，可按下列步骤更换损坏的 GTR 模块。

① 拆除损坏模块上的主电路接线。

② 拔出损坏模块上的基极控制信号线（拔时手拿端子插头）。

③ 把固定模块的螺钉拧下，取出损坏模块。

④ 选择与被换的 GTR 参数相同的器件，测量合格后，在该 GTR 的底部涂少量导热硅胶，涂抹均匀，将底部覆盖住。

⑤ 再将变频器底板座清理干净，把已涂过硅胶的 GTR 放在更换的位置上，拧紧固定螺钉，拧 4 个螺钉时用力要均衡。

⑥ 将基极信号隐线脚插在 GTR 的基极上。

⑦ 恢复控制电路和主电路接线。

⑧ 连完线后，用万用表测 PN 端子及每个输出线之间的电阻，确定无短路的现象发生。

在更换器件过程中，对标有“不能用手触摸部件”的地方不要去触摸，手应先与大地接通的金属接触后，再去处理那些器件。

课后实践

学习完本项目的内容后，认真完成表 2-10 的实践清单。

表 2-10　实践清单

变频器主电路和电器元件的选择	
实践任务	根据给定的变频器应用场景和系统要求，设计一个变频器主电路，并选择合适的电器元件，包括断路器、接触器和继电器等。完成电路图设计和元件选择后，进行实际的元件安装和电气连接
实践目标	（1）熟悉变频器主电路的设计原则和电器元件的选择要点； （2）掌握使用电器元件进行电路设计和布置的方法； （3）学习根据系统要求和电流负荷选择断路器和接触器的能力； （4）锻炼实际安装和连接电器元件的操作和技巧
实践步骤	（1）确定变频器的额定电流和电源电压； （2）根据额定电流和电源电压，选择合适的断路器配套变频器主电路； （3）结合实际需求，选择合适的接触器，用于启停控制和电源切换； （4）规划继电器的使用场景，如过载保护、控制信号转换等，选择合适的继电器型号； （5）设计电路图，包括变频器主电路、断路器接线和接触器和继电器的连接； （6）按照电路图，进行实际的元件安装和电气连接，确保接线正确无误； （7）进行电路测试，检查断路器、接触器和继电器的功能和连接是否正常

续表

变频器主电路和电器元件的选择	
实践提示	（1）在选择断路器和接触器时，需要根据变频器的额定电流和系统负荷进行合理选型； （2）在安装和连接电器元件时，注意电气安全，避免触电和短路等风险； （3）在设计电路图时，注意连接的逻辑和布局的合理性，便于后续的维护和操作； （4）在进行电路测试时，使用合适的测试仪器，确保电路的稳定性和安全性； （5）在操作过程中，及时注意电器元件的工作状态和热量，防止过载和损坏
实践总结	

实践评价

完成以上实践后，认真完成表 2-11 的实践评价。

表 2-11　实践评价

评价内容	分值	得分
参与实践的积极性、主动性	25	
独立思考能力	25	
创新能力	25	
对变频器主电路和电器元件的了解程度	25	
教师点评：		

项目小结

变频器的安装是确保其正常运行的重要环节。本项目主要涉及变频器的安装与故障排除等方面的内容。

在安装 A500 系列变频器时，需要遵循相关要求，包括电源连接、控制电缆连接、接地等。同时，对于变频器的发热和散热问题，需要合理选择安装位置，保证充分的散热空间，避免因过热导致设备故障。

变频调速系统的调试步骤包括输入电源接通、马达输出校正、变频器参数设置、控制器参数设置、调试运行等。在调试过程中，需要仔细检查设备之间的连接和参数设置，确保系统的稳定性和性能。

为了维护变频器的运行环境，需要遵循一定维护要求，如保持设备周围的清洁、通风、避免湿度和灰尘等对设备的影响。同时，定期对变频器进行维护，包括检查散热系统、清洁冷却风扇、检查电缆连接、检查控制器和传感器等。这些维护措施可以提高变频器的可靠性和延长使用寿命。

在变频器的主电路和电器选择方面，需要正确接线，选择合适的线径，保证电流传输的稳定性和安全性。此外，变频器还具备过载保护、自处理和跳闸等功能，可以有效保护设备免受电流过大、故障或意外情况的影响。

对于变频器电路的故障排除，需要进行原因分析。常见故障原因包括电源异常、配线错误、控制信号问题等。通过对故障实例的分析，可以识别和解决各种故障，提高系统的稳定性和可靠性。

思考练习

1. 变频器对安装环境的要求有哪些？
2. 变频调速系统的调试步骤有哪些？
3. 变频器的运行场所要求有哪些？

项目3 调光灯电路的安装与调试

项目导读

调光灯电路是一种用于调节灯光亮度的电路，能够根据需要控制灯的亮度和能耗，常见于家居、商业场所和舞台照明等各种场合。其中，单结晶体管触发电路、单相可控整流电路和三相可控整流电路是常见的调光灯电路类型。

单结晶体管触发电路利用晶体管作为触发器，通过调节晶体管的导通角度来改变电路中的触发角，从而控制电压波形的相位，实现灯光的调光效果。这种电路结构简单，成本低廉，常用于家用调光灯等场合。

单相可控整流电路采用可控硅等元件，通过控制触发角来改变电路中的电压波形，实现对交流电灯的调光效果。它适用于交流电源供电的灯具，通过控制可控硅的触发脉冲，可以实现对灯光的调节和控制。

三相可控整流电路则是在三相电源基础上工作的调光灯电路，通过控制三相可控整流模块的触发角，可以实现对三相交流电灯的亮度调节，广泛应用于商业和工业照明系统中。

这些调光电路在提高灯光利用率、节能减排以及创造舒适光环境等方面具有重要应用意义。

学习目标

知识目标

◆了解单结晶体管的基本工作原理和触发电路的设计方法。

◆掌握单相可控整流电路的结构、工作原理和分析方法。
◆掌握三相可控整流电路的原理、控制策略和分析方法。

技能目标

◆能够设计和搭建单结晶体管触发电路，并进行调试。
◆能够分析单相可控整流电路的性能以及工程应用。
◆能够分析三相可控整流电路的特点和工作条件。

素质目标

◆提高学生的实验操作的准确性和仪器设备的运用技能。
◆培养学生的分析和解决问题的能力，培养学生动手实践的能力。

思政目标

◆培养学生对电力电子领域的兴趣和热情。
◆培养学生团队合作的精神和创新意识。
◆强化学生的安全意识和工程伦理素养。

任务 1　单结晶体管触发电路的安装与调试

1.1.1　晶闸管的结构、特性与工作原理

1. 晶闸管的结构

晶闸管是一种大功率 PNPN 四层半导体元件，具有三个 PN 结，引出三个极，阳极 A、阴极 K、门极 G。图 3-1 为晶闸管电气图形符号及文字符号。

晶闸管

晶闸管的内部结构及等效电路如图 3-2 所示。

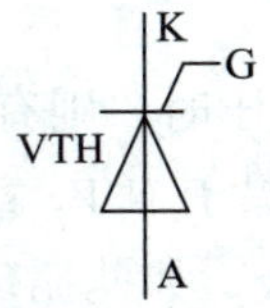

图 3-1　晶闸管电气图形符号及文字符号

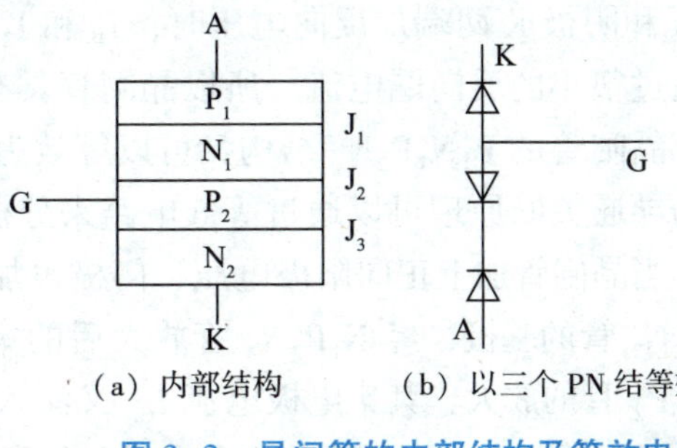

图 3-2　晶闸管的内部结构及等效电路

2. 晶闸管的特性

晶闸管的阳极与阴极间电压和阳极电流之间的关系，称为阳极伏安特性。晶闸管阳极伏安特性曲线如图 3-3 所示。

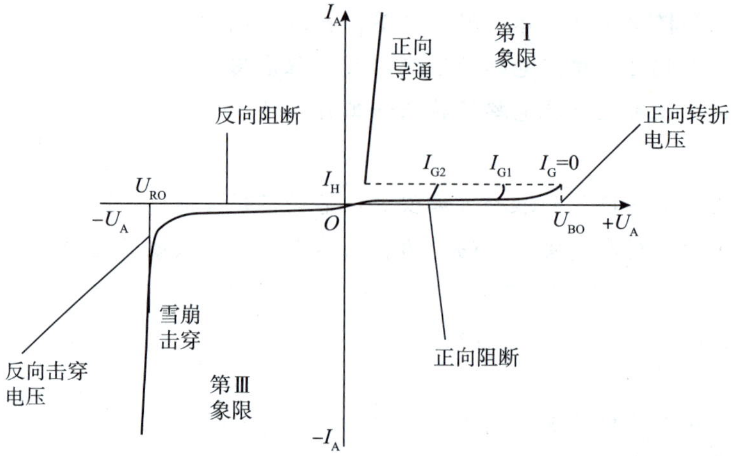

图 3-3　晶闸管阳极伏安特性曲线

图中第 I 象限为正向特性，当 $I_G=0$ 时，如果在晶闸管两端所加正向电压 U_A 未增到正向转折电压 U_{BO} 时，晶闸管都处于正向阻断状态，只有很小的正向漏电流。当 U_A 增到 U_{BO} 时，则漏电流急剧增大，晶闸管导通，正向电压降低。其特性和二极管的正向伏安特性相仿，称为正向转折或“硬开通”。

多次“硬开通”会损坏管子，晶闸管通常不允许这样工作。一般采用对晶闸管的门极加足够大的触发电流使其导通，门极触发电流越大，正向转折电压越低。

晶闸管的反向伏安特性与整流二极管的反向伏安特性相似。处于反向阻断状态时，只有很小的反向漏电流，当反向电压超过反向击穿电压 U_{RO} 时，反向漏电流急剧增大，造成晶闸管反向击穿而损坏。

3. 晶闸管的导通关断原理

由晶闸管的内部结构可知，它是四层（$P_1N_1P_2N_2$）三端（A、K、G）结构，有三个 PN 结，即 J_1、J_2、J_3。因此可用三个串联的二极管等效。当阳极 A 和阴极 K 两端加正向电压时，J_2 处于反偏，$P_1N_1P_2N_2$ 结构处于阻断状态，只能通过很小的正向漏电流；当阳极 A 和阴极 K 两端加反向电压时，J_1 和 J_3 处于反偏，$P_1N_1P_2N_2$ 结构也处于阻断状态，只能通过很小的反向漏电流。所以晶闸管具有正反向阻断特性。

晶闸管的 $P_1N_1P_2N_2$ 结构又可以等效为两个互补连接的晶体管，如图 3-4 所示。晶闸管的导通关断原理可以通过等效电路来分析。

当晶闸管加上正向阳极电压，门极也加上足够的门极电压时，则有电流 I_G 从门极流入 $N_1P_2N_2$ 管的基极，经 $N_1P_2N_2$ 管放大后的集电极电流 I_{C2} 又是 $P_1N_1P_2$ 管的基极电流，再经 $P_1N_1P_2$ 管的放大，其集电极电流 I_{C1} 又流入 $N_1P_2N_2$ 管的基极。如此循环，产生强烈的正反馈过程，使两个晶体管快速饱和导通，从而使晶闸管由阻断迅速地变为导通。导通后晶闸管两端的压降一般为 1.5 V 左右，流过晶闸管的电流将取决于外加电源电压和主电路的阻抗。

$$I_G\uparrow \longrightarrow I_{B2}\uparrow \longrightarrow I_{C2}\,(=\beta_2 I_{B2})\uparrow = I_{B1}\uparrow \longrightarrow I_{C1}\,(=\beta_1 I_{B1})\uparrow$$

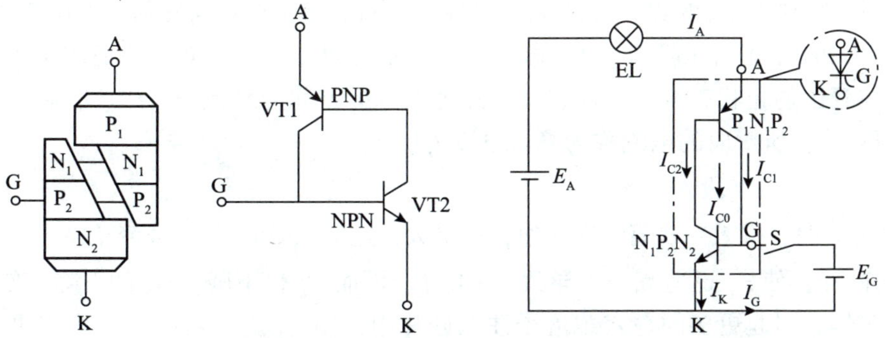

（a）以互补晶体管等效　　（b）晶闸管工作原理等效电路

图 3-4　晶闸管工作原理的等效电路

晶闸管一旦导通后，即使 $I_G=0$，但因 I_{C1} 的电流在内部直接流入 NPN 管的基极，晶闸管仍将继续保持导通状态。若要晶闸管关断，只有降低阳极电压到零或对晶闸管加上反向阳极电压，使 I_{C1} 的电流减少至与 NPN 管接近截止状态，即流过晶闸管的阳极电流小于维持电流，晶闸管方可恢复阻断状态。

1.1.2　单结晶体管的伏安特性

当两基极 b_1 和 b_2 间加某一固定直流电压 U_{bb} 时，发射极电流 I_e 与发射极正向电压 U_e 之间的关系曲线称为单结晶体管的伏安特性 $I_e=f(U_e)$，实验电路及特性如图 3-5 所示。

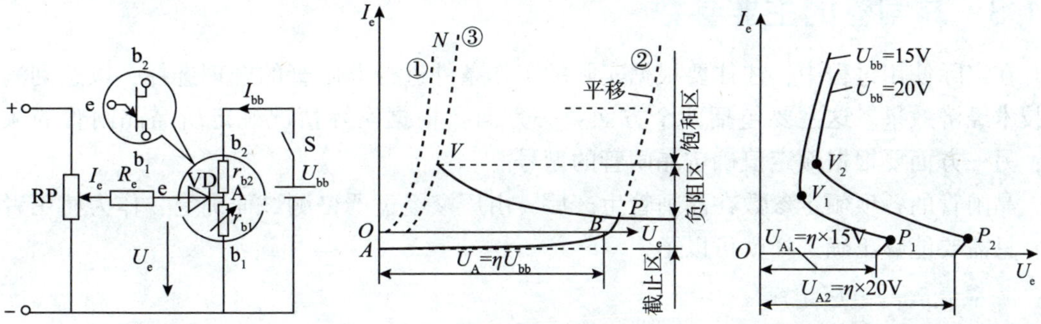

（a）单结晶体管实验电路　　（b）单结晶体管伏安特性　　（c）单结晶体管伏安特性曲线图

图 3-5　单结晶体管的实验电路及特性

当开关 S 断开，I_{bb} 为零，加发射极电压 U_e 时，得到如图 3-5（b）①所示伏安特性曲线，该曲线与二极管伏安特性曲线相似。

1. 截止区——*AP* 段

当开关 S 闭合，电压 U_{bb} 通过单结晶体管等效电路中的 r_{b1} 和 r_{b2} 分压，得 *A* 点电位 U_A，可表示为

$$U_A=\frac{r_{b1}U_{bb}}{r_{b1}+r_{b2}}=\eta U_{bb}$$

式中　η——分压比，是单结晶体管的主要参数，η 一般为 0.3~0.9。

当 U_e 从零逐渐增加，但 $U_e<U_A$ 时，单结晶体管的 PN 结反向偏置，只有很小的反向漏电流。当 U_e 增加到与 U_A 相等时，$I_e=0$，即如图 3-5（b）所示特性曲线与横坐标交点 B 处。进一步增加 U_e，PN 结开始正偏，出现正向漏电流，直到当发射极电压 U_e 增加到高出 ηU_{bb} 一个 PN 结正向压降 U_D 时，即 $U_e=U_P=\eta U_{bb}+U_D$ 时，等效二极管 VD 才导通，此时单结晶体管由静止状态进入导通状态，并将该转折点称为峰点 P。P 点所对应的电压称为峰点电压 U_P，所对应的电流称为峰点电流 I_P。

2. 负阻区——*PV* 段

当 $U_e>U_P$ 时，等效二极管 VD 导通，I_e 增大，这时大量的空穴载流子从发射极注入 A 点到 b_1 的硅片，使 r_{b1} 迅速减小，导致 U_A 下降，因而 U_e 也下降。U_A 的下降，使 PN 结承受更大的正偏，引起更多的空穴载流子注入硅片中，使 r_{b1} 进一步减小，形成更大的发射极电流 I_e，这是一个强烈的增强式正反馈过程。

当 I_e 增大到一定程度时，硅片中载流子的浓度趋于饱和，r_{b1} 已减小至最小值，A 点的分压 U_A 最小，因而 U_e 也最小，得曲线上的 V 点。V 点称为谷点，谷点所对应的电压和电流称为谷点电压 U_V 和谷点电流 I_v。这一区间称为特性曲线的负阻区。

3. 饱和区——*VN* 段

当硅片中载流子饱和后，欲使 I_e 继续增大，必须增大电压 U_e，单结晶体管处于饱和导通状态。

改变 U_{bb}，等效电路中的 U_A 也随之改变，即可获得一组单结晶体管伏安特性曲线，如图 3-5（c）所示。

1.1.3 晶闸管的主要参数

在实际使用过程中，往往要根据实际的工作条件进行晶闸管的合理选择，以达到满意的技术经济效果。这主要包括两个方面：一方面要根据实际情况确定所需晶闸管的额定值；另一方面要根据额定值确定晶闸管的型号。

晶闸管的各项额定参数在晶闸管生产后，由厂家经过严格测试而确定，作为使用者来说，只需要能够正确选择就可以了。

1. 晶闸管的电压定额

（1）断态重复峰值电压 U_{DRM}

在晶闸管阳极伏安特性中，当门极断开，晶闸管处在额定结温时，允许重复加在晶闸管上的正向峰值电压为晶闸管的断态重复峰值电压，用 U_{DRM} 表示。它是由伏安特性中的正向转折电压 U_{BO} 减去一定裕量，成为晶闸管的断态不重复峰值电压 U_{DSM}，然后再乘以 90%而得到的。至于断态不重复峰值电压 U_{DSM} 与正向转折电压 U_{BO} 的差值，则由生产厂家自定。这里需要说明的是，晶闸管正向工作时有两种工作状态：阻断状态简称断态；导通状态简称通态。参数中提到的断态和通态一定是正向的，因此，“正向”两字可以省去。

（2）反向重复峰值电压 U_{RRM}

与继态重复峰值电压相似，当门极断开，晶闸管处在额定结温时，允许重复加在晶闸管上的反向峰值电压为反向重复峰值电压，用 U_{RRM} 表示。它是由伏安特性中的反向击穿

电压 U_{RO} 减去一定裕量，成为晶闸管的反向不重复峰值电压 U_{RSM}，然后再乘以90%而得到的。至于反向不重复峰值电压 U_{RSM} 与反向击穿电压 U_{RO} 的差值，则由生产厂家自定。一般晶闸管若承受反向电压，它一定是阻断的。因此参数中“阻断”两字可省去。

(3) 额定电压 U_{Tn}

将 U_{DRM} 和 U_{RRM} 中的较小值按百位取整后作为该晶闸管的额定值。例如，一晶闸管实测 $U_{DRM}=812$ V，$U_{RRM}=756$ V，将两者较小的756 V取整，该晶闸管的额定电压为700 V。

在晶闸管的铭牌上，额定电压是以电压等级的形式给出的，通常标准电压等级规定为：电压在1 000 V以下，每100 V为一级；1 000 V到3 000 V，每200 V为一级。用百位数或千位和百位数表示级数，表3-1为晶闸管标准电压等级表。

表3-1　晶闸管标准电压等级

级别	正反向重复峰值电压/V	级别	正反向重复峰值电压/V	级别	正反向重复峰值电压/V
1	100	8	800	20	2 000
2	200	9	900	22	2 200
3	300	10	1 000	24	2 400
4	400	12	1 200	26	2 600
5	500	14	1 400	28	2 800
6	600	16	1 600	30	3 000
7	700	18	1 800		

在使用过程中，环境温度的变化、散热条件以及出现的各种过电压都会对晶闸管产生影响，因此在选择晶闸管的时候，应当使晶闸管的额定电压是实际工作时可能承受的最大电压的2~3倍，即

$$U_{Tn}\geqslant(2\sim3)U_{TM}$$

2. 晶闸管的额定电流 $I_{T(AV)}$

由于整流设备的输出端所接负载常用平均电流来表示，晶闸管额定电流的标定与其他电器设备不同，采用的是平均电流，而不是有效值，又称为通态平均电流。所谓通态平均电流是指在环境温度为40 ℃和规定的冷却条件下，晶闸管在导通角不小于170°电阻性负载电路中，当不超过额定结温且稳定时，所允许通过的工频正弦半波电流的平均值。

但是决定晶闸管结温的是其损耗的发热效应，表征热效应的电流是以有效值表示的，其两者的关系为

$$I_T=1.57I_{T(AV)}$$

如额定电流为100 A的晶闸管，其允许通过的电流有效值为157 A。

由于电路不同、负载不同、导通角不同，流过晶闸管的电流波形不一样，从而它的电流平均值和有效值的关系也不一样，晶闸管在实际选择时，其额定电流一般按以下原则设置：晶闸管在额定电流时的电流有效值大于其所在电路中可能流过的最大电流的有效值，

同时取 1.5~2 倍的余量，即

$$1.57I_{T(AV)} = I_T \geqslant (1.5\sim2)I_{TM}$$

可得

$$I_{T(AV)} \geqslant (1.5\sim2)\frac{I_{TM}}{1.57}$$

3. 维持电流 I_H

在室温下门极断开时，器件从较大的通态电流降到刚好能保持导通的最小阳极电流称为维持电流 I_H。维持电流与器件容量、结温等因素有关，额定电流大的晶闸管维持电流也大，同一晶闸管结温低时维持电流增大，维持电流大的晶闸管容易关断。同一型号的晶闸管其维持电流也各不相同。

4. 擎住电流 I_L

在晶闸管加上触发电压，当器件从阻断状态刚转为导通状态时就去除触发电压，此时要保持器件持续导通所需要的最小阳极电流，称擎住电流 I_L。对同一个晶闸管来说，通常擎住电流比维持电流大数倍。

5. 门极参数

（1）门极触发电流 I_{gT}

室温下，在晶闸管的阳极-阴极加上 6 V 的正向阳极电压，晶闸管由断态转为通态所必需的最小门极电流，称为门极触发电流 I_{gT}。

（2）门极触发电压 U_{gT}

产生门极触发电流 I_{gT} 所必需的最小门极电压，称为门极触发电压 U_{gT}。为了保证晶闸管可靠导通，常常采用实际的触发电流比规定的触发电流大。

6. 动态参数

（1）断态电压临界上升率 du/dt

du/dt 是在额定结温和门极开路的情况下，不导致从断态到通态转换的最大阳极电压上升率。实际使用时的电压上升率必须低于此规定值。

限制器件正向电压上升率的原因是：在正向阻断状态下，反偏的 J_2 结相当于一个结电容，如果阳极电压突然增大，便会有一充电电流流过 J_2 结，相当于有触发电流。若 du/dt 过大，即充电电流过大，就会造成晶闸管的误导通。所以在使用时，应采取保护措施使它不超过规定值。

（2）通态电流临界上升率 di/dt

di/dt 是在规定条件下，晶闸管能承受而无有害影响的最大通态电流上升率。如果阳极电流上升太快，则晶闸管刚一导通时，会有很大的电流集中在门极附近的小区域内，造成 J_2 结局部过热而使晶闸管损坏。因此在实际使用时，要采取保护措施，使其被限制在允许值内。

1.1.4　单结晶体管触发电路

单结晶体管张弛振荡/电路输出的尖脉冲可以用来触发晶闸管，在实际应用时还必须考虑触发脉冲与主电路的同步问题。

图3-6为单结晶体管触发电路，是由同步电路和脉冲移相与形成电路两部分组成的，下面分别进行讨论。

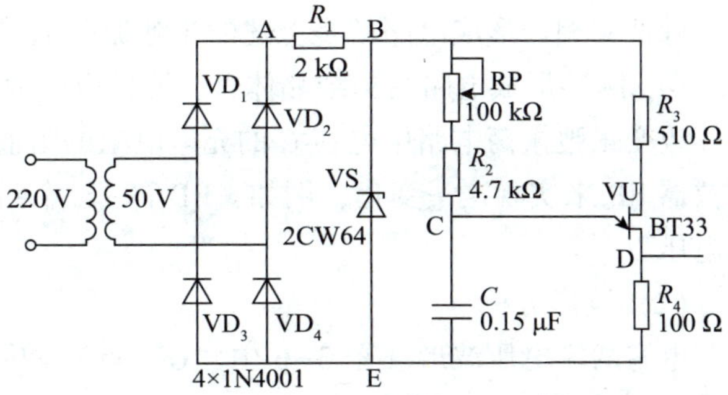

图3-6　单结晶体管触发电路

1. 同步电路

触发信号和电源电压在频率和相位上相互协调的关系叫同步。例如，在单相半波可控整流电路中，触发脉冲应出现在电源电压正半周范围内，而且每个周期的α相同，确保电路输出波形不变，输出电压稳定。

（1）同步电路的组成

同步电路由同步变压器、桥式整流电路 $VD_1 \sim VD_4$、电阻 R_1 及稳压管VS组成。同步变压器一次侧与晶闸管整流电路接在同一相电源上，交流电压经同步变压器降压、单相桥式整流后再经过稳压管稳压削波形成一梯形波电压，作为触发电路的供电电压。梯形波电压零点与晶闸管阳极电压过零点一致。从而实现触发电路与整流主电路的同步。

（2）波形分析

单结晶体管触发电路的调试以及在今后的使用过程中的检修主要是通过几个点的典型波形来判断各元器件是否正常，我们将通过理论波形与实测波形的比较来进行分析。

① 桥式整流后脉动电压的理论波形（图3-6中“A”点）。由电子技术的知识可以知道“A”点的输出波形为由 $VD_1 \sim VD_4$ 四个二极管构成的桥式整流电路输出波形，如图3-7所示。

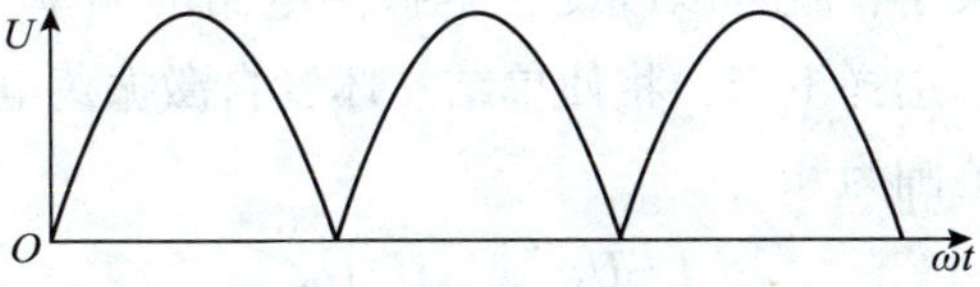

图3-7　桥式整流后电压波形

② 削波后梯形波电压波形（图3-6中“B”点）如图3-8所示。

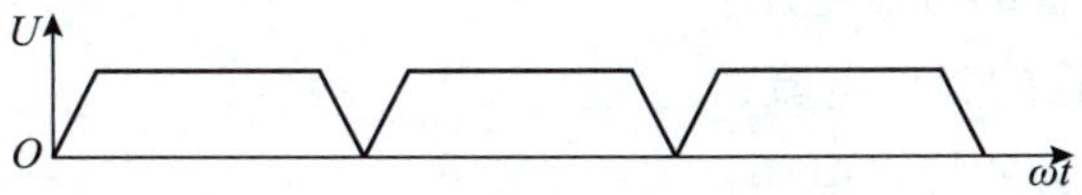

图3-8　削波后电压波形

2. 脉冲移相与形成电路

（1）电路组成

脉冲移相与形成电路就是上述的张弛振荡电路。脉冲移相电路由电阻 RP、R_2 和电容 C 组成，脉冲形成电路由单结晶体管、温补电阻 R_3、输出电阻 R_4 组成。

改变张弛振荡电路中电容 C 的充电电阻的阻值，就可以改变充电的时间常数，图中用电位器 RP 来实现这一变化，例如，RP↑→τ_C↑→出现第一个脉冲的时间后移→α↑→输出电压 U_d↑

（2）波形分析

电容两端电压波形（图 3-6 中“C”点）如图 3-9 所示；输出脉冲波形（图 3-6 中“D”点）如图 3-10 所示。

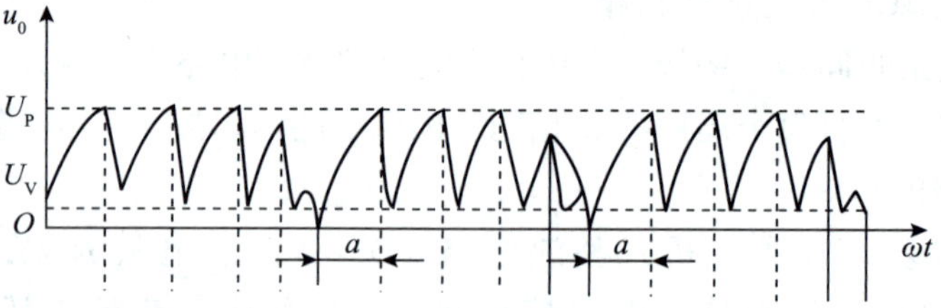

图 3-9　电容两端电压波形

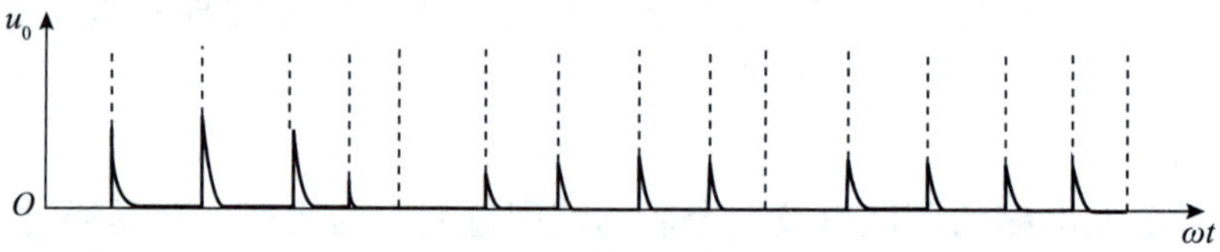

图 3-10　输出脉冲波形

3. 触发电路各元件的选择

（1）充电电阻 R_E 的选择

改变充电电阻 R_E 的大小，就可以改变张弛振荡电路的频率，但是频率的调节有一定的范围，如果充电电阻 R_E 选择不当，将使单结晶体管自激振荡电路无法形成振荡。

充电电阻 R_E 的取值范围为

$$\frac{U-U_V}{I_V}<R_E<\frac{U-U_P}{I_P}$$

式中　U——加于触发电路的电源电压；

U_V——单结晶体管的谷点电压；

I_V——单结晶体管的谷点电流；

U_P——单结晶体管的峰点电压；

I_P——单结晶体管的峰点电流。

（2）电阻 R_3 的选择

电阻 R_3 用来补偿温度对峰点电压 U_P 的影响，通常取值范围为 200~600 Ω。

(3) 输出电阻 R_4 的选择

输出电阻 R_4 的大小将影响输出脉冲的宽度与幅值，通常取值范围为 50~100 Ω。

(4) 电容 C 的选择

电容 C 的大小与脉冲宽窄和的大小有关，通常取值范围为 0.1~1 μF。

知识拓展

晶闸管的简易测试

晶闸管是四层三端半导体器件，根据 PN 结单向导电原理，用万用表电阻挡测试晶闸管三个电极之间的阻值，如图 3-11 所示，即可初步判断管子的好坏。好的管子，用万用表的 $R\times1$ k 挡测量阳极与阴极之间正、反向电阻都应很大（$R\times10$ 或 $R\times100$ 挡测量一般为无穷大）。用 $R\times10$ 或 $R\times100$ 挡测量门极与阴极之间的阻值，其正向电阻值应小于或接近于反向电阻值。

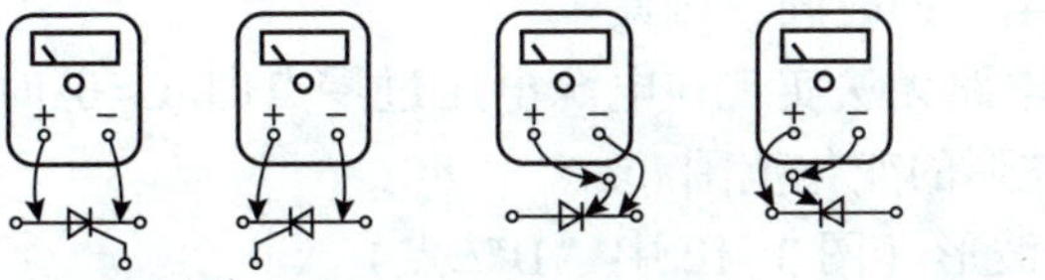

(a) R 值很大　(b) R 值很大　(c) R 反向　(d) R 正向

图 3-11　万用表测试晶闸管

实训任务

分析单结晶体管组成的触发电路的工作原理，对单结晶体管组成的触发电路进行安装与调试。

任务指导

1. 单结晶体管组成的触发电路的工作原理

要使晶闸管导通，除了加上正向阳极电压外，还必须在门极和阴极之间加上适当的正向触发电压与电流。为门极提供触发电压与电流的电路称为触发电路。对晶闸管触发电路来说，首先触发信号应该具有足够的触发功率（触发电压和触发电流），以保证晶闸管可靠导通；其次触发脉冲应有一定的宽度，脉冲的前沿要陡峭；最后触发脉冲必须与主电路晶闸管的阳极电压同步并能根据电路要求在一定的移相范围内移相。

图 3-12 单相半波可控整流的触发电路，采用的是单结晶体管同步触发电路，其中单结晶体管的型号为 BT33，其他参数如图所示。

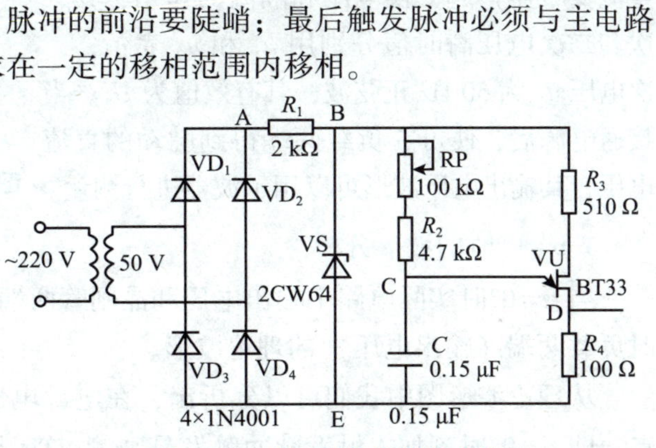

图 3-12　单结晶体管触发电路

2. 单结晶体管触发电路安装

单结晶体管组成的触发电路的安装与调试方法如下。

单结晶体管触发电路如图 3-12 所示，

注意各元器件焊接牢固，防止虚焊。其他注意事项在电子课程中涉及，不再多述。

以下是正常情况下的图 3-12 电路所示 A、B、C、D 点的波形。

（1）桥式整流后脉动电压的波形（图 3-12 中“A”点）

Y1 探头的测试端接于“A”点，接地端接于“E”点，调节旋钮“t/div”和“v/div”，使示波器稳定显示至少一个周期的完整波形。由电子技术的知识我们可以知道“A”点输出波形为由 $VD_1 \sim VD_4$ 四个二极管构成的桥式整流电路输出波形。

（2）削波后梯形波电压波形（图 3-12 中“B”点）

将 Y1 探头的测试端接于“B”点，测得 B 点的波形，该点波形是经稳压管削波后得到的梯形波。

（3）电容电压的波形（图 3-12 中“C”点）

将 Y1 探头的测试端接于“C”点，测得 C 点的波形。由于电容每半个周期在电源电压过零点从零开始充电，当电容两端的电压上升到单结晶体管峰点电压时，单结晶体管导通，触发电路送出脉冲，电容的容量和充电电阻 R_E 的大小决定了电容两端的电压从零上升到单结晶体管峰点电压的时间，因此

本任务中的触发电路无法实现在电源电压过零点即 $\alpha=0°$时送出触发脉冲。调节电位器 RP，观察 C 点的波形的变化范围。

（4）输出脉冲的波形（图 3-12 中“D”点）

将 Y1 探头的测试端接于“D”点，测得 D 点的波形。单结晶体管导通后，电容通过单结晶体管的 eb_1 迅速向输出电阻 R_4 放电，在 R_4 上得到很窄的尖脉冲。

调节电位器 RP，观察 D 点的波形的变化范围。

任务 2　单相半波可控整流电路分析

1.2.1　单相半波可控整流电路电阻性负载工作原理

图 3-13 为单相半波可控整流电路，整流变压器（调光灯电路可直接由电网供电，不采用整流变压器）起变换电压和隔离的作用，其一次和二次电压瞬时值分别用 u_1 和 u_2 表示，二次电压 u_2 为 50 Hz 正弦波，其有效值为 U_2。当接通电源后，便可在负载两端得到脉动的直流电压，其输出电压波形可以用示波器进行测量。

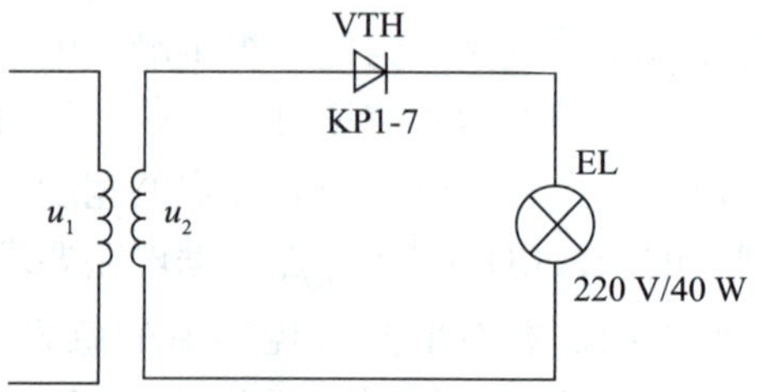

图 3-13　调光灯主电路（单相半波可控整流电路）

1. $\alpha=0°$时的波形分析

当 $\alpha=0°$时实际电路中输出电压和晶闸管两端电压的理论波形。图 3-14（a）为 $\alpha=0°$时负载两端（输出电压）的理论波形。

从理论波形图中我们可以分析出，在电源电压 u_2 正半周区间内，在电源电压的过零点，即 $\alpha=0°$时刻加入触发脉冲触发晶闸管 VTH 导通，负载上得到输出电压 u_d 的波形是

与电源电压 u_2 相同形状的波形；当电源电压 u_2 过零时，晶闸管也同时关断，负载上得到的输出电压 u_d 为零；在电源电压 u_2 负半周内，晶闸管承受反向电压不能导通，直到第二周期 $\alpha=0°$ 触发电路再次施加触发脉冲时，晶闸管再次导通。

图 3-14（b）为 $\alpha=0°$ 时晶闸管两端电压的理论波形图。在晶闸管导通期间，忽略晶闸管的管压降；在晶闸管截止期间，晶闸管将承受全部反向电压。

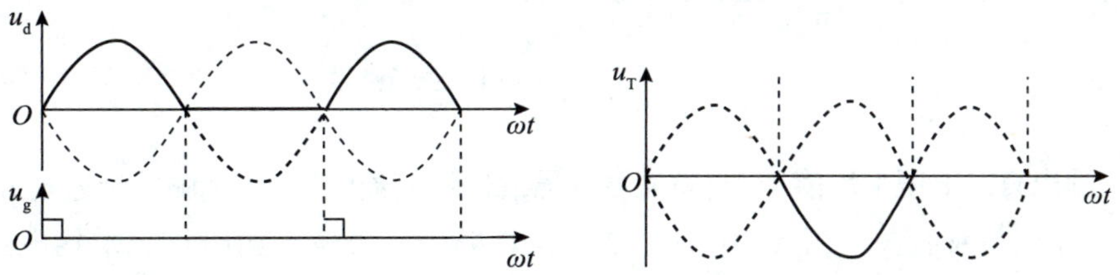

（a）输出电压波形　（b）晶闸管两端电压波形

图 3-14　$\alpha=0°$ 时输出电压和晶闸管两端电压的理论波形

2. $\alpha=30°$ 时的波形分析

改变晶闸管的触发时刻（触发延迟角 α 的大小）即可改变输出电压的波形，图 3-15（a）为 $\alpha=30°$ 的输出电压的理论波形。在 $\alpha=30°$ 时，晶闸管承受正向电压，此时加入触发脉冲晶闸管导通，负载上得到输出电压 u_d 的波形是与电源电压 u_2 相同形状的波形；同样当电源电压 u_2 过零时，晶闸管也同时关断，负载上得到的输出电压 u_d 为零；在电源电压过零点到 $\alpha=30°$ 之间的区间上，虽然晶闸管已经承受正向电压，但由于没有触发脉冲，晶闸管依然处于截止状态。

图 3-15（b）为 $\alpha=30°$ 时晶闸管两端电压的理论波形图。其原理与 $\alpha=0°$ 时相同。

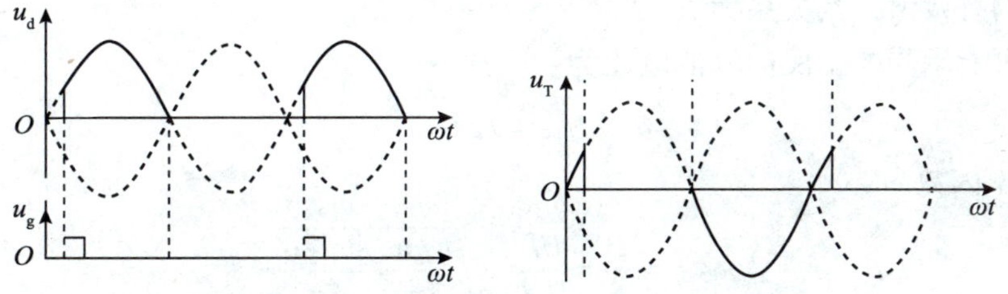

（a）输出电压波形　（b）晶闸管两端电压波形

图 3-15　$\alpha=30°$ 时输出电压和晶闸管两端电压的理论波形

继续改变触发脉冲的加入时刻，可以分别得到触发延迟角 α 为 60°、90°、120° 时输出电压和晶闸管两端的波形。

3. 由以上分析得出的结论

（1）在单相整流电路中，把晶闸管从承受正向阳极电压起到加入触发脉冲而导通之间的电角度 α 称为触发延迟角，亦称为移相角。晶闸管在一个周期内的导通时间对应的电角度用 ϑ 表示，称为导通角，且 $\vartheta=\pi-\alpha$。

（2）在单相半波整流电路中，改变 α 的大小即改变触发脉冲在每周期内出现的时刻，则 u_d 和 i_d 的波形也随之改变，但是直流输出电压瞬时值 u_d 的极性不变，其波形只在 u_2 的正半周出现，这种通过对触发脉冲的控制来实现控制直流输出电压大小的控制方式称为相位控制方式，简称相控方式。

（3）理论上移相范围为0°~180°，但本任务中实际是达不到此移相范围的，若要实现移相范围0°~180°，则需要改进触发电路以扩大移相范围。

4. 基本的物理量计算

（1）输出电压平均值与平均电流的计算为

$$U_d = \frac{1}{2\pi}\int_{\alpha}^{\pi}\sqrt{2}U_2\sin\omega t\mathrm{d}(\omega t) = 0.45U_2\frac{1+\cos\alpha}{2}$$

$$I_d = \frac{U_d}{R_d} = 0.45\frac{U_2}{R_d}\frac{1+\cos\alpha}{2}$$

可见，输出直流电压平均值 U_d 与整流变压器二次侧交流电压 U_2 和触发延迟角 α 有关。当 U_2 给定后，U_d 仅与 α 有关，当 $\alpha=0°$时，则 $U_d=0.45U_2$，为最大输出直流平均电压。当 $\alpha=180°$时，$U_d=0$。只要控制触发脉冲送出的时刻，U_d 就可以在 $0\sim0.45U_2$ 之间连续可调。

（2）负载上电压有效值与电流有效值的计算

根据有效值的定义，U 应是 u_d 波形的方均根值，即

$$U = \sqrt{\frac{1}{2\pi}\int_{\alpha}^{\pi}(\sqrt{2}U_2\sin\omega t)^2\mathrm{d}(\omega t)} = U_2\sqrt{\frac{\pi-\alpha}{2\pi}+\frac{\sin 2\alpha}{4\pi}}$$

负载电流有效值为

$$I = \frac{U_2}{R_d}\sqrt{\frac{\pi-\alpha}{2\pi}+\frac{\sin 2\alpha}{4\pi}}$$

（3）晶闸管电流有效值 I_T 与管子两端可能承受的最大电压

在单相半波可控整流电路中，晶闸管与负载串联，所以负载电流的有效值也就是流过晶闸管电流的有效值，其关系为 $I_T=I$。

晶闸管可能承受的正反向峰值电压为

$$U_{TM} = \sqrt{2}U_2$$

（4）功率因数 $\cos\varphi$

$$\cos\varphi = \frac{P}{S} = \frac{UI}{U_2 I} = \sqrt{\frac{\pi-\alpha}{2\pi}+\frac{\sin 2\alpha}{4\pi}}$$

1.2.2 单相半波可控整流电路电感性负载工作原理

工业应用中如直流电机的励磁线圈、转差电动机电磁离合器的励磁线圈以及输出串接平波电抗器的负载等，均属于电感性负载。为了便于分析，通常电阻与电感分开，视为电阻串电感形式的负载，如图 3-16 所示。

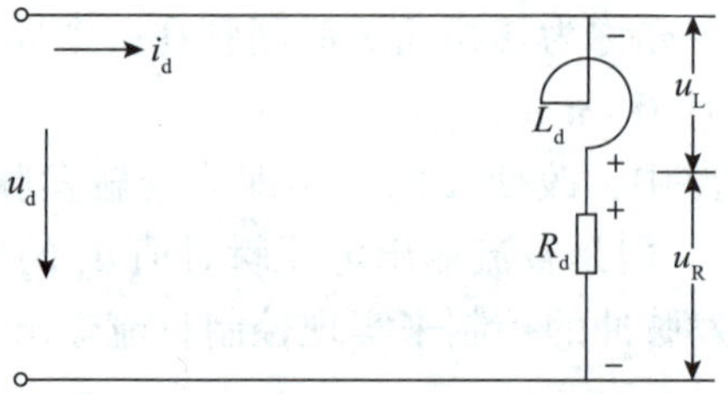

图 3-16 电感性负载

1. 无续流二极管时

电感线圈是储能元件，当电流流过线圈时，该线圈就储存磁场能量，流过的电流越大，线圈储存的磁场能量也越大。当 i_d 减小时，电感线圈将所储存的磁场能量释放出来，试图维持原有的方向电流。这就是电感对电流的抗拒作用，因而流过电感中的电流是不能突变的。当流过电感线圈的电流变化时，电感两端产生感应电动势 $U_L=L(di/dt)$，其方向总是阻止电流的变化。电感线圈既是储能元件，又是电流的滤波元件，它使负载电流波形平滑。

图 3-17 为单相半波可控整流电感性负载电路。$0\leqslant\omega t\leqslant\omega t_1$ 区间，u_2 虽然为正，但晶闸管无触发脉冲而不导通，负载上的电压 u_d、电流 i_d 均为零。晶闸管承受着电源电压，其波形如图 3-17（b）所示。

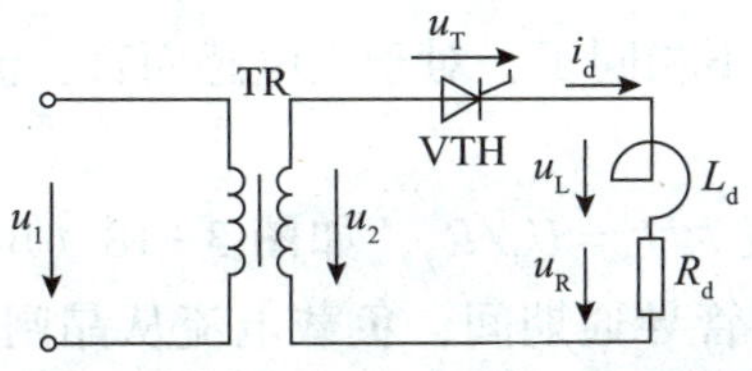

（a）电路原理图

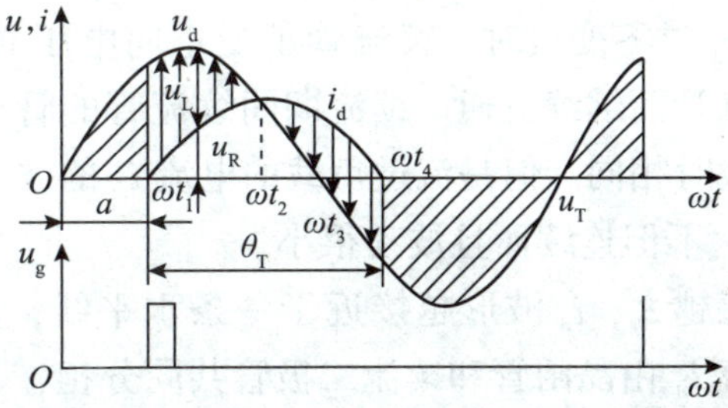

（b）电路波形图

图 3-17　单相半波可控整流电感性负载电路

当 $\omega t=\alpha$ 晶闸管被触发导通，电源电压 u_2 突加在负载上，由于电感性负载中的电流不能突变，电路需经一段过渡过程。此时电路电压瞬时值方程如下

$$u_2=L_d\frac{di_d}{dt}+i_dR_d=u_L+u_R$$

在 $\omega t_1\leqslant\omega t\leqslant\omega t_2$ 区间，晶闸管被触发导通后，由于 L_d 的作用，电流 i_d 只能从零逐渐增大。到 ωt_2 时，i_d 已上升到最大值，$di/dt=0$。所以 $u_L=0$，$u_2=i_dR_d=u_R$。这期间电源不仅要向负载 R_d 供给有功功率，而且还要向电感线圈 L_d 供给磁场能量的无功功率。

在 $\omega t_2\leqslant\omega t\leqslant\omega t_3$ 区间，由于 u_2 继续在减小，i_d 也逐渐减小，在电感线圈 L_d 作用下 i_d 的减小要滞后于 u_2 的减小。这期间 L_d 两端感生的电动势方向是阻碍 i_d 的减小，如图 3-17b 所示。负载 R_d 所消耗的能量，除电源电压供给外，还有部分是由电感线圈 L_d 所释放的能量供给。此区间电路电压瞬时值方程如下

$$u_2+L_d\frac{di_d}{dt}=i_dR_d$$

在 $\omega t_3\leqslant\omega t\leqslant\omega t_4$ 区间，u_2 过零开始变负，对晶闸管是反向电压，但由于 i_d 的减小，在 L_d 两端产生感应电动势，两者作用在晶闸管两端是正向电压。故只要 u_L 略大于 u_2，晶闸管仍然承受着正向电压而继续导通，直至 i_d 减小到零才被关断。在这区间 L_d 不断释放出磁场能量，除部分继续向负载电阻 R_d 提供消耗能量外，其余就回馈给交流电网。此区间电路电压瞬时值方程如下

$$u_L=L_d\frac{di_d}{dt}=u_2+i_dR_d$$

当 $\omega t=\omega t_4$ 时，$i_d=0$，即 L_d 磁场能量已释放完毕，晶闸管被关断。此后，周而复始。

如图 3-17（b）所示，由于电感的存在，使负载电压波形出现部分负值，导致负载上直流电压平均值 U_d 减小。电感越大，U_d 波形的负值部分占的比例越大，U_d 越小。当电感 L_d 足够大时，这时负载上得到的电压波形是正负面积接近相等，直流电压平均值 U_d 几乎为零。因此，单相半波可控整流电路用于大电感负载时，不管如何调节触发延迟角 α，U_d 值总是很小，平均值电流 I_d 也很小，没有实用价值。

2. 接续流管时

为了使 u_2 过零变负时能及时地关断晶闸管，u_d 波形不出现负值，又能给电感线圈 L_d 提供续流的通路，可以在整流输出端并联二极管，如图 3-18（a）所示。由于该二极管是为电感负载在晶闸管关断时提供续流回路，故将此二极管简称为续流管，用 VD 表示。

当 u_2 过零变负时，续流管承受正向电压而导通，晶闸管因承受反向电压而关断。i_d 改经续流管而继续流通。续流期间续流管的管压降可忽略不计，所以负载电压 u_d 波形与电阻负载时相同。但是流过负载的电流 i_d 的波形就不相同了，对于大电感而言，流过负载的电流 i_d 不但连续而且波动很小。

电感越大，i_d 波形越接近于一条水平线，其值为 $I_d=U_d/R_d$，如图 3-18（b）所示。负载电流 I_d 由晶闸管和续流二极管共同分担：晶闸管导通期间，负载电流从晶闸管流过；续流期间，负载电流经续流管形成回路。流过晶闸管电流 i_T 与流过续流管电流 i_D 的波形均近似为方波。

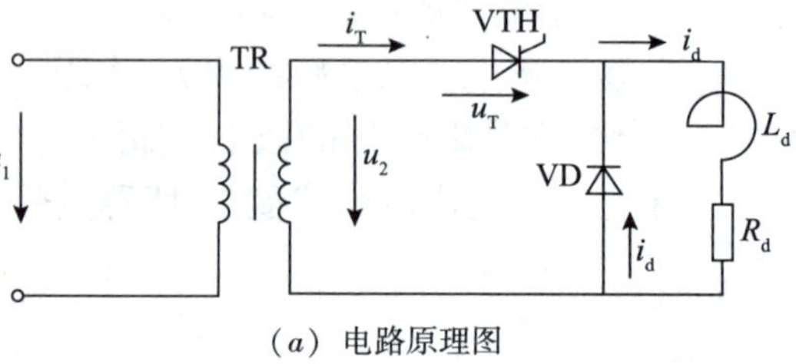

（a）电路原理图

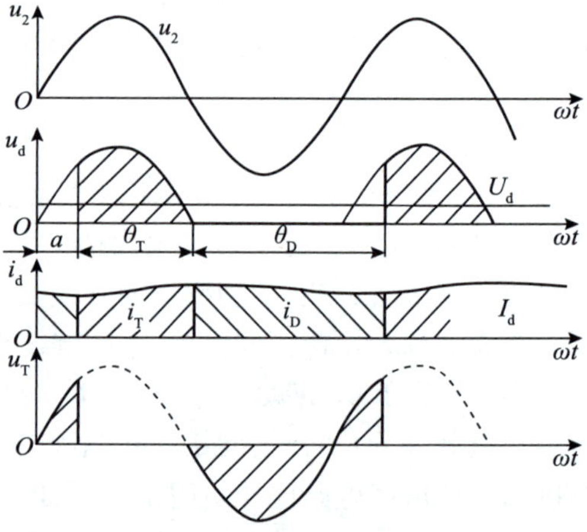

（b）电路波形图

图 3-18　单相半波可控整流电感性负载接续流管电路

晶闸管和续流二极管可能承受的最大正反向电压、移相范围与阻性负载相同，由于电感性负载中的电流不能突变，当晶闸管被触发导通后，阳极电流上升较缓慢，故要求触发脉冲的宽度要宽些（>20°），以免阳极电流尚未升到晶闸管擎住电流时，触发脉冲已消失，导致晶闸管无法导通。

1.2.3　单相桥式全控整流电路

1. 单相桥式全控整流电路电阻性负载

单相桥式整流电路带电阻性负载的电路及工作波形如图 3-19 所示。

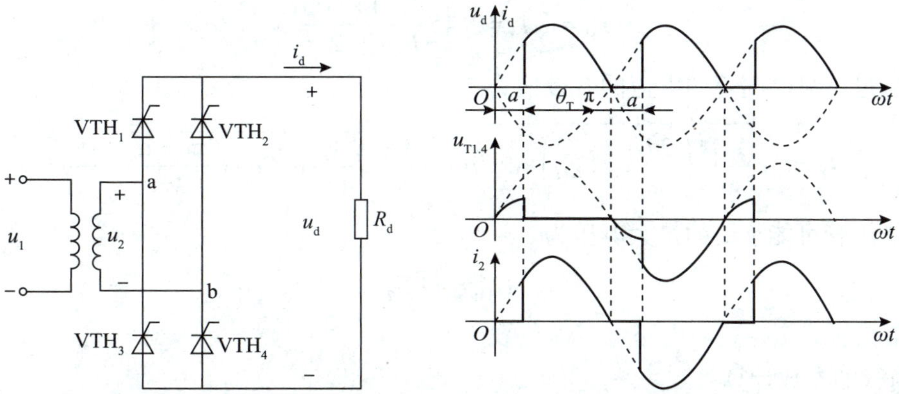

（a）电路图　　（b）波形图

图 3-19　单相桥式全控整流电路电阻性负载的电路及工作波形

（1）电路工作过程分析

晶闸管 VTH_1 和 VTH_3 为一组桥臂，而 VTH_2 和 VTH_4 组成另一组桥臂。在交流电源的正半周区间，即 a 端为正，b 端为负，VTH_1 和 VTH_4 承受正向阳极电压，在触发延迟角 α 的时刻给 VTH_1 和 VTH_4 同时加脉冲，则 VTH_1 和 VTH_4 会导通。此时电流 i_d 从电源 a 端经 VTH_1、负载 R_d 及 VTH_4 回电源 b 端，负载上得到的电压 u_d 为电源电压 u_2（忽略 VTH_1 和 VTH_4 的导通电压降），方向为上正下负，VTH_2 和 VTH_3 则因为 VTH_1 和 VTH_4 的导通而承受反向的电源电压 u_2 不会导通。

因为是电阻性负载，所以电流 i_d 也跟随电压的变化而变化。当电源电压 u_2 过零时，电流 i_d 也降低为零，也即两只晶闸管的阳极电流降低为零，故 VTH_1 和 VTH_4 会因电流小于维持电流而关断。

在交流电源负半周区间，即 a 端为负，b 端为正，晶闸管 VTH_2 和 VTH_3 承受正向阳极电压，在触发延迟角 α 的时刻给 VTH_2 和 VTH_3 同时加脉冲，则 VTH_2 和 VTH_3 被触发导通。其工作原理与上述相似。

（2）参数计算

① 输出直流电压平均值为

$$U_d = \frac{1}{\pi}\int_{\alpha}^{\pi} \sqrt{2}U_2 \sin \omega t \mathrm{d}(\omega t) = 0.9U_2 \frac{1+\cos\alpha}{2}$$

② 负载电流平均值为

$$I_d = \frac{U_d}{R_d} = 0.9\frac{U_2}{R_d}\frac{1+\cos\alpha}{2}$$

③ 输出电压的有效值为

$$U = \sqrt{\frac{1}{\pi}\int_{\alpha}^{\pi}(\sqrt{2}U_2 \sin\omega t)^2 \mathrm{d}(\omega t)} = U_2\sqrt{\frac{1}{2\pi}\sin 2\alpha + \frac{\pi-\alpha}{\pi}}$$

④ 负载电流有效值为

$$I=\frac{U_2}{R_d}\sqrt{\frac{1}{2\pi}\sin 2\alpha+\frac{\pi-\alpha}{\pi}}$$

⑤ 流过每只晶闸管的电流的平均值为

$$I_{dT}=\frac{1}{2}I_d=0.45\frac{U_2}{R_d}\frac{1+\cos\alpha}{2}$$

⑥ 流过每只晶闸管的电流的有效值为

$$I_T=\sqrt{\frac{1}{2\pi}\int_{\alpha}^{\pi}\left(\frac{\sqrt{2}U_2}{R_d}\sin\omega t\right)^2 d(\omega t)}=\frac{U_2}{R_d}\sqrt{\frac{1}{4\pi}\sin 2\alpha+\frac{\pi-\alpha}{2\pi}}=\frac{1}{\sqrt{2}}I$$

⑦ 晶闸管可能承受的最大电压为

$$U_{TM}=\sqrt{2}U_2$$

2. 单相桥式全控整流电路电感性负载

晶闸管的参数计算

① 输出电压平均值为

$$U_d=0.9U_2\cos\alpha$$

② 负载电流平均值为

$$I_d=\frac{U_d}{R_d}=0.9\frac{U_2}{R_d}\cos\alpha$$

③ 流过一只晶闸管的电流的平均值和有效值为

$$I_{dT}=\frac{1}{2}I_d$$

$$I_T=\frac{1}{\sqrt{2}}I_d$$

④ 晶闸管可能承受的最大电压为

$$U_{TM}=\sqrt{2}U_2$$

3. 单相桥式全控整流电路电感性负载并联续流管

单相桥式全控整流电路带大电感性负载，α 的移相范围是 0°~90°。为了扩大移相范围，不让 U_d 波形出现负值以及使输出电流更加平稳，提高 U_d 的值，也可以在负载两端并联续流管，如图 3-20 所示。

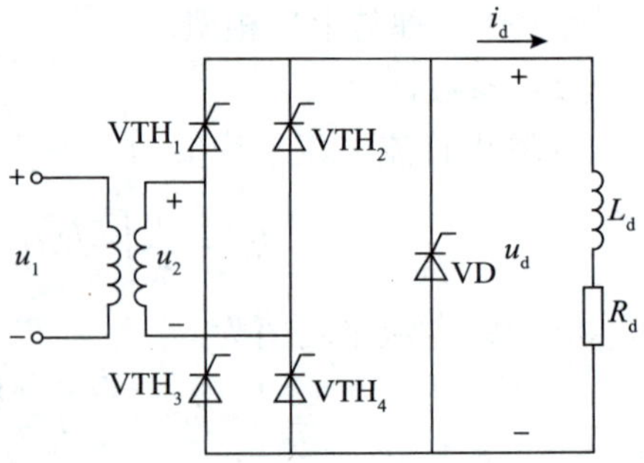

图 3-20　单相桥式全控整流电路带大电感性负载并联续流管

接续流管后，α 的移相范围可扩大到 0°~180°，α 在这区间内变化，只要电感量足够大，输出电流 i_d 就可保持连续且平稳。在电源电压 u_2 过零变负时，续流管承受正向电压而导通，晶闸管承受反向电压被关断。这样 U_d 波形与电阻性负载相同。负

载电流 i_d 是由晶闸管 VTH_1 和 VTH_4、VTH_2 和 VTH_3、续流管 VD 相继轮流导通而形成的。U_T 波形与电阻性负载时相同。所以，单相桥式全控整流电路大电感负载接续流管时各电量计算式如下

$$U_d = 0.9U_2\frac{1+\cos\alpha}{2} \qquad I_d = \frac{U_d}{R_d}$$

$$I_{dT} = \frac{\pi-\alpha}{2\pi}I_d \qquad I_T = \sqrt{\frac{\pi-\alpha}{\pi}}I_d$$

$$I_{dD} = \frac{\alpha}{\pi}I_d \qquad I_D = \sqrt{\frac{\alpha}{\pi}}I_d$$

$$U_{TM} = U_{DM} = \sqrt{2}U_2$$

1.2.4　单相桥式半控整流电路

在单相桥式全控整流电路中，由于每次都要同时触发两只晶闸管，因此线路较为复杂。为了简化电路，实际上可以采用一只晶闸管来控制导电回路，然后用一只整流二极管来代替另一只晶闸管。所以把图 3-19 中的 VTH_3 和 VTH_4 换成二极管 VD_3 和 VD_4，就形成了单相桥式半控整流电路，如图 3-21 所示。

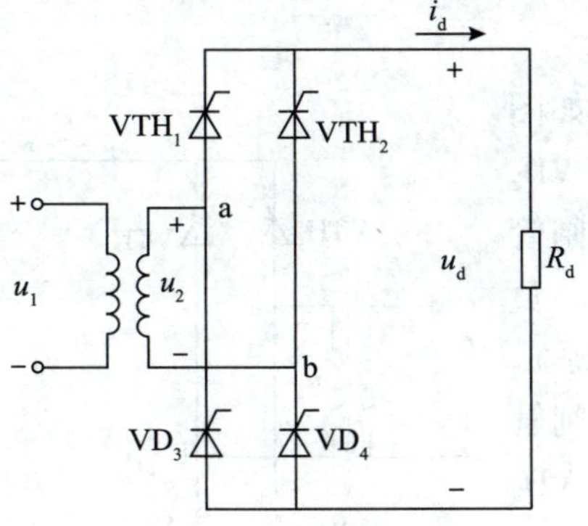

（a）电路图

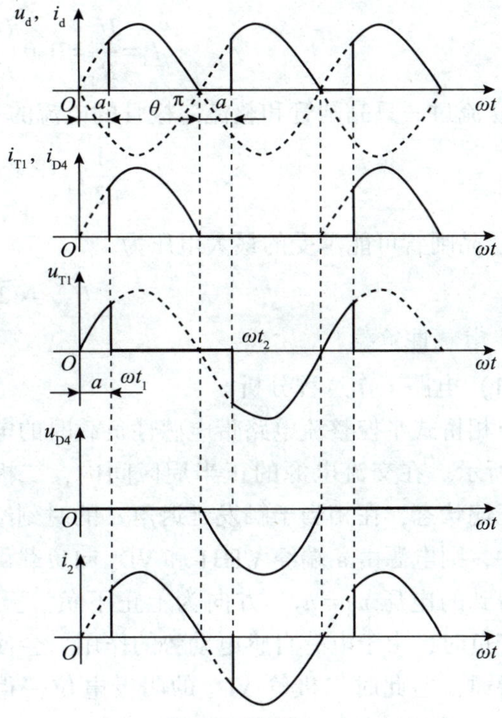

（b）波形图

图 3-21　单相桥式半控整流电路

1. 电阻性负载

（1）电路工作过程分析

单相半控桥式整流电路带电阻性负载时，工作情况同单相桥式全控整流电路相似，两只晶闸管仍是共阳极连接，即使同时触发两只晶闸管，也只能是阳极电位高的晶闸管导通。而两个二极管是共阳极连接，总是阴极电位低的二极管导通。因此，在电源 u_2 正半周一定是 VD_4 正偏，在 u_2 负半周一定是 VD_3 正偏。

所以，在电源正半周时，触发晶闸管 VTH_1 导通，二极管 VD_4 正偏导通，电流由电源 a 端经 VTH_1 和负载 R_d 及 VD_4，回电源 b 端，若忽略两管的正向导通压降，则负载上得到的直流输出电压就是电源电压 u_2，即 $u_d=u_2$。在电源负半周时，触发 VTH_2 导通，电流由电源 b 端经 VTH_2 和负载 R_d 及 VD_3，回电源 a 端，输出仍是 $u_d=u_2$，只不过在负载上的方向没变。在负载上得到的输出波形如图 3-21（b）所示，与桥式全控整流电路带电阻性负载时是一样的。

（2）参数计算

① 输出电压平均值为

$$U_d=0.9U_2\frac{1+\cos\alpha}{2}$$

α 的移相范围是 0°～180°。

② 负载电流平均值为

$$I_d=\frac{U_d}{R_d}=0.9\frac{U_2}{R_d}\frac{1+\cos\alpha}{2}$$

③ 流过一只晶闸管和整流二极管的电流的平均值和有效值为

$$I_{dT}=\frac{1}{2}I_d \qquad I_T=\frac{1}{\sqrt{2}}I_d$$

④ 晶闸管可能承受的最大电压为

$$U_{TM}=\sqrt{2}U_2$$

2. 电感性负载

（1）电路工作过程分析

单相桥式半控整流电路带电感性负载时的电路如图 3-22 所示。在交流电源的正半周区间内，二极管 VD_4 处于正偏状态，在相当于触发延迟角 α 的时刻给晶闸管加脉冲，则电源由 a 端经 VTH1 和 VD_4 向负载供电，负载上得到的电压 $u_d=u_2$，方向为上正下负。至电源 u_2 过零变负时，由于电感自感电动势的作用，会使晶闸管继续导通，但此时二极管 VD_3 的阴极电位变得比 VD_4 的要低，所以电流由 VD_4 换流到了 VD_3。

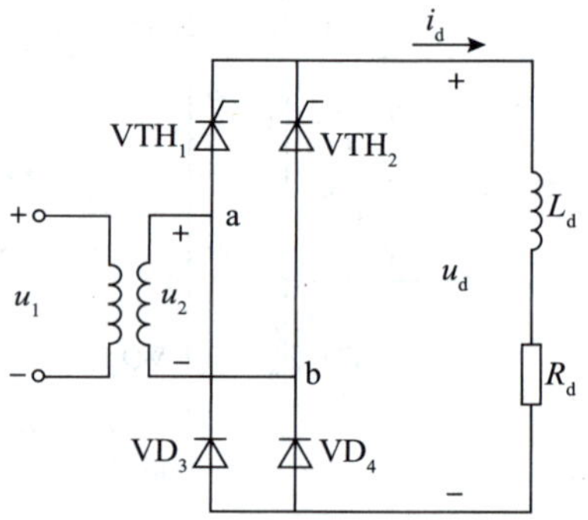

图 3-22　单相桥式半控整流电路带电感性负载时的电路

此时，负载电流经 VTH_1、R_d 和 VD_3 续流，而没有经过交流电源，因此，负载上得到的电压为 VTH_1 和 VD_3 的正向压降，接近为零，这就是单相桥式半控整流电路的自然续流现象。在 u_2 负半周相同 α 处，触发 VTH_2，由于 VTH_2 的阳极电位高于 VTH_1 的阳极电位。所以，VTH_1 换流给了 VTH_2，电源经 VTH_2 和 VD_3 向负载供电，直流输出电压也为电源电压，方向上正下负。同样，当 u_2 由负变正时，又改为 VTH_2 和 VD_4 续流，输出又为零。

这个电路输出电压的波形与带电阻性负载时一样。但直流输出电流的波形由于电感的平波作用而变为一条直线。

（2）大电感负载不带续流管时的情况

单相桥式半控整流电路带大电感负载时的工作特点：晶闸管在触发时刻换流，二极管则在电源过零时刻换流；电路本身就具有自然续流作用，负载电流可以在电路内部换流，所以，即使没有续流管，改变触发延迟角 α 即可改变整流输出电压平均值 U_d 的大小，电路似乎可以不必接续流管就能正常工作。但实际运行中，该电路在接大电感负载时，若突然关断触发脉冲或迅速将 α 移到 180°在没有接入续流管 VD 时，可能出现一只晶闸管直通，两只整流管交替导通的失控现象。

如在 u_2 正半周当 VTH_1 触发导通后，欲停止工作而停发触发脉冲（或因故障造成丢失脉冲），此后 VTH_2 无触发脉冲而处于阻断状态，在 u_2 过零进入负半周后，电流从 VD_4 换到 VD_3，由于电感上感应电动势的作用，电流 i_d 经 VTH_1、VD_3 继续流通，如图 3-23 中虚线所示。

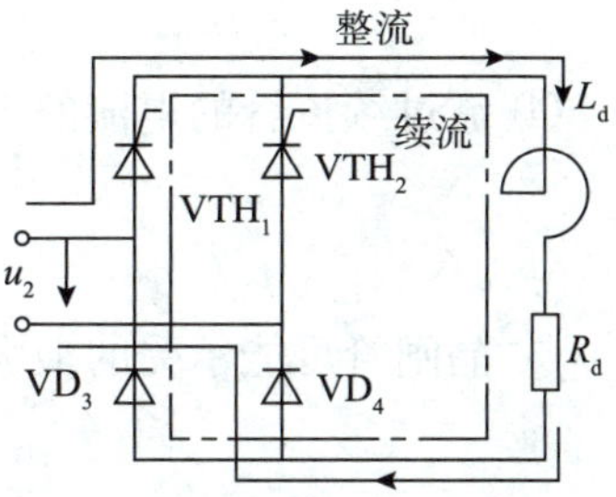

图 3-23　单相桥式半控整流电路带电感性负载分析图

如果电感量很大，晶闸管 VTH_1 将维持导通到电源电压 u_2 进入下一个周期的正半周，VTH_1 承受正向电压继续导通，电流又从 VD_3 自动换流到 VD_4，依此循环工作下去，出现 VTH_1 直通，VD_3、VD_4 轮流导通现象，电路失去控制。输出便成为单相半波不可控整流电压波形，晶闸管 VTH_1 也会过热而损坏。

输出也没有负电压，与桥式全控电路时不一样。虽然此电路看起来不用像桥式全控电路一样接续流管也能工作，但实际上若突然关断触发电路或突然把触发延迟角 α 增大到 180°时，电路会发生失控现象。失控后，即使去掉触发电路，电路也会出现正在导通的晶闸管一直导通，而两只二极管轮流导通的情况，使 U_d 仍会有输出，但波形是单相半波不可控的整流波形，这就是所谓的失控现象。

（3）续流管的作用

为解决失控现象，单相桥式半控整流电路带电感性负载时，仍需在负载两端并接续流管 VD。这样，当电源电压过零变负时，负载电流经续流二极管续流，使直流输出接近于零，迫使原导通的晶闸管关断。加续流管后的电路图如图 3-24 所示。

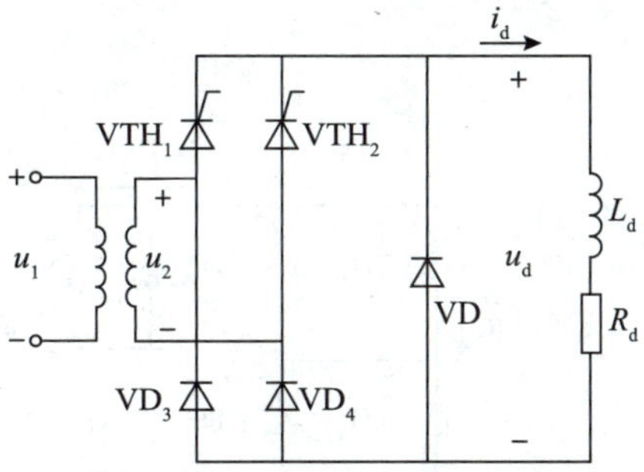

图 3-24　单相桥式半控整流电路带电感性负载加续流二极管电路图

续流管的作用是取代晶闸管和桥臂中整流管的续流作用。在 u_2 的正半周 VTH_1、VD_4 导通，VD 承受反压截止，从 u_2 过零变负时，在电感的感应电动势作用下，使 VD 承受正偏压而导通，负载电流 i_d

经感性负载及续流管 VD 构成通路，电感释放能量，晶闸管 VTH_1 将随 u_2 过零而恢复阻断，防止了失控现象发生。接续流管后，输出整流电压 u_d 的波形与不接续流管时相同，但流过晶闸管和整流管的波形则因二者的导通角不同而不同。

（4）加续流管后单相桥式半控整流电路带大电感性负载电路参数的计算

① 输出电压平均值为

$$U_d = 0.9U_2\frac{1+\cos\alpha}{2}$$

式中，α 的移相范围是 0°～180°。

② 负载电流平均值为

$$I_d = \frac{U_d}{R_d} = 0.9\frac{U_2}{R_d}\frac{1+\cos\alpha}{2}$$

③ 流过一只晶闸管和整流管的电流的平均值和有效值为

$$I_{dT} = I_{dD} = \frac{\pi-\alpha}{2\pi}I_d \quad I_T = I_D = \sqrt{\frac{\pi-\alpha}{2\pi}}I_d$$

④ 流过续流管的电流的平均值和有效值为

$$I_{dDR} = \frac{2\alpha}{2\pi}I_d = \frac{\alpha}{\pi}I_d \quad I_{DR} = \sqrt{\frac{\alpha}{\pi}}I_d$$

⑤ 晶闸管可能承受的最大电压为

$$U_{TM} = \sqrt{2}U_2$$

1.2.5　单相桥式全控整流电路带反电动势负载

对于直流电动机和蓄电池等反电动势负载，由于反电动势的作用，使整流电路中晶闸管导通的时间缩短，相应的负载电流出现断续，脉动程度高。

反电动势负载等效电路用电动势 E 和负载回路电阻 R_d（电枢电阻）表示，电动势的极性如图 3-25（a）所示。整流电路接有反电动势负载时，只有当电源电压 u_2 大于反电动势 E 时，晶闸管才能被触发导通；$u_2<E$ 时，晶闸管承受反压关断，如图 3-25（b）所示。在晶闸管导通期间，输出整流电压 $u_d=E+i_dR_d$，在晶闸管关断期间，负载端电压保持原有电动势，故整流平均值电压相较于电感性负载时大。导通角 $\theta<\pi$，整流电流波形出现断续。

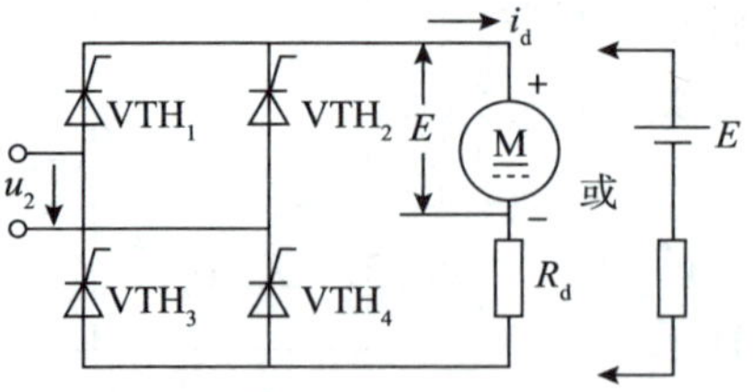

（a）电路图

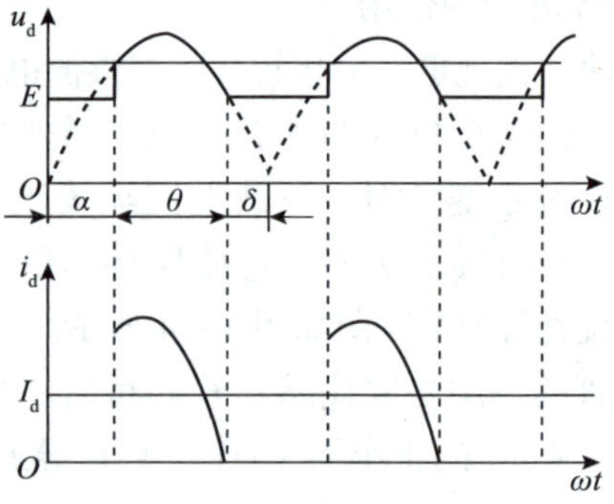

（b）波形图

图 3-25　单相桥式全控整流电路带反电动势负载

为解决这一问题，往往在反电动势负载侧串接平波电抗器，利用电感平稳电流的作用来减少负载电流的脉动并延长晶闸管的导通时间。只要电感足够大，电流就会连续，直流输出电压和电流就与电感性负载时一样。

串入平波电抗器 L_d 之后，减小了电流的脉动和延长了晶闸管导通的时间，输出电压中的交流分量降落在电抗器上。输出电流波形连续平直。与感性负载时的情况相似，当电感量足够大时，较出电流波形近似为一直线，大大改善了整流装置及电动机的工作条件。

反电动势负载串接了平波电抗器之后，通常并接续流管，如图 3-26 虚线所示。其分析方法与感性负载相同。

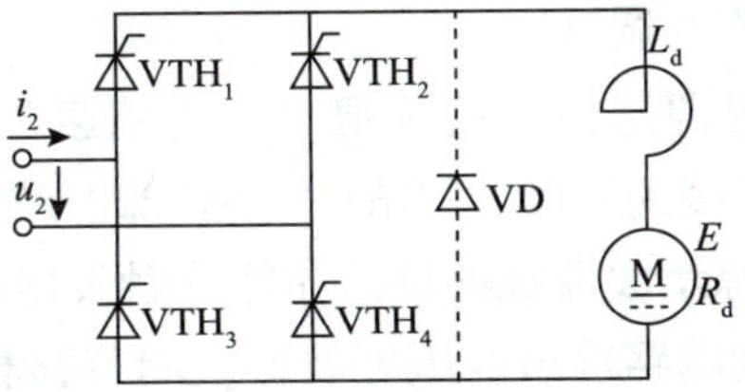

图 3-26　单相桥式全控整流电路接反电动势负载串接平波电抗器并接续流管电路图

电路各参量计算公式除 $I_d=(U_d-E)/R_d$（R_d 包含平波电抗器内阻及电动机电枢电阻）之外，其他均与感性负载情况相同。

实训任务

对单相半波可控整流电路进行分析与调试。

任务指导

图 3-13 为单相半波可控整流调光灯主电路，实际就是负载为电阻性的单相半波可控整流电路，对电路的输出波形 U_d 和晶闸管两端电压 U_d 波形的分析在调试及修理过程中是非常重要的。学生的分析是在假设主电路和触发电路均正常工作的前提条件下进行的。

1. 所需挂件及附件

所需挂件及附件见表 3-2。

表 3-2　所需挂件及附件表

序号	型号	备注
1	DJK01 电源控制屏	包含“三相电源输出”以及“励磁电源”等几个模块
2	DJK02 晶闸管主电路	包含“晶闸管”以及“电感”等几个模块
3	DJK03-1 晶闸管触发电路	该挂件包含“单结晶体管触发电路”模块
4	DJK06 给定及实验器件	包含“二极管”等几个模块
5	D42 三相可调电阻器	—
6	双踪示波器	自备
7	万用表	自备

2. 实验电路及原理

单结晶体管触发电路的工作原理及电路图已在上节中做过介绍。将 DJK03-1 挂件上的单结晶体管触发电路的输出端 G 和 K 接到 DJK02 挂件面板上的反桥中的任意一个晶闸管的门极和阴极，并将相应的触发脉冲的钮子开关关闭（防止误触发），图中的负载 R 用 D42 三相可调电阻，将两个 900 Ω 接成并联形式。二极管 VD_1 和开关 S_1 均在 DJK06 挂件上，电感 L_d 在 DJK02 面板上，有 100 mH、200 mH、700 mH 三挡可供选择，本实验中选用 700 mH。直流电压表及直流电流表从 DJK02 挂件上得到。

3. 实验方法

（1）单结晶体管触发电路的调试

将 DJK01 电源控制屏的电源选择开关调到“直流调速”侧，使输出线电压为 200 V，用两根导线将 200 V 交流电压接到 DJK03-1 的“外接 220 V”端，按下“起动”按钮，打开 DJK03-1 电源开关，用双踪示波器观察单结晶体管触发电路中整流输出的梯形波电压、锯齿波电压及单结晶体管触发电路输出电压等波形。调节移相电位器 RP_1，观察锯齿波的周期变化及输出脉冲波形的移相范围能否在 30°~170°范围内移动。

（2）单相半波可控整流电路接电阻性负载

触发电路调试正常后，按图 3-27 电路图接线。将电阻器调在最大阻值位置，按下“起动”按钮，用示波器观察负载电压 U_d、晶闸管 VTH 两端电压 U_T 的波形，调节电位器 RP_1，观察 α=30°、60°、90°、120°、150°时 U_d、U_T 的波形，并测量直流输出电压 U_d 和电源电压 U_2，记录于表 3-3 中。

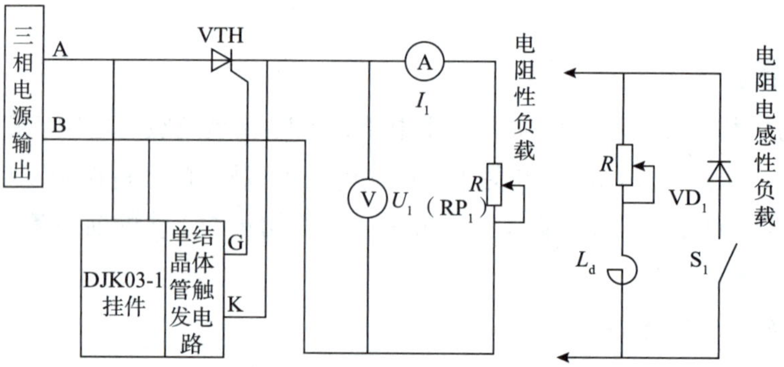

图 3-27　单相半波可控整流电路接电阻性负载实验图

表 3-3　实验数据记录表（一）

α	30°	60°	90°	120°	150°
U_2					
U_d（记录值）					
U_d/U_2					
U_d（计算值）					

计算公式为

$$U_d=0.45U_2(1+\cos\alpha)/2$$

（3）单相半波可控整流电路接电阻电感性负载

将负载电阻 R 改成电阻电感性负载（由电阻器与平波电抗器 L_d 串联而成）。暂不接续流二极管 VD_1，在不同阻抗角［阻抗角 $\varphi=\arctan(\omega L/R)$］，保持电感量不变，改变 R 的电阻值，注意电流不要超过 1 A 的情况下，观察并记录 $\alpha=30°$、60°、90°、120°时的直流输出电压值 U_d（表 3-4）及 U_T 的波形。

表 3-4　实验数据记录表（二）

α	30°	60°	90°	120°
U_2				
U_d（记录值）				
U_d/U_2				
U_d（计算值）				

接入续流管 VD_1，重复上述实验，观察续流管的作用，以及 U_{D1} 波形的变化，数据记录于表 3-5。

表 3-5　实验数据记录表（三）

α	30°	60°	90°	120°	150°
U_2					
U_d（记录值）					
U_d/U_2					
U_d（计算值）					

计算公式为

$$U_d=0.45U_2(1+\cos\alpha)/2$$

4. 输出电压和晶闸管两端电压的波形（电阻性负载）

① 将示波器探头的测试端和接地端接于白炽灯两端，调节旋钮“t/div”和“v/div”，使示波器稳定显示至少一个周期的完整波形，并且使每个周期的宽度在示波器上显示为六个方格（每个方格对应的电角度为 60°）。调节电路，使示波器显示的输出电压的波形对应于触发延迟角 α 的角度为 30°。

将探头接于晶闸管两端，测试晶闸管在触发延迟角 α 的角度为 30°时两端电压的波形，可与理论波形对照进行比较。

② 测出 $\alpha=60°$时输出电压和晶闸管两端电压的波形。

③ 测出 $\alpha=90°$时输出电压和晶闸管两端电压的波形。

④ 测出 $\alpha=120°$时输出电压和晶闸管两端电压的波形。

任务3　三相可控整流电路带电阻性负载测试

三相可控整流电路带电阻性负载测试是通过调节触发电路来控制晶闸管的导通角，从而观察并记录不同导通角下负载电压和电流的变化情况，以验证电路性能和整流效果。

1.3.1　三相半波整流电路

1. 三相半波不可控整流电路

为了更好地理解三相半波可控整流电路，先了解一下由二极管组成的不可控整流电路，如图3-28（a）所示。此电路可由三相变压器供电，也可直接接到三相四线制的交流电源上。变压器二次侧相电压有效值为 U_2，线电压为 U_{2L}。其接法是三个整流二极管的阳极分别接到变压器二次侧的三相电源上，而三个阴极接在一起，接到负载的一端，负载的另一端接整流变压器的中性线，形成回路。此种接法称为共阴极接法。

如图3-28（b）所示三相交流电 u_U、u_V 和 u_W 的波形图。u_d 是输出电压的波形，u_D 是二极管承受的电压的波形。由于整流二极管导通的唯一条件就是阳极电位高于阴极电位，而三只二极管又是共阴极连接的，且阳极所接的三相电源的相电压是不断变化的。所以哪一相的二极管导通就要看其阳极所接的相电压 u_U、u_V 和 u_W 中哪一相的瞬时值最高。其余两只二极管就会因承受反向电压而关断。

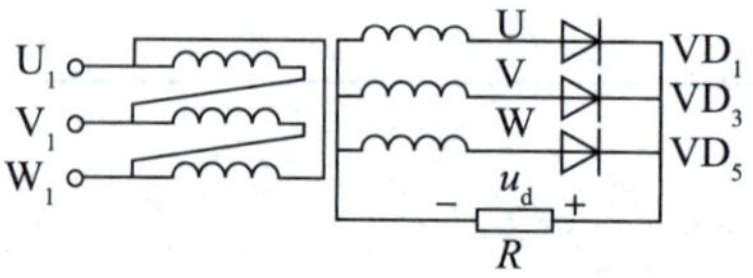

（a）电路图

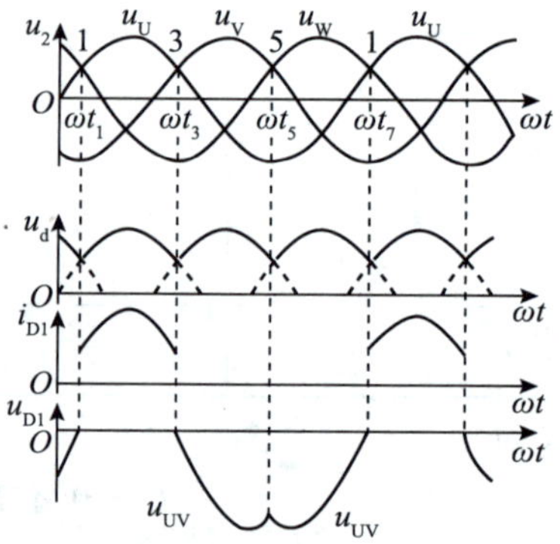

（b）波形图

图3-28　三相半波不可控整流电路及波形

可以看出，三相半波不可控整流电路中三个二极管轮流导通，导通角均为120°，输出电压 u_d 是脉动的三相交流相电压波形的正向包络线，负载电流波形形状与 u_d 相同。

其输出直流电压的平均值 U_d 为

$$U_d=\frac{3}{2\pi}\int_{\frac{\pi}{6}}^{\frac{5\pi}{6}}\sqrt{2}U_2\sin\omega t\mathrm{d}(\omega t)=\frac{3\sqrt{6}}{2\pi}U_2=1.17U_2$$

整流二极管承受的电压的波形如图3-28（b）所示。以 VD_1 为例，在 $\omega t_1\sim\omega t_3$ 区间，VD_1 导通，则 u_{D1} 为零；在 $\omega t_3\sim\omega t_5$ 区间，VD_3 导通，则 VD_1 承受反向电压 u_{UV}，即 $u_{D1}=u_{UV}$；在 $\omega t_5\sim\omega t_7$ 区间，VD_5 导通，则 VD_1 承受反向电压 u_{UW}，即 $u_{D1}=u_{UW}$。从图中还可看出，

整流二极管承受的最大的反向电压就是三相交流电压的峰值，即

$$U_{DM}=\sqrt{6}U_2$$

从图 3-28（b）中还可看到，1、3、5 这三个点分别是二极管 VD_1、VD_3 和 VD_5 的导通起始点，即每经过其中一点，电流就会自动从前一相换流至后一相，这种换相是利用三相电源电压的变化自然进行的，因此把 1、3、5 点称为自然换相点。

2. 三相半波可控整流电路

三相半波可控整流电路有两种接线方式，为共阴极接法和共阳极接法。由于共阴极接法触发脉冲有共用线，使用调试方便，所以三相半波共阴极接法常被采用。

（1）电路结构

将图 3-28a 中的三个二极管换成晶闸管就组成了共阴极接法的三相半波可控整流电路。如图 3-29 所示，电路中，整流变压器的一次侧采用三角形联结，防止三次谐波进入电网。二次侧采用星形联结，可以引出中性线。三个晶闸管的阴极短接在一起，阳极分别接到三相电源。

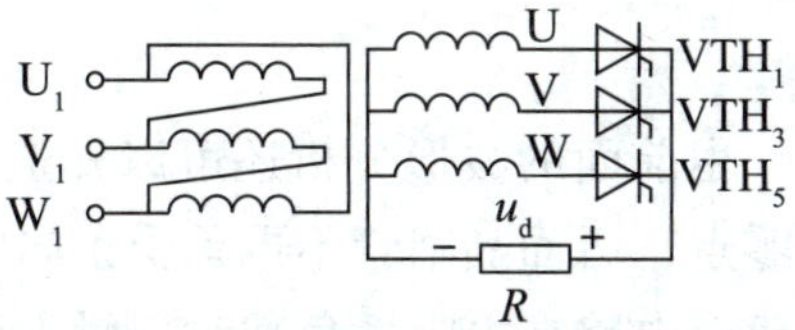

图 3-29　三相半波可控整流电路

（2）电路工作原理

① $0°\leqslant\alpha\leqslant30°$

$\alpha=0°$时，三个晶闸管相当于三个整流管，负载两端的电流、电压波形与图 3-28 所示相同，晶闸管两端的电压波形，由 3 段组成：第 1 段，VTH_1 导通期间，此管压降可近似为 $u_{T1}=0$；第 2 段，在 VTH_1 关断后，VTH_3 导通期间，$u_{T1}=u_U-u_V=u_{UV}$，为一段线电压；第 3 段，在 VTH_5 导通期间，$u_{T1}=u_U-u_W=u_{UW}$ 为另一段线电压。如果增大触发延迟角 α，将脉冲后移，整流电路的工作情况相应地发生变化，假设电路已在工作，W 相所接的晶闸管 VTH_5 导通，经过自然换相点“1”时，由于 U 相所接晶闸管 VTH_1 的触发脉冲尚未送到，VTH_1 无法导通。于是 VTH_5 仍承受正向电压继续导通，直到过 U 相自然换相点“1”点 $30°(\omega t_1)$ 时晶闸管 VTH_1 被触发导通，输出直流电压由 W 相换到 U 相。

② $30°\leqslant\alpha\leqslant150°$

当 $\alpha\geqslant30°$ 时，此时电压和电流波形断续，各个晶闸管的导通角小于 120°，此时 $\alpha=60°$ 的波形如图 3-30 所示。

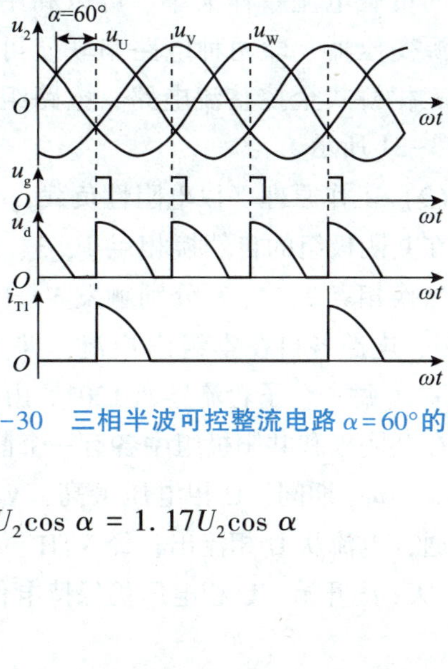

图 3-30　三相半波可控整流电路 $\alpha=60°$ 的波形

（3）基本的物理量计算

① 整流输出电压的平均值计算

当 $0°\leqslant\alpha\leqslant30°$时，此时电压、电流波形连续，通过分析可得到

$$U_d=\frac{1}{\frac{2\pi}{3}}\int_{\frac{\pi}{6}+\alpha}^{\frac{5\pi}{6}+\alpha}\sqrt{2}U_2\sin\omega t\mathrm{d}(\omega t)=\frac{3\sqrt{6}}{2\pi}U_2\cos\alpha=1.17U_2\cos\alpha$$

当 30°≤α≤150°时，此时电压、电流波形断续，通过分析可得到

$$U_d = \frac{1}{\frac{2\pi}{3}}\int_{\frac{\pi}{6}+\alpha}^{\pi}\sqrt{2}U_2\sin\omega t\mathrm{d}(\omega t) = \frac{3\sqrt{2}}{2\pi}U_2\left[1+\cos\left(\frac{\pi}{6}+\alpha\right)\right] = 0.675\left[1+\cos\left(\frac{\pi}{6}+\alpha\right)\right]$$

② 直流输出平均电流

对于电阻性负载，电流与电压波形是一致的，数量关系为

$$I_d = U_d/R_d$$

③ 晶闸管承受的电压和触发延迟角的移相范围

由前面的波形分析可以知道，晶闸管承受的最大反向电压为变压器二次侧线电压的峰值。即

$$U_{RM} = \sqrt{2}\times\sqrt{3}U_2 = \sqrt{6}U_2 = 2.45U_2$$

由前面的波形分析还可以知道，当触发脉冲后移到 $\alpha = 150°$时，正好为电源相电压的过零点，后面晶闸管不再承受正向电压，也就是说，晶闸管无法导通。因此，三相半波可控整流电路在电阻性负载时，触发延迟角的移相范围是 0°~150°。

1.3.2 三相桥式全控整流电路

1. 电阻性负载

（1）电路组成

三相桥式全控整流电路实质上是一组共阴极半波可控整流电路与共阳极半波可控整流电路的串联。共阴极半波可控整流电路实际上只利用电源变压器的正半周期，共阳极半波可控整流电路只利用电源变压器的负半周期，如果两种电路的负载电流一样大小，可以利用同一电源变压器。即两种电路串联便可以得到三相桥式全控整流电路，电路组成如图 3-31 所示。

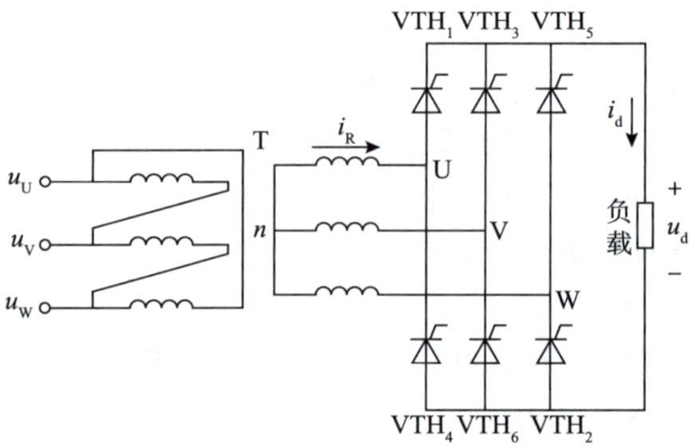

图 3-31 三相桥式全控整流电路

（2）工作原理（以电阻性负载，$\alpha = 0°$分析）

在共阴极组的自然换相点 1、3、5 分别触发 VTH_1、VTH_3、VTH_5 晶闸管，共阳极组的自然换相点 2、4、6 分别触发 VTH_2、VTH_4、VTH_6 晶闸管，两组的自然换相点对应相差 60°，电路各自在本组内换流，即 $VTH_1-VTH_3-VTH_5-VTH_1\cdots$，$VTH_2-VTH_4-VTH_6-VTH_2\cdots$，每个管子轮流导通 120°。由于中性线断开，要使电流流通，负载端有输出电压，必须在共阴极和共阳极组中各有一个晶闸管同时导通。

$\omega t_1 \sim \omega t_2$ 期间，U 相电压最高，V 相电压最低，在触发脉冲作用下，VTH_6、VTH_1 同时导通，电流从 U 相流出，经 VTH_1 负载、VTH_6 流回 V 相，负载上得到 U、V 相线电压 u_{UV}。从 ωt_2 开始，U 相电压仍保持电位最高，VTH_1 继续导通，但 W 相电压开始比 V 相更

低，此时触发脉冲触发 VTH_2 导通，迫使 VTH_6 受反压而关断，负载电流从 VTH_6 中换到 VTH_2，以此类推，负载两端的波形如图 3-32 所示。导通晶闸管及负载电压见表 3-6。

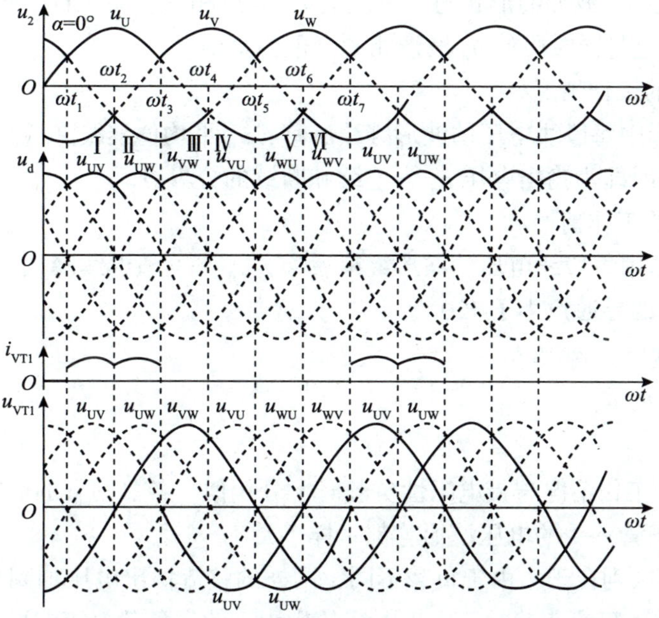

图 3-32　三相桥式全控整流电路 $\alpha=0°$ 时负载两端的波形

表 3-6　导通晶闸管及负载电压

导通期间	$\omega t_1\sim\omega t_2$	$\omega t_2\sim\omega t_3$	$\omega t_3\sim\omega t_4$	$\omega t_4\sim\omega t_5$	$\omega t_5\sim\omega t_6$	$\omega t_6\sim\omega t_7$
导通 VTH	VTH_6，VTH_1	VTH_1，VTH_2	VTH_2，VTH_3	VTH_3，VTH_4	VTH_4，VTH_5	VTH_5，VTH_6
共阴极电压	U 相	U 相	V 相	V 相	W 相	W 相
共阳极电压	V 相	W 相	W 相	U 相	U 相	V 相
负载电压	线电压 u_{UV}	线电压 u_{UW}	线电压 u_{VW}	线电压 u_{VU}	线电压 u_{WU}	线电压 u_{WV}

（3）三相桥式全控整流电路的特点

① 必须有两个晶闸管同时导通才可能形成供电回路，其中共阴极组和共阳极组各一个，且不能为同一相的器件。

② 对触发脉冲的要求。按 VTH_1-VTH_2-VTH_3-VTH_4-VTH_5-VTH_6 的顺序，相位依次差 60°，共阴极组 VTH_1、VTH_3、VTH_5 的脉冲依次差 120°，共阳极组 VTH_4、VTH_6、VTH_2 的脉冲也依次差 120°。同一相的上下两个晶闸管，即 VTH_1 与 VTH_4，VTH_3 与 VTH_6，VTH_5 与 VTH_2，脉冲相差 180°。

为了可靠触发导通晶闸管，触发脉冲要有足够的宽度，通常采用单宽脉冲或双窄脉冲触发。但实际应用中，为了减少脉冲变压器的铁心损耗，大多采用双窄脉冲。

（4）不同触发延迟角时的波形分析

① $\alpha=30°$ 时的工作情况

与 $\alpha=0°$ 时的区别在于晶闸管起始导通时刻推迟了 30°，组成 u_d 的每一段线电压因此推迟 30°，从 ωt_1 开始把一周期等分为 6 段，u_d 波形仍由 6 段线电压构成，每一段导通晶闸管的编号等仍符合表 3-6 的规律。变压器二次电流 i_a 波形的特点：在 VTH_1 处于通态的 120 °期间，i_a 为正，i_a 波形的形状与同时段的 u_d 波形相同，在 VTH_4 处于通态的 120 °期间，i_a 波形的形状也与同时段的 u_d 波形相同，但为负值。

② $\alpha=60$ °时的工作情况

此时 u_d 的波形中每段线电压的波形继续后移，u_d 平均值继续降低。$\alpha=60$ °时 u_d 出现为零的点，这种情况即为输出电压 u_d 为连续和断续的分界点。

③ $\alpha=90$ °时的工作情况

此时 u_d 的波形中每段线电压的波形继续后移，u_d 平均值继续降低。$\alpha=90$ °时 u_d 波形断续，每个晶闸管的导通角小于 120°。

2. 电感性负载

电路工作原理如下。

① $\alpha\leqslant60$ °时

u_d 波形连续，工作情况与带电阻性负载时十分相似，各晶闸管的通断情况、输出整流电压 u_d 波形、晶闸管承受的电压波形等都一样。

两种负载时的区别在于：由于负载不同，同样的整流输出电压加到负载上，得到的负载电流 i_d 波形不同。阻感负载时，由于电感的作用，使得负载电流波形变得平直，当电感足够大的时候，负载电流的波形可近似为一条水平线。

② $\alpha>60$°时

阻感负载时的工作情况与电阻性负载时不同，电阻性负载时 u_d 波形不会出现负的部分，而阻感负载时，由于电感 L 的作用，u_d 波形会出现负的部分，$\alpha=90$ °时波形如图 3-33 所示。可见带阻感负载时，三相桥式全控整流电路 α 的移相范围为 0°～90 °。

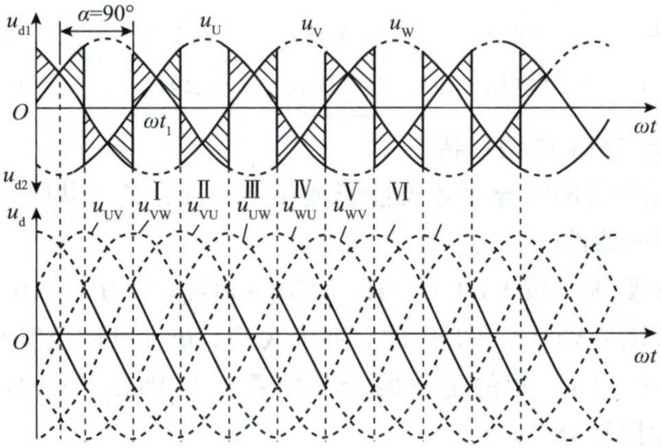

图 3-33　三相桥式全控整流电路大电感性负载 $\alpha=90°$ 的波形

3. 基本的物理量计算

整流电路输出直流平均电压如下。

（1）当整流输出电压连续时（带阻感负载时，或带电阻性负载 $\alpha\leqslant60$°时）的平均值为

$$U_d = \frac{1}{\frac{\pi}{3}}\int_{\frac{\pi}{3}+\alpha}^{\frac{2\pi}{3}+\alpha}\sqrt{6}U_2\sin\omega t\mathrm{d}(\omega t) = 2.34U_2\cos\alpha$$

（2）带电阻性负载且 $\alpha>60°$ 时，整流电压平均值为

$$U_d = \frac{3}{\pi}\int_{\frac{\pi}{3}+\alpha}^{\pi}\sqrt{6}U_2\sin\omega t\mathrm{d}(\omega t) = 2.34U_2\left[1+\cos\left(\frac{\pi}{3}+\alpha\right)\right]$$

输出电流平均值如下。

$$I_d = U_d/R$$

当整流变压器为采用星形联结，带阻感负载时，变压器二次电流波形为正负半周各宽120°、前沿相差180°的矩形波，其有效值为

$$I_2 = \sqrt{\frac{1}{2\pi}\left[I_d^2\times\frac{2}{3}\pi+(-I_d)^2\times\frac{2}{3}\pi\right]} = \sqrt{\frac{2}{3}}I_d = 0.816I_d$$

晶闸管电压、电流等的定量分析与三相半波时一致。

实训任务

对三相半波可控整流电路与三相桥式全控整流电路进行带电阻性负载测试。

任务指导

1. 三相半波可控整流电路带电阻性负载测试

按图3-34接线，将电阻器放在最大阻值处，按下“起动”按钮，“给定”从零开始，慢慢增加移相电压，使 α 能从30°~180°范围内调节，用示波器观察并记录三相电路中 $\alpha=30°$、60°、90°、120°、150°时整流输出电压 U_d 和晶闸管两端电压 U_T 的波形，并记录相应的电源电压 U_2 及 U_d 的数值于表3-7中。

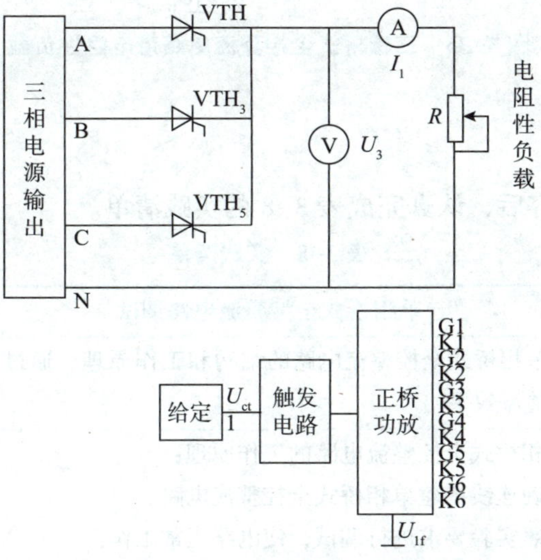

图3-34 三相半波可控整流电路带电阻性负载

表 3-7　三相半波可控整流电路带电阻性负载测试数据

α	30°	60°	90°	120°	150°
U_2					
U_d（记录值）					
U_d（计算值）					

2. 三相桥式全控整流电路带电阻性负载测试

如图 3-35 所示的接线，将电阻器放在最大阻值处，按下“启动”按钮，“给定”从零开始，慢慢增加移相电压，使 α 能从 30°～180°范围内调节，用示波器观察整流输出电压 U_d 和晶闸管两端电压 U_T 的波形。

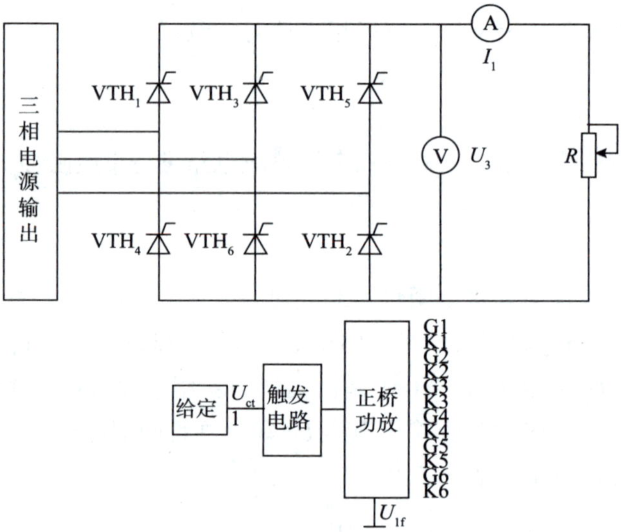

图 3-35　三相桥式全控整流电路带电阻性负载

课后实践

学习完本项目的内容后，认真完成表 3-8 的实践清单。

表 3-8　实践清单

单相桥式全控整流电路调试	
实践任务	学习并掌握单相桥式全控整流电路的结构和工作原理，通过实践调试使电路正常工作，达到稳定的整流效果
实践目标	（1）理解单相桥式全控整流电路的工作原理； （2）能够正确连线搭建单相桥式全控整流电路； （3）能够按照实验要求进行调试，使电路正常工作； （4）熟练掌握调试过程中的关键步骤和技巧

续表

单相桥式全控整流电路调试	
实践步骤	（1）准备实验设备和元件，包括整流电路元件、电源、电阻、触发电路等； （2）连线组装单相桥式全控整流电路； （3）按照设定参数调试整流电路，包括触发角控制、负载电流调整等； （4）观察整流电路的波形输出，调整参数使整流效果达到最佳状态； （5）记录整个调试过程和实验结果
实践提示	（1）操作前务必检查设备和元件的连接是否正确，确保电路搭建无误； （2）在调试过程中注意安全，避免触电或短路等事故发生； （3）严格按照实验要求和操作步骤进行，不得随意更改参数或连接方式； （4）有问题及时向老师或指导员求助，遇到异常情况立即停止实验并排除故障
实践总结	

实践评价

完成以上实践后，认真完成表3-9的实践评价。

表3-9 实践评价

评价内容	分值	得分
参与实践的积极性、主动性	25	
独立思考能力	25	
创新能力	25	
对单相桥式全控整流电路相关知识的掌握程度	25	
教师点评：		

项目小结

本项目对单结晶体管触发电路、单相半波可控整流电路和三相可控整流电路等进行了分析和总结。

首先介绍了单结晶体管是指晶闸管，拥有结构简单、响应速度快的特性。在安装与调试中，需要了解晶闸管的伏安特性和主要参数，以便正确选择和设置触发电路。单结晶体管触发电路通过控制晶闸管的导通和关断实现对电路的调光功能，其工作原理是基于晶闸管的导通关断特性。

其次介绍了单相可控整流电路是调光灯电路中常见的元件，包括半波可控整流电路和桥式全控整流电路。在电阻性负载和电感性负载下工作原理略有不同，需要根据负载特性进行合理选择和调试。对于桥式全控整流电路，可以通过带反电动势负载实现更加灵活的调光效果。

最后介绍了三相可控整流电路也是调光灯电路中的重要组成部分，包括三相半波整流电路和桥式全控整流电路。通过合理设计和调试，可以实现对三相电源的调光功能，满足不同灯具的亮度需求。

思考练习

1. 三相桥式全控整流电路的特点有哪些？
2. 充电电阻 R_E 应该如何选择？
3. 晶闸管的参数计算公式有哪些？

项目4　开关电源的构建与调试

项目导读

开关电源是一种通过使用电子元件（如开关管、二极管和电感）周期性地开关来实现能源转换和稳压的电源系统。可以根据需要将输入电压转换为所需的输出电压，并能够在更广泛的电压范围内提供稳定的输出电压。开关电源广泛应用于各种电子设备和工业控制系统中。

降压式直流变换电路是开关电源中一种常见的形式，通过控制开关管的导通时间和断开时间来实现电压降低。当开关管导通时，电感器件储存能量；而当开关管断开时，储存在电感中的能量被释放，可输出较低电压。降压式直流变换电路适用于将高电压转换为低电压的场合，常用于电子设备和通信设备等领域。

升压式直流变换电路则是另一种常见的开关电源形式，通过适当的控制开关管的导通时间和断开时间来实现电压升高。当开关管导通时，电感器件储存能量；而当开关断开时，储存在电感中的能量被释放，可输出较高电压。升压式直流变换电路适用于将低电压转换为高电压的场合，常见于液晶电视、显示屏幕等需要高电压驱动的设备中。

学习目标

知识目标

◆理解大功率晶体管、功率场效应晶体管、绝缘栅双极型晶体管等功率器件的特性和工作原理。

◆掌握不同类型的直流变换电路的结构、原理和应用。

◆了解升压变换电路、降压变换电路、升降压变换电路等不同类型的变换电路的特点和设计方法。

◆理解 PWM 控制技术在直流变换电路中的应用原理和调节方法。

技能目标

◆能够独立设计、搭建和调试升压式直流变换电路和降压式直流变换电路。

◆掌握使用大功率晶体管等功率器件进行电路搭建和调试的技能。

◆能够运用 PWM 控制技术精确控制直流变换电路的输出电压和电流。

素质目标

◆培养学生应具备细致耐心的品质，能够在电路调试过程中耐心排查问题、解决故障。

◆深化学生应具备团队合作的精神，能够与团队成员合作完成复杂电路设计与调试任务。

◆学生应具备创新意识，能够在设计电路时提出新颖的想法和解决方案。

思政目标

◆培养学生的责任感和安全意识，确保电路设计和搭建过程中安全可靠。

◆培养学生强调技术应用的社会责任，明确电力电子技术在促进社会发展和节能减排方面的重要性。

◆培养学生弘扬工匠精神，追求工程技术精益求精，不断提升专业水平和品质意识。

任务 1　降压式变换电路的性能测试

1.1.1　大功率晶体管

1. 大功率晶体管的基本结构

通常把集电极最大允许耗散功率在 1 W 以上，或最大集电极电流在 1 A 以上的三极管称为大功率晶体管，其结构和工作原理都和小功率晶体管非常相似。由三层半导体、两个 PN 结组成，有 PNP 和 NPN 两种结构，其电流由两种载流子（电子和空穴）的运动形成，所以称为双极型晶体管。

大多数电力晶体管（giant transistor，GTR）是用三重扩散法制成的，或者是在集电极高掺杂的 N^+ 硅衬底上用外延生长法生长一层 N 漂移层，然后在上面扩散 P 基区，接着扩

散掺杂的 N^+ 发射区。

大功率晶体管通常采用共发射极接法，图 4-1 为共发射极接法时的功率晶体管内部主要载流子流动示意图。外加偏置电压 E_b、E_c 使发射结正偏，集电结反偏，基极电流 I_b 就能实现对 I_c 的控制。当 $U_{be}<0.7$ V 或为负电压时，GTR 处于关断状态，I_c 为零，$U_{be}\geqslant 0.7$ V 时 GTR 处于开通状态，I_c 为最大值（饱和电流）。

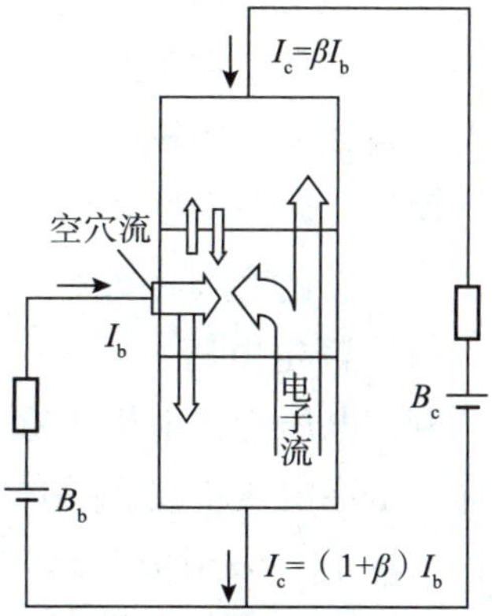

图 4-1　GTR 内部主要载流子流动示意图

2. GTR 的基本特性

（1）静态特性

共发射极接法时，GTR 的典型输出特性可分为 3 个工作区，见表 4-1。

表 4-1　GTR 典型输出特性的 3 个工作区

输出区	特性
截止区	$I_b\leqslant 0$，$U_{be}\leqslant 0$，$U_{bc}<0$，集电极只有漏电流流过
放大区	$I_b>0$，$U_{be}>0$，$U_{bc}<0$，$I_c=\beta I_b$
饱和区	$I_b>I_{cs}/\beta$，$U_{be}>0$，$U_{bc}>0$

I_{cs} 是集电极饱和电流，其值由外电路决定。两个 PN 结都为正向偏置是饱和的特征。饱和时集电极、发射极间的管压降 U_{ces} 很小，相当于开关接通，这时尽管电流很大，但损耗并不大。GTR 刚进入饱和时为临界饱和，如 I_b 继续增加，则为过饱和。用作开关时，应工作在深度饱和状态，这有利于降低 U_{ces} 和减小导通时的损耗。

（2）动态特性

动态特性描述 GTR 开关过程的瞬态性能，又称开关特性。GTR 在实际应用中，通常工作在频繁开关状态。为正确、有效地使用 GTR，应了解其开关特性。

整个工作过程分为开通过程、导通状态、关断过程、阻断状态 4 个不同的阶段。

GTR 的开通过程是从 t_0 时刻起注入基极驱动电流，这时并不能立刻产生集电极电流，过一小段时间后，集电极电流开始上升，逐渐增至饱和电流值 I_{cs}。把 i_c 达到 $10\%I_{cs}$ 的时刻定为 t_1，达到 $90\%I_{cs}$ 的时刻定为 t_2，则把 t_0 到 t_1 这段时间称为延迟时间，以 t_d 表示，把 t_1 到 t_2 这段时间称为上升时间，以 t_r 表示。

要关断 GTR，通常给基极加一个负的电流脉冲。但集电极电流并不能立即减小，而要经过一段时间才能开始减小，再逐渐降为零。把 i_b 降为稳态值 I_{b1} 的 90%的时刻定为 t_3，i_c 下降到 $90\%I_{cs}$ 的时刻定为 t_4，下降到 $10\%I_{cs}$ 的时刻定为 t_5，则把 t_3 到 t_4 这段时间称为储存时间，以 t_s 表示，把 t_4 到 t_5 这段时间称为下降时间，以 t_f 表示。

① 延迟时间 t_d 和上升时间 t_r 之和是 GTR 从关断到导通所需要的时间，称为开通时间，以 t_{on} 表示，则 $t_{on}=t_d+t_r$。

② 储存时间 t_s 和下降时间 t_f 之和是 GTR 从导通到关断所需要的时间，称为关断时间，以 t_{toff} 表示，则 $t_{toff}=t_s+t_f$。

GTR 在关断时漏电流很小，导通时饱和压降很小。因此，GTR 在导通和关断状态下损耗都很小，但在关断和导通的转换过程中，电流和电压都较大，随意开关过程中损耗也较大。当开关频率较高时，开关损耗是总损耗的主要部分。因此，缩短开通和关断时间对降低损耗、提高效率和运行可靠性很有意义。

3. GTR 的主要参数

（1）额定电压

额定电压为集射极击穿电压 $U_{(BR)CEO}$。GTR 上所施加的电压超过规定值时，就会发生击穿。击穿电压不仅和晶体管本身特性有关，还与外电路接法有关。

$U_{(BR)CBO}$：发射极开路时，集电极和基极间的反向击穿电压。

$U_{(BR)CEO}$：基极开路时，集电极和发射极之间的击穿电压。

其中 $U_{(BR)CBO}>U_{(BR)CEO}$，实际使用时，为确保安全，最高工作电压要比 $U_{(BR)CEO}$ 低得多。

（2）额定电流

额定电流为集电极最大允许电流 I_{CM}。GTR 流过的电流过大，会使 GTR 参数劣化，性能将变得不稳定，尤其是发射极的集边效应可能导致 GTR 损坏。因此，必须规定集电极最大允许电流值。通常规定共发射极电流放大系数下降到规定值的 1/2~1/3 时，所对应的电流 I_C 为集电极最大允许电流，以 I_{CM} 表示。实际使用时还要留有较大的安全裕量，一般只能用到 I_{CM} 值的一半或稍多些。

（3）额定功率

额定功率为集电极最大耗散功率 P_{CM}。集电极最大耗散功率是在最高工作温度下允许的耗散功率，用 P_{CM} 表示。它是 GTR 容量的重要标志。晶体管功耗的大小主要由集电极工作电压和工作电流的乘积来决定，它将转化为热能使晶体管升温，晶体管会因温度过高而损坏。实际使用时，集电极允许耗散功率和散热条件与工作环境温度有关。所以在使用中应特别注意 I_C 值不能过大，散热条件要好。

（4）最高工作结温

最高工作结温为 GTR 正常工作允许的最高结温，以 T_{jM} 表示。GTR 结温过高时，会导致热击穿而烧坏。GTR 的主要特点是开关速度较低，耐压高。在不间断电源、交流调速装置中取代晶闸管，目前大多被 IGBT、MOSFET 取代。

1.1.2 功率场效应晶体管

功率场效应晶体管（metal oxide semiconductor field effect transistor，MOSFET）。与 GTR 相比，MOSFET 具有开关速度快、损耗低、驱动电流小、无二次击穿现象等优点。它的缺点是电压不能太高、电流容量也不能太大，所以目前只适用于小功率电力电子变流装置，是 1 kW 以下的首选器件。

1. MOSFET 的基本结构

功率场效应晶体管是压控型器件，其门极控制信号是电压。它的三个极分别是栅极 G、源极 S、漏极 D。功率场效应晶体管有 N 沟道和 P 沟道两种。N 沟道中载流子是电子，P 沟道中载流子是空穴，都是多数载流子。其中每一类又可分为增强型和耗尽型两种。耗尽型就是当栅源间电压 $U_{GS}=0$ 时存在导电沟道，漏极电流 $I_D \neq 0$；增强型就是当 $U_{GS}=0$ 时没有导电沟道，$I_D=0$，只有当 $U_{GS}>0$（N 沟道）或 $U_{GS}<0$（P 沟道）时才开始有 I_D。功率 MOSFET 绝大多数是 N 沟道增强型，这是因为电子作用比空穴大得多。N 沟道 MOSFET 的电气图形符号如图 4-2 所示。

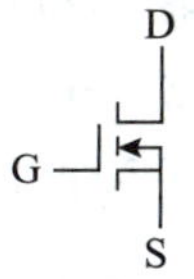

图 4-2　N 沟道 MOSFET 的电气图形符号

功率场效应晶体管与小功率场效应晶体管原理基本相同，但是为了提高电流容量和耐压能力，在芯片结构上却有很大不同。电力场效应晶体管采用小单元集成结构来提高电流容量和耐压能力，并且采用垂直导电排列来提高耐压能力。

2. MOSFET 的工作原理

当 D、S 加正电压（漏极为正，源极为负），$U_{GS}=0$ 时，P 体区和 N 漏区的 PN 结反偏，D、S 之间无电流通过，MOSFET 管处于截止状态。

如果在 G、S 之间加一正电压 U_{GS}，由于栅极是绝缘的，所以不会有电流流过，但栅极的正电压会将其下面 P 区中的空穴推开，而将 P 区中的少数载流子电子吸引到栅极下面的 P 区表面。当 U_{GS} 大于某一电压 U_T 时，栅极下 P 区表面的电子浓度将超过空穴浓度，使 P 型半导体反型成 N 型半导体而成为反型层，该反型层形成 N 沟道而使 PN 结 J_1 消失，漏极和源极导电，MOSFET 管进入导通状态。

电压 U_T 称为开启电压或阈值电压，U_{GS} 超过 U_T 越多，导电能力越强，漏极电流越大。

3. MOSFET 的基本特性

（1）转移特性

I_D 和 U_{GS} 的关系曲线反映了输入电压和输出电流的关系，称为 MOSFET 的转移特性，如图 4-3（a）所示。从图 4-3（a）中可知，I_D 较大时，I_D 与 U_{GS} 的关系近似线性，曲线的斜率被定义为 MOSFET 的跨导，即

$$G_{fs}=\frac{dI_D}{dU_{GS}}$$

MOSFET 是电压控制型器件，其输入阻抗极高，输入电流非常小。

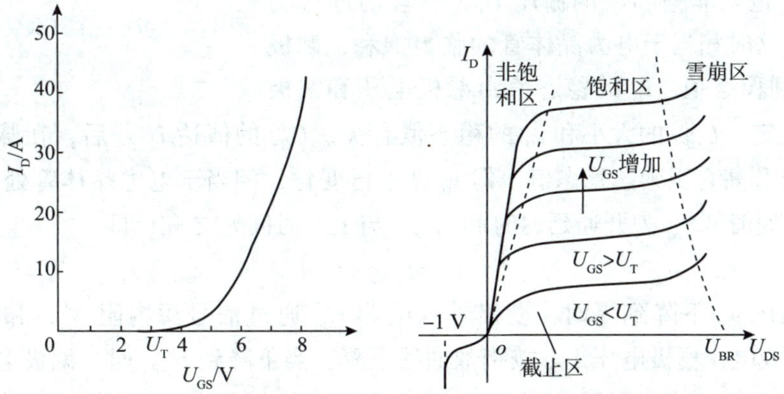

（a）转移特性　　（b）输出特性

图 4-3　电力 MOSFET 的转移特性和输出特性

（2）输出特性

图 4-3（b）是 MOSFET 的漏极伏安特性，即输出特性。从图 4-3（b）中可以看出，MOSFET 有 3 个工作区，见表 4-2。

表 4-2 MOSFET 的 3 个工作区

工作区	含义与特征
截止区	$U_{GS} \leq U_T$，$I_D=0$，这和电力晶体管的截止区相对应
饱和区	$U_{GS}>U_T$，$U_{DS} \geq U_{GS}-U_T$，当 U_{GS} 不变时，I_D 几乎不随 U_{DS} 的增加而增加，近似为一常数，故称饱和区。这里的饱和区并不和电力晶体管的饱和区对应，而对应于后者的放大区。当用作线性放大时，MOSFET 工作在该区
非饱和区	$U_{GS}>U_T$，$U_{DS}<U_{GS}-U_T$，漏源电压 U_{DS} 和漏极电流 I_D 之比近似为常数。该区对应于电力晶体管的饱和区。当 MOSFET 作开关应用而导通时即工作在该区

在制造功率 MOSFET 时，为提高跨导并减少导通电阻，在保证所需耐压的条件下，应尽量减小沟道长度。因此，每个 MOSFET 都要做得很小，每个能通过的电流也很小。为了能使器件通过较大的电流，每个器件由许多个 MOSFET 组成。

（3）开关特性

MOSFET 开关特性的测试电路如图 4-4 所示。

图 4-4 中 u_p 为矩形脉冲电压信号源，R_s 为信号源内阻，R_G 为栅极电阻，R_L 为漏极负载电阻，R_F 用于检测漏极电流。因为 MOSFET 存在输入电容 C_{in}，所以当脉冲电压 u_p 的前沿到来时，C_{in} 有充电过程，栅极电压 U_{GS} 呈指数曲线上升。当 U_{GS} 上升到开启电压 U_T 时开始出现漏极电流 i_D。从 u_p 的前沿时刻到 $u_{GS}=U_T$ 的时刻，这段时间称为开通延迟时间 $t_{d(on)}$。

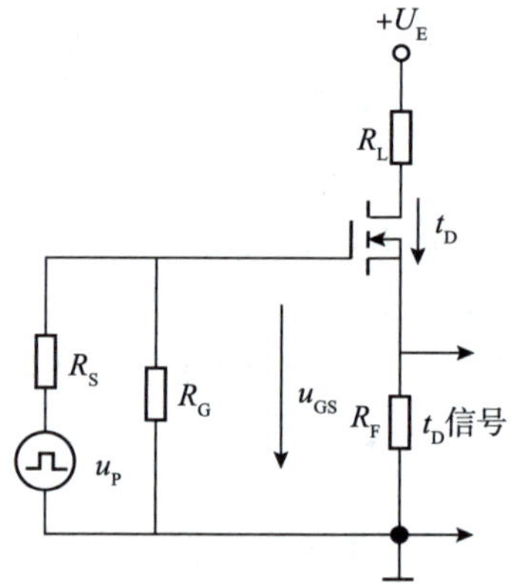

图 4-4 MOSFET 开关特性的测试电路

此后，i_D 随 U_{GS} 的上升而上升。U_{GS} 从开启电压上升到 MOSFET 进入非饱和区的栅压 U_{GPS} 这段时间称为上升时间 t_r，这时相当于电力晶体管的临界饱和，漏极电流 i_D 也达到稳态值。i_D 的稳态值由漏极电压和漏极负载电阻所决定，U_{GPS} 的大小和 i_D 的稳态值有关。U_{GS} 的值达 U_{GPS} 后，在脉冲信号源 u_p 的作用下继续升高直至到达稳态值，但 i_D 已不再变化，相当于电力晶体管处于饱和状态。MOSFET 的开通时间 t_{on} 为开通延迟时间 $t_{d(on)}$ 与上升时间 t_r 之和，即

$$t_{on}=t_{d(on)}+t_r$$

当脉冲电压 u_P 下降到零时，栅极输入电容 C_{in} 通过信号源内阻 R_s，和栅极电阻 R_G（$\geq R_S$）开始放电，栅极电压 U_{GS} 按指数曲线下降，当下降到 U_{GPS} 时，漏极电流 i_D 才开始减小，这段时间称为关断延迟时间 $t_{d(off)}$。此后，C_{in} 继续放电，U_{GS} 从 U_{GPS} 继续下降，i_D 减小，到 U_{GS} 小于 U_T 时沟道消失，i_D 下降到零。这段时间称为下降时间 t_f。关断延迟时间

$t_{d(off)}$ 和下降时间 t_f 之和称为关断时间 t_{off}，即

$$t_{off}=t_{d(off)}+t_f$$

从上面的分析可以看出，MOSFET 的开关速度和其输入电容的充放电有很大关系。使用者虽然无法降低其 C_{in} 值，但可以降低栅极驱动回路信号源内阻 R_s 的值，从而减小栅极回路的充放电时间常数，加快开关速度。MOSFET 的工作频率可达 100 kHz 以上。

MOSFET 是场控型器件，在静态时几乎不需要输入电流。但是在开关过程中需要对输入电容充放电，仍需要一定的驱动功率。驱动电压越高，导通速度越快。开关频率越高，所需要的驱动功率越大。

4. MOSFET 的主要参数

MOSFET 的主要参数，见表 4-3。

表 4-3　MOSFET 的主要参数

主要参数	含义
漏极电压 U_{DS}	是 MOSFET 的额定电压，选用时必须留有较大安全裕量
漏极最大允许电流 I_{DM}	是 MOSFET 的额定电流，其大小主要受管子的温升限制
栅源电压 U_{GS}	栅极与源极之间的绝缘层很薄，承受电压很低，一般不得超过 20 V，否则绝缘层可能被击穿而损坏，使用中应加以注意

为了安全可靠，在选用 MOSFET 时，对电压、电流的额定等级都应留有较大裕量。

1.1.3　绝缘栅双极型晶体管

绝缘门极晶体管（insulated gate bipolar transistor，IGBT）也称绝缘栅双极型晶体管，是一种新发展起来的复合型电力电子器件。由于它结合了 MOSFET 和 GTR 的特点，不仅输入阻抗高、速度快、热稳定性好和驱动电路简单，而且输入通态电压低、耐压高和承受电流大，这些都使 IGBT 比 GTR 有更大的吸引力。在变频器驱动电机、中频和开关电源以及要求快速、低损耗的领域，IGBT 占据着主导地位，目前是 1 kW~10 kW 的首选器件。

1. IGBT 的基本结构

IGBT 也是三端器件，它的三个极为漏极（D）、栅极（G）和源极（S）。有时也将 IGBT 的漏极称为集电极（C），源极称为发射极（E）。图 4-5（a）为一种由 N 沟道功率 MOSFET 与晶体管复合而成的 IGBT 的内部结构。

IGBT 比功率 MOSFET 多一层 P^+注入区，因而形成了一个大面积的 P^+N^+结 J_1，这样使得 IGBT 导通时由 P^+注入区向 N 基区发射少数载流子，从而对漂移区电导率进行调制，使得 IGBT 具有很强的通流能力。其简化等效电路如图 4-5（b）所示。可见，IGBT 是以 GTR 为主导器件，MOSFET 为驱动器件的复合管，图 4-5（b）中 R_N 为晶体管基区内的调制电阻。

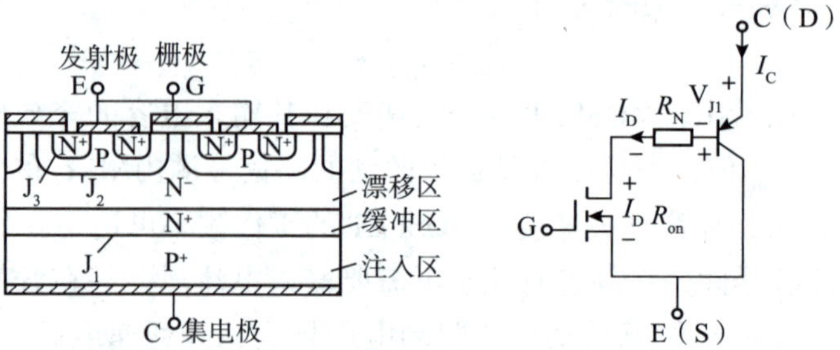

（a）内部结构　　（b）简化等效电路

图 4-5　IGBT 的内部结构与简化等效电路

2. IGBT 的工作原理

IGBT 的驱动原理与电力 MOSFET 基本相同，它是一种压控型器件。其导通和关断是由栅极和发射极间的电压 U_{GE} 决定的，当 U_{GE} 为正且大于开启电压 $U_{GE(th)}$ 时，MOSFET 内形成沟道，并为晶体管提供基极电流使其导通。当栅极与发射极之间加反向电压或不加电压时，MOSFET 内的沟道消失，晶体管无基极电流，1GBT 关断。

上面介绍的 PNP 晶体管与 N 沟道 MOSFET 组合而成的 IGBT 称为 N 沟道 IGBT，记为 N-IGBT。对应的还有 P 沟道 IGBT，记为 P-IGBT。N-IGBT 和 P-IGBT 统称为 IGBT。由于实际应用中以 N 沟道 IGBT 为多，因此下面仍以 N 沟道 IGBT 为例进行介绍。

3. IGBT 的基本特性

IGBT 与功率 MOSFET 相似，IGBT 的转移特性和输出特性分别描述器件的控制能力和工作状态。图 4-6 为 IGBT 的转移特性，它描述的是集电极电流 I_C 与栅射电压 U_{GE} 之间的关系，与功率 MOSFET 的转移特性相似。开启电压 $U_{GE(th)}$ 是 IGBT 能实现电导调制而导通的最低栅射电压。$U_{GE(th)}$ 随温度升高而略有下降，温度升高 1 ℃，其值下降 5 mV 左右。在 25 ℃左右时，$U_{GE(th)}$ 的值一般为 3~6 V。

图 4-6　IGBT 的转移特性

IGBT 的输出特性，也称伏安特性，它描述的是以栅射电压为参考变量时，集电极电流 I_C 与集射极间电压 U_{CE} 之间的关系。此特性与 GTR 的输出特性相似，不同的是参考变量，IGBT 为栅射电压 U_{GE}，GTR 为基极电流 I_B。

IGBT 的输出特性分为 3 个区域：正向阻断区、有源区和饱和区。这分别与 GTR 的截止区、放大区和饱和区相对应。此外，当 $U_{CE}<0$，IGBT 为反向阻断工作状态。在电力电子电路中，IGBT 工作在开关状态，因而是在正向阻断区和饱和区之间来回转换。

4. IGBT 的主要参数

（1）集电极-发射极额定电压 U_{CEM}

IGBT 在关断状态时集电极和发射极之间能承受的最高电压。与 VDMOS 管和 GTR 相比，IGBT 的耐压可以做到更高，最大允许电压可达 4 500 V 以上。

（2）栅极-发射极额定电压 U_{GEM}

IGBT 是电压控制器件，靠加到栅极的电压信号控制 IGBT 的导通和关断，而 U_{GEM} 就是栅极控制信号的电压额定值。目前，IGBT 的 U_{GEM} 值大部分为+20 V，使用中不能超过该值。

（3）最大集电极电流 I_{CM}

IGBT 的 U_{GE} 控制集电极电流 I_C 的大小，I_C 增大到一定值时，可使器件发生擎住效应，造成器件损坏。为此，必须规定集电极电流最大值 I_{CM}。

（4）最大集电极功耗 P_{CM}

最大集电极功耗 P_{CM} 是正常工作温度下允许的最大功耗。

5. IGBT 的擎住效应和安全工作区

在 IGBT 内部寄生着一个 N^-PN^+ 晶体管和作为主开关器件的 P^+N^-P 晶体管组成的寄生晶体管。其中 NPN 晶体管基极与发射极之间存在体区短路电阻，P 形体区的横向空穴电流会在该电阻上产生压降，相当于对 J_3 结施加正偏压，在额定集电极电流范围内，这个偏压很小，不足以使 J_3 开通，然而一旦 J_3 开通，栅极就会失去对集电极电流的控制作用，导致集电极电流增大，造成器件功耗过高而损坏。这种电流失控的现象，就像普通晶闸管被触发以后，即使撤销触发信号晶闸管仍然因进入正反馈过程而维持导通的机理一样，因此被称为擎住效应或自锁效应。引发擎住效应的原因，可能是集电极电流过大（静态擎住效应），也可能是最大允许电压上升率 du_{CE}/dt 过大（动态擎住效应），温度升高也会加重发生擎住效应的危险。

动态擎住效应比静态擎住效应所允许的集电极电流小，因此所允许的最大集电极电流实际上是根据动态擎住效应而确定的。

根据最大集电极电流、最大集电极间电压和最大集电极功耗可以确定 IGBT 在导通工作状态的参数极限范围，即正向偏置安全工作电压（FBSOA）；根据最大集电极电流、最大集射极间电压和最大允许电压上升率可以确定 IGBT 在阻断工作状态下的参数极限范围，即反向偏置安全工作电压（RBSOA）。

擎住效应曾经是限制 IGBT 电流容量进一步提高的主要因素之一，但经过多年的努力，自 20 世纪 90 年代中后期开始，这个问题已得到了极大的改善，促进了 IGBT 研究和制造水平的迅速提高。

此外，为满足实际电路中的要求，IGBT 往往与反并联的快速二极管封装在一起制成模块，成为逆导器件，选用时应加以注意。

实训任务

降压式（Buck）变换电路的性能测试。

任务指导

降压式变换电路的性能测试操作如下。

1. 连接电路

SG3525 性能测试后，关闭电源，用 10 P 扁平带连接 MCLMK-54A-02 控制电路模块与 MCLMK-54A-01 主电路模块，另外将 MCLMK-54A-01 主电路模块的 U_i 接入 0~30 V（取 15~20 V 合适）可调直流电源，用导线短接主电路的“2”与“4”或“3”与“5”，最后 U_o 接入电阻负载（位于 DLDZ-09）并串入直流电流表测量输出电流（负载用两个 900 Ω 电阻并联，共 450 Ω。目的：并联分流）。

2. 观测主电路各点波形及占空比变化（通过钮子开关切换开环与闭环控制）

开启两个模块供电电源，U_i 输入 15 V，调节 R_{W1}，改变 PWM 波占空比，观测负载电压变化 U_o，调节负载电阻，使输出电流为 1 A 左右，用示波器分别观察主电路的 R_1、R_2、R_3。两端的电流波形 i_{R1}、i_{R2}、i_{R3} 及 U_{DS}（夹子夹 S，探头接 U_i 的正极）电压波形并记录，改变电路中的电感值及 PWM 波占空比，观测电感中电流连续与断续的各点波形。接入吸收电路（由 C_4、R_4 组成），用导线短接主电路“6”与“7”，观察电路中波形变化并记录（现象：直流波波动消失，波形很平滑）。

3. 说明

（1）MCLMK-54A-02 控制电路模块中示波器夹子夹 GND_1 时，观察 5、11、14；示波器夹子夹 GND_2 时，观察 PWM，调 R_{W1} 时改变占空比。

（2）连接 MCLMK-54A-02 与 MCLMK-54A-01 的扁平带使 PWM 接 G，GND_2 接 S。

（3）MCLMK-54A-01 主电路模块中夹子夹 S，观察 G 与 2 相同；夹子夹 U_o 的负极，观察接 450 Ω 后的正极。

（4）i_{R1}、i_{R2}、i_{R3} 电流波形的观察方法。

直接用示波器探头与夹子分别接 S、1（测 i_{R1}），1、2（测 i_{R2}），1、6（测 i_{R3}）上的孔（因为 R_1、R_2、R_3 阻值很小，电压相当于电流）。

（5）i_{R1}、i_{R2}、i_{R3} 电流波形的形状。

波形是下滑的曲线，因为 PWM 有脉冲时，在电感回路中有电流充放电。调 RW1 使占空比为 1 时，波形为直流。

任务2 变换电路

1.2.1 脉宽调制技术控制技术

变换电路

在直流变换电路中，对功率开关器件的控制往往采用脉宽调制技术（pulse-width modulation，PWM）控制方式。

将等腰三角波作为载波（其任一点上下宽度与高度呈线性关系且左右对称），将要输出波形（直流电压）作为调制信号，当两个信号波相交时得到一组等幅而脉冲宽度正比于该信号波幅值的矩形脉冲，这一系列的脉冲就是控制开关器件通断的 PWM 驱动信号。

为了输出直流信号，将直流信号作为调制信号 u_r，接受调制的载波是三角波 u_C，当 $u_r > |u_C|$，产生脉冲；当 $u_r < |u_C|$，不产生脉冲，将比较产生的脉冲列对直流变换电路开

关器件的通断进行控制，就可以在负载上得到幅值与输入电压 U_d 相等，宽度与脉冲列相等的输出电压 u_o 波形。PWM 波形如图 4-7 所示。

调节直流信号的大小，就可以改变脉冲列的宽度，从而对直流变换电路开关器件的通断时间进行控制，经过滤波器后得到大小可调的直流电压。

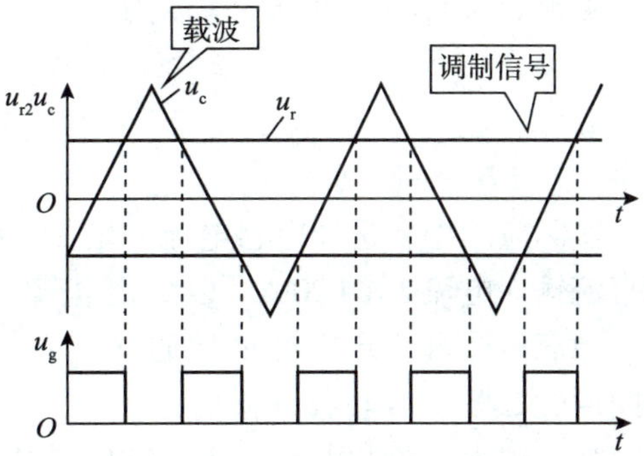

图 4-7　PWM 波形

1.2.2　升压变换电路

升压变换电路的输出电压总是高于输入电压。升压式变换电路与降压式变换电路最大的不同点是变换控制开关 T 与负载呈并联形式连接，储能电感与负载呈串联形式连接。

1. 升压变换电路的工作原理

（1）T 导通（t_{on}）期间，二极管 D 反偏截止，电感 L 储能，电容 C 给负载 R 提供能量。

（2）T 关断（t_{off}）期间，二极管 D 导通，电感 L 经二极管 D 给电容 C 充电，并向 R 提供能量。

如果忽略损耗和开关器件上的电压降，则有

$$U_o=\frac{t_{on}+t_{off}}{t_{off}}U_d=\frac{U_d}{1-D}$$

上式中占空比 $D=t_{on}/T_S$，当 $D=0$ 时，$U_o=U_d$，但 D 不能为 1，因此在 $0\leqslant D<1$ 的变化范围内 $U_o\geqslant U_d$，调节 D 的大小，即可改变输出电压 U_o 的大小。

2. 电流连续情况分析

在理想状态下，电路的输出功率等于输入功率，参考降压变换电路的计算方法，可得电感电流临界连续时的负载电流平均值为

$$I_{oK}=\frac{DT_S}{2L_o}U_d$$

当实际负载电流 $I_o>I_{oK}$ 时，电感电流连续；当实际负载电流 $I_o=I_{oK}$ 时，电感电流处于临界连续；当实际负载电流 $I_o<I_{oK}$ 时，电感电流断流。

3. 输出纹波电压

在 Boost 电路中，当电流连续时流过二极管 D 的电流是流过电容 C 和负载电阻 R 的电流之和。假设二极管电流 i_D 中所有纹波分量流过电容 C，平均电流流过负载电阻 R。一个周期内电容 C 充放电平衡，则 i_D 波形中的阴影面积可用来表示电容充电或放电的电荷量 ΔQ，与此对应的纹波电压的峰-峰值为

$$\Delta U_o=\frac{\Delta Q}{C}=\frac{1}{C}\int_0^{t_{on}}i_c\mathrm{d}t=\frac{1}{C}\int_0^{t_{on}}I_o\mathrm{d}t=\frac{I_o}{C}t_{on}=\frac{I_o}{C}\mathrm{DT_S}=\frac{U_oDT_S}{RC}$$

电流连续时的输出电压纹波为

$$\frac{\Delta U_o}{U_o}=\frac{DT_S}{RC}=D\frac{T_S}{\tau}$$

式中　$\tau=RL$——时间常数。

实际应用中，选择电感电流的增量 ΔI_L 时，应使电感的峰值电流 $I_d+\Delta I_L$ 不大于最大平均直流输入电流 I_d 的 20%，以防止电感 L 饱和失效。

稳态运行时，开关管 T 导通（t_{on}）期间电源输入到电感 L 中的磁能在 T 截止（t_{off}）期间通过二极管 D 转移到输出端，如果负载电流很小，就会出现电流断流情况。如果负载电阻变得很大，负载电流太小，这时若占空比 D 仍不减小、t_{on} 不变，电源输入到电感的磁能必使输出电压不断增加。因此没有电压闭环调节的 Boost 变换器不宜在输出端导通情况下工作。

1.2.3　升降压变换电路

1. 电路结构

升降压变换电路可以得到高于或低于输入电压的极性相反的输出电压，它主要用于要求输出与输入电压反相，其值可大于或小于输入电压的直流稳压电源。

2. 工作原理

T 导通（t_{on}）期间，二极管 D 反偏而关断，电感 L 储能，滤波电容 C 向负载提供能量。

$$U_d=L\frac{I_2-I_1}{t_{on}}=L\frac{\Delta I_L}{t_{on}}$$

T 关断（t_{off}）期间，当感应电动势 u_C 大小超过输出电压 U_0 时，二极管 D 导通，电感经 D 向 C 和 R 反向放电，使输出电压的极性与输入电压相反。

$$U_o=-L\frac{\Delta I_L}{t_{off}}$$

由于负载电压极性为上负下正，与电源电压极性相反，该电路也称作反极性变换电路。

稳态时，一个周期 T_s 内 t_{on} 期间电感 L 电流的增加量等于 t_{off} 期间的减少量，得

$$\frac{U_d}{L}t_{on}=-\frac{U_o}{L}t_{off}$$

因此，输出电压的平均值为

$$U_o=-\frac{D}{1-D}U_d$$

上式中，若改变占空比 D，则输出电压既可高于电源电压，也可低于电源电压。

由此可知，当 $0<D<0.5$ 时，变换器输出电压低于直流电源输入，为降压变换器；当 $0.5<D<1$ 时，变换器输出电压高于直流电源输入，为升压变换器。

3. 电流连续情况分析

根据在理想状态下，电路中的电感 L 无储能，可得电感电流临界连续时的负载电流平

均值为

$$I_{oK}=\frac{D(1-D)}{2fL_o}U_d$$

当实际负载电流 $I_o>I_{oK}$ 时，电感电流连续；当实际负载电流 $I_o=I_{oK}$ 时，电感电流处于临界连续；当实际负载电流 $I_o<I_{oK}$ 时，电感电流断流。

1.2.4　隔离型直流变换电路

隔离型直流变换电路属于间接变换电路，当直流变换电路的输入端与输出端电压相差很大时必须采用脉冲变压器进行高低压隔离，引入脉冲变压器的作用主要是实现供电电源与负载之间电气隔离，提高变换器运行的安全性和电磁兼容性。改变脉冲变压器的变比可以在即使 U_d 与 U_o 相差很大的情况下，也能让占空比 D 数值适中而不至于接近 0 或接近 1。可以设置多个二次绕组输出多个电压大小不同的直流电压。

如果变换器只需一个开关管，变换器中变压器的磁通只在单方向变化，称为单端变换器。单端变换器按能量传递的方式可分为正激变换器和反激变换器。如果开关管导通时电源将能量直接传送至负载称为正激变换器；如果开关管导通时电源将能量转为磁能储存在电感中，当开关管阻断时再将磁能变成电能传送到负载则称为反激变换器。单端变换器仅用于小功率电源变换电路。

如果采用两个或四个开关管的带隔离变压器的多管变换器，有半桥式变换器和全桥式变换器，变换器中变压器的磁通可在正、反两个方向变化，铁芯的利用率高，体积可减小为单管变压器的一半。多管直流变换器常用于大功率场合。

1. 正激式变换器

（1）电路结构

正激电路包含多种不同结构，典型的单开关正激电路如图 4-8 所示。

图 4-8 中的 • 表示变压器的同名端，即变压器绕制时绕组的头，若接反，相位会相差 180°；同时也表示同一时刻极性相同的端。

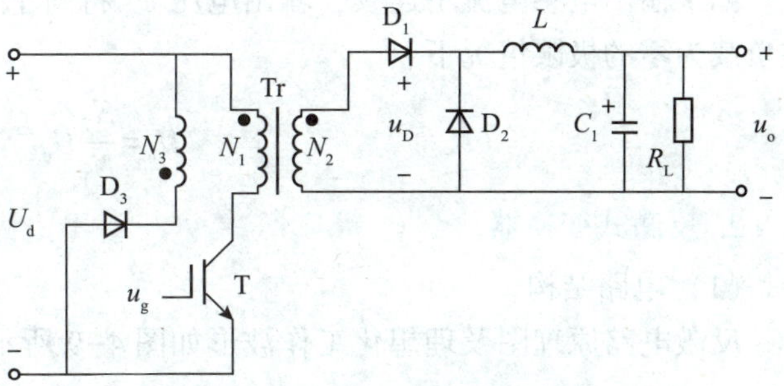

图 4-8　单开关正激电路原理图

（2）工作过程分析

当 T 导通后，变压器绕组 N_1 两端的电压为上正下负，与其耦合的绕组 N_2 两端的电压也是上正下负。此时 D_1 处于通态，D_2 为断态，电感上的电流逐渐增长；T 关断后，电感 L 通过 D_2 续流，D_1 关断，L 的电流逐渐下降。T 关断后变压器的励磁电流经绕组 N_3 和 D_3 流回电源。

（3）变压器的磁饱和与磁芯复位

开关 T 导通后，变压器的励磁电流由零开始，随着时间的增加而线性地增长。在开关 T 关断时，如果励磁电流不能线性下降到零，下一个开关周期中，励磁电流将在本周期结束时的剩余值基础上继续增加，并在以后的开关周期中依次累积起来，变得越来越大，从而导致变压器的励磁电感饱和。励磁电感饱和后，励磁电流会更加迅速地增长，最终损坏电路中的开关器件。

因此在一个周期关断后，使励磁电流降回零是非常重要的，这一过程称为变压器的磁芯复位。在正激电路中设置变压器的第三绕组 N_3，其匝数与一次绕组 N_1 匝数相同，再串联二极管 D_3 后组成磁芯复位电路。开关 T 关断后，当第三绕组上的感应电压超过电源电压时，二极管 D_3 导通，存储在变压器中的能量耦合到第三绕组，由二极管 D_3 反送回电源，这样一方面可以把变压器中的励磁电流回流产生的磁能回馈到电源，并下降到零使磁芯复位；另一方面 D_3 导通把电压限制在电源电压上，不至于产生过电压击穿开关管 T。

（4）参数计算

T 关断后承受的电压为

$$u_T=\left(1+\frac{N_1}{N_3}\right)U_d$$

从 T 关断到 N_3 绕组的电流下降到零所需的时间为

$$t_r=\frac{N_3}{N_1}t_{on}$$

T 处于断态的时间必须大于 t_r，以保证 T 下次导通前励磁电流能够降为零，使变压器磁芯可靠复位。

在输出滤波电感电流连续的情况下，即 T 导通时电感 L 的电流不为零，电路的输出电压为

$$U_o=\frac{N_2 t_{on}}{N_1 T_S}U_d=\frac{N_2}{N_1}DU_d$$

如果输出电感电流不连续，输出电压 U_o 将高于上式的计算值，并随负载减小而升高，在负载为零的极限情况下

$$U_o=\frac{N_2}{N_1}U_d$$

2. 反激式变换器

（1）电路结构

反激电路原理图及理想化工作波形如图 4-9 所示。

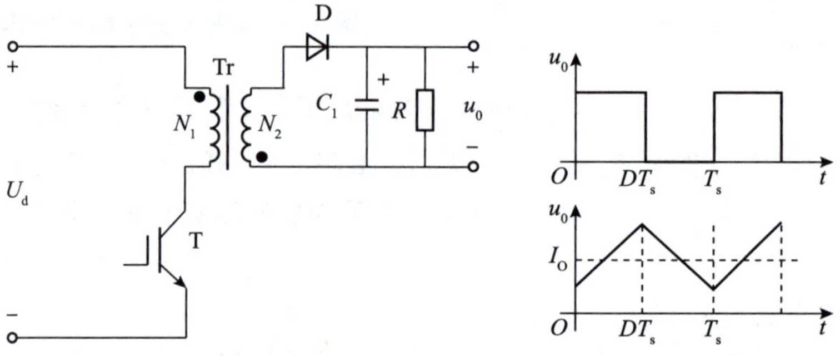

（a）电路原理图　　（b）理想化波形

图 4-9　反激电路原理图及理想化工作波形

同正激电路不同，反激电路中的变压器起着储能元件的作用，可以看作是一对相互耦合的电感。

（2）工作过程分析

T 导通后，绕组 N_1 的电流线性增长，电感储能增加（电感量为 L_1），根据变压器同名端的极性，二次绕组中感应电动势下正上负，D 处于断态；T 关断后，绕组 N_1 的电流被切断，二次绕组中感应电动势变为上正下负，D 导通，变压器中的磁场能量通过绕组 N_2 和 D 向输出端释放（电感量为 L_2）。

（3）参数计算

T 关断后承受的电压为

$$u_T=\left(U_d+\frac{N_1}{N_2}\right)U_o$$

反激电路可以工作在电流断续和电流连续两种模式。

① T 导通时，绕组 N_2 中的电流尚未下降到零，则电路工作于电流连续模式。

② T 导通前，绕组 N_2 中的电流已经下降到零，则电路工作于电流断续模式。

当工作于电流连续模式时。

$$U_o=\frac{N_2 t_{on}}{N_1 t_{off}}U_d=\frac{N_2}{N_1}\frac{D}{1-D}U_d$$

当电路工作在断续模式时，输出电压高于上式的计算值为

$$U_o=U_d t_{on}\sqrt{\frac{R_L}{2L_1 T_S}}$$

U_o 随负载减小而升高，在负载电流为零的极限情况下，$U_o\to\infty$，这将损坏电路中的器件，因此反激电路不应工作于负载开路状态。

3. 推挽式变换器

（1）电路结构

推挽电路原理图如图 4-10 所示。

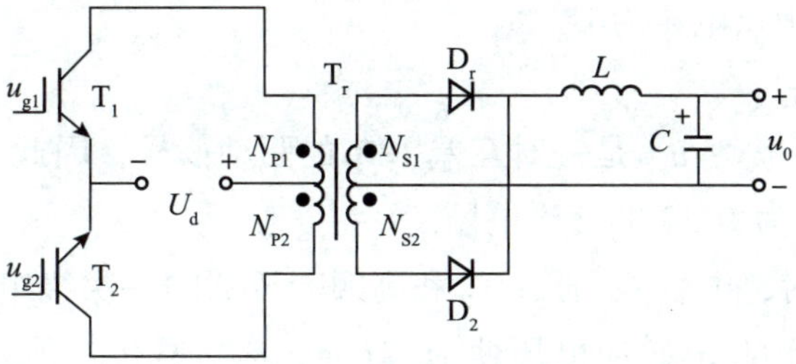

图 4-10　推挽电路原理图

推挽电路实际上就是由两个正激变换电路组成的，只是它们工作的相位相反。

（2）工作过程分析

在每个周期中两个开关 T_1 和 T_2 交替导通，在绕组 N_{P1} 和 N_{P2} 两端分别形成相位相反的交流电压。T_1 导通时，二极管 D_1 处于通态；T_2 导通时，二极管 D_2 处于通态；当两个

开关都关断时，D_1 和 D_2 都处于通态，各分担一半的电流。T_1 或 T_2 导通时电感 L 的电流逐渐上升，两个开关都关断时，电感 L 的电流逐渐下降。T_1 和 T_2 断态时承受的峰值电压均为 $2U_d$。

如果 T_1 和 T_2 同时导通，就相当于变压器一次绕组短路，因此应避免两个开关同时导通，每个开关各自的占空比不能超过50%，还要留有死区。

（3）参数计算

当滤波电感 L 的电流连续时，有

$$U_o=\frac{N_2}{N_1}\frac{2t_{on}}{T_S}U_d$$

如果输出电感电流不连续，输出电压 U_o 将高于上式中的计算值，并随负载减小而升高，在负载电流为零的极限情况下

$$U_o=\frac{N_2}{N_1}U_d$$

4. 半桥式变换器

（1）电路结构

半桥电路由开关管（T_1、T_2）、二极管（D_1 ~ D_4）、输入电容（C_1、C_2）以及高频变压器等元件组成，如图4-11所示。

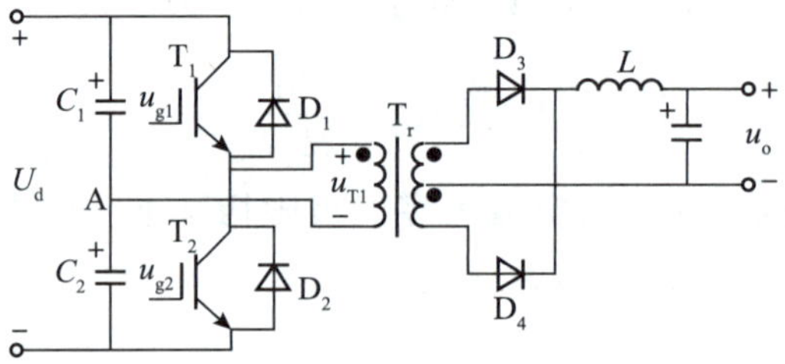

图4-11　半桥电路原理图

在半桥电路中，变压器一次绕组两端分别连接在电容 C_1、C_2 的中点和开关 T_1、T_2 的中点。电容 C_1、C_2 的中点电压为 $U_d/2$。

（2）工作过程分析

T_1、T_2 的驱动信号 u_{g1}、u_{g2} 是一对互差180°的驱动信号，因此 T_1 与 T_2 交替导通，使变压器一次侧形成幅值为 $U_d/2$ 的交流电压。

T_1 导通，T_2 关断时，电容 C_1 通过 T_1 和高频变压器的一次绕组 N_1 放电，同时对电容 C_2 充电。此时二次绕组 N_2 的感应电压使 D_3 导通，向负载传递能量。在 T_1 关断之前，A 点电位 U_A 上升。

为了防止 T_1、T_2 共同导通形成短路损坏开关管，在 T_1 截止瞬间，不允许 T_2 立即导通，要留有死区。

在 T_1、T_2 都关断期间，变压器一次绕组 N_1 中电流为零，根据变压器的磁动势平衡方程，变压器二次侧两个绕组中的电流大小相等、方向相反，所以 D_3 和 D_4 都处于通态，各

分担一半的电流。

T_2 导通，T_1 关断时，电容 C_2 通过高频变压器的一次绕组 N_1 和 T_2 放电，同时对电容 C_1 充电。此时二次绕组 N_2 的感应电压使 D_4 导通，向负载传递能量。在 T_2 关断之前，A 点电位 U_A 下降。

由上述分析可知，T_1 或 T_2 导通时电感上的电流逐渐上升，两个开关都关断时，电感上的电流逐渐下降。T_1 和 T_2 断态时承受的峰值电压均为 U_d。

由于电容的隔直作用，半桥电路对由于两个开关导通时间不对称而造成的变压器一次电压的直流分量有自动平衡作用，因此不容易发生变压器的偏磁和直流磁饱和现象。

为了避免上下两开关在换流的过程中发生短暂的同时导通现象，而造成短路损坏开关器件的情况，每个开关各自的占空比不能超过 50%，并应留有死区。

（3）参数计算

当滤波电感 L 的电流连续时，有

$$U_o=\frac{N_2 t_{on}}{N_1 T_S}U_d=\frac{N_2}{N_1}DU_d$$

由上式可知，改变开关的占空比 D，就改变了输出电压 U_o。

5. 全桥式变换器

（1）电路结构

将半桥电路中的输入电容（C_1、C_2）换成两只开关管，并配以适当的驱动电路，就构成了全桥电路，如图 4-12 所示。

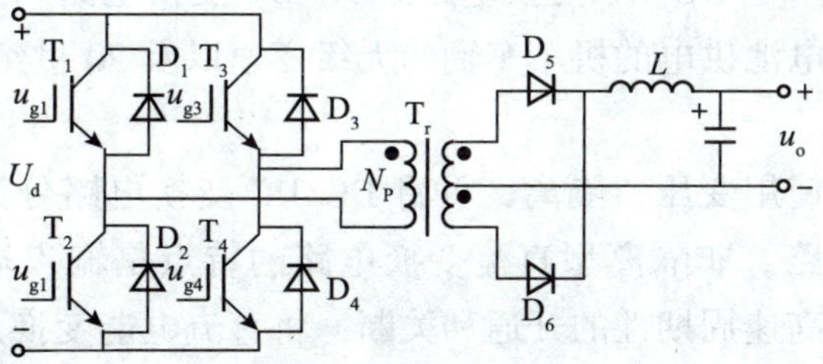

图 4-12　全桥电路原理图

（2）工作过程分析

T_1、T_4 的驱动信号 u_{g1} 与 u_{g4} 同相，T_2、T_3 的驱动信号 u_{g2} 与 u_{g3} 同相，而且两组驱动信号互差 180°。

全桥电路中互为对角的两个开关同时导通，而同一侧半桥上下两开关交替导通，将直流电压变成幅值为 U_d 的交流电压，加在变压器一次侧。

当 T_1、T_4 导通后，变压器产生磁化电流，变压器二次绕组 N_2 上感应电压使 D_5 导通，向负载传递能量。当 T_1、T_4 关断，T_2、T_3 导通后，变压器产生反向磁化电流，变压器二次绕组 N_2 上感应电压使 D_6 导通，向负载传递能量，此时 T_1、T_4 承受的峰值电压均为 U_d。两个时段内电感 L 的电流也上升。

当 $T_1 \sim T_4$ 都关断时，$D_1 \sim D_4$ 四个二极管都导通，电感 L 的电流逐渐下降。根据变压器的磁动势平衡方程，变压器二次侧两个绕组中的电流大小相等、方向相反，所以 D_5 和 D_6 都处于通态，各分担一半的电流。

与半桥电路相比，全桥电路一次绕组上的电压增加了一倍，而每个开关管的耐压仍为输入电压。

若 T_1、T_4 与 T_2、T_3 的导通时间不对称，则变压器一次交流电压中将含有直流分量，会在变压器一次电流中产生很大的直流分量，造成磁路饱和。因此全桥应注意避免电压直流分量的产生，也可以在一次回路电路中串联一个电容，阻断直流电流。

为了避免同一侧半桥中上下两开关在换流的过程中发生短暂的同时导通现象而损坏开关，每个开关各自的占空比不能超过 50%，并应留有死区。

（3）参数计算

当滤波电感 L 的电流连续时，有

$$U_o = \frac{N_2}{N_1}\frac{2t_{on}}{T_S}U_d = \frac{N_2}{N_1}2DU_d$$

如果输出电感电流不连续，输出电压 U_o 将高于上式中的计算值，并随负载减小而升高，在负载电流为零的极限情况下。

$$U_o = \frac{N_2}{N_1}U_d$$

1.2.5　非隔离型直流变换电路

开关电源的核心技术是 DC/DC 变换电路。DC/DC 变换电路广泛应用于开关电源、无轨电车、地铁列车、蓄电池供电的机车车辆的无级变速以及 20 世纪 80 年代兴起的电动汽车的调速及控制。

按直流变换时是否使用变压器隔离，可将 DC/DC 变换电路分为非隔离型直流变换电路和隔离型直流变换电路。非隔离型直流变换电路的特点是输入端和输出端之间没有隔离，利用功率开关器件高速周期性的开通和关断，将直流电能变换成高频的脉冲列，然后通过滤波电路变成满足负载要求的直流电能。隔离型直流变换电路的特点是直流输入端和直流输出端之间加入脉冲变压器，实现输入与输出之间的隔离。

非隔离型直流变换电路根据输入/输出电压关系，可以分为降压变换电路、升压变换电路和升降压变换电路。其中降压式和升压式变换电路是基本形式，升降压式是它们的组合。

直流变换电路的工作原理如下。

最基本的直流变换电路如图 4-13（a）所示，负载为纯电阻 R。当开关 T 闭合时，负载电压 u_o=E，并持续时间 t_{on}；当开关 T 断开时，负载上电压 u_o=0 V，并持续时间 t_{off}。则 $T_s=t_{on}+t_{off}$ 为变换电路的工作周期，变换电路的输出电压波形如图 4-13（b）所示。

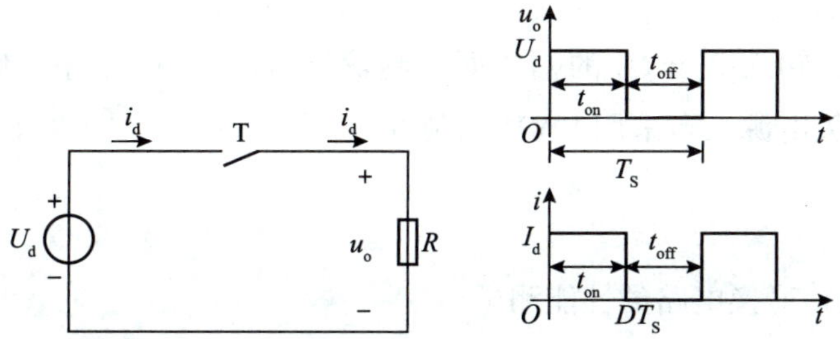

（a）电路　　（b）波形（电阻负载）

图 4-13　基本变换电路及其输出电压波形

若定义变换器的占空比

$$D=\frac{t_{on}}{T_S}$$

则由图 4-13（b）可得输出电压的平均值为

$$U_o=\frac{1}{T_S}\int_0^{T_S}u_d\mathrm{d}t=\frac{t_{on}}{T_S}U_d=DU_d$$

因为 D 是 0~1 之间变化的系数，因此在 D 的变化范围内输出电压 U_o 总是小于输入电压 U_d，只要调节 D，即可调节负载的平均电压。占空比 D 的改变可通过改变 t_{on} 或 T_S 来实现。

若认为开关 T 无损耗，则输入功率为

$$P=\frac{1}{T_S}\int_0^{DT_S}u_oi_o\mathrm{d}t=D\frac{U_d^2}{R}$$

式中　U_d——输入直流电压。

通常直流变换电路有占空比控制和幅度控制两大类。

1. 占空比控制方式

占空比控制分类，见表 4-4。

表 4-4　占空比控制方式分类

控制方式	表现
脉冲宽度控制（PWM）	维持 T_S 不变，改变 t_{on}。因为改变开关导通时间 t_{on} 就是改变开关控制电压的脉冲宽度，因此又称脉冲宽度调制（PWM）控制。 PWM 控制方式的优点是采用了固定的开关频率，因此设计滤波电路时简单方便。缺点是受功率开关器件最小导通时间的限制，对输出电压不能做宽范围的调节；此外，为防止空载时输出电压升高，输出端一般要接假负载（预负载）
脉冲频率控制（PFM）	维持 t_{on} 不变，改变 T_S。在开关控制电压的脉冲宽度（即 t_{on}）不变的情况下，通过改变开关工作频率（改变单位时间的脉冲数，即改变 T_S）而达到控制输出电压 U_o 大小的一种方式，又称脉冲频率调制（PFM）控制； 在这种调压方式中，由于输出电压波形的周期是变化的，因此输出谐波的频率也是变化的，这使得滤波器的设计比较困难，输出谐波干扰严重，一般很少采用

2. 幅度控制方式

通过改变开关的输入电压 U_d 的幅值而控制输出电压 U_o 的大小，但要配以滑动调节器。目前，集成开关电源大多采用 PWM 控制方式。

实训任务

升压式（Boost）变换电路的性能测试。

任务指导

升压式变换电路性能测试操作如下。

1. 连接电路

SG3525 性能测试后关闭电源，用 10 P 扁平带连接 MCLMK-54B-02 控制电路模块与 MCLMK-54B-01 主电路模块，另外将 MCLMK-54B-01 主电路模块的 U_i 接入 0~30 V 可调直流电源，用导线短接主电路的“1”与“3”或“2”与“4”，最后 U_o 接入电阻负载（位于 DLDZ-09）并串入直流电流表测量输出电流（注意负载并联阻值调至最大），观测主电路各点波形及占空比变化（通过钮子开关切换开环与闭环控制）。

2. 调试电路

开启两个模块供电电源，U_i 输入 15 V，调节 R_{W1}，改变 PWM 波占空比，观测负载电压变化 U_o，调节负载电阻，使输出电流为 1 A 左右，用示波器分别观察主电路的 R_1、R_2、R_3。两端的电流波形 i_{R1}、i_{R2}、i_{R3} 及 U_{DS} 电压波形并记录，改变电路中的电感值及 PWM 波占空比，观测电感中电流连续与断续的各点波形。接入吸收电路，用导线短接控制电路“D”与“7”，观察电路中波形变化并记录。

课后实践

学习完本项目的内容后，认真完成表 4-5 的实践清单。

表 4-5　实践清单

开关电源的构建与调试	
实践任务	学生将学习并构建一个基于开关电源原理的直流变换电路，并进行调试
实践目标	（1）理解开关电源的基本原理和工作机制； （2）学会搭建基于开关电源的直流变换电路； （3）掌握开关电源的调试方法，包括输出电压、电流的调节； （4）提升实际动手能力和解决问题的能力

续表

开关电源的构建与调试	
实践步骤	(1) 确定所需材料和工具，包括大功率晶体管、电容、电感、开关电源控制器等； (2) 按照电路设计图纸搭建开关电源电路； (3) 进行电路连接检查，确保电路连接正确无误； (4) 接通电源进行初步测试，观察电路是否正常工作； (5) 使用示波器等测试仪器，检测输出电压、电流波形； (6) 调节开关电源控制器参数，优化电路性能； (7) 进行稳定性测试，确认电路工作可靠； (8) 总结实践经验，记录实验数据和调试过程
实践提示	(1) 在进行实践过程中要注意安全，避免触电或短路等安全事故发生； (2) 注意电路连接的正确性，避免短路和误接元件； (3) 在调试过程中逐步调整参数，避免过度调节导致电路损坏； (4) 实践过程中遇到问题要及时寻求教师帮助或指导，不要盲目操作； (5) 实践结束后要及时清理实验台和工具，保持实验环境整洁
实践总结	

实践评价

完成以上实践后，认真完成表 4-6 的实践评价。

表 4-6　实践评价

评价内容	分值	得分
参与实践的积极性、主动性	25	
独立思考能力	25	
创新能力	25	
对开关电源原理直流变换电路的掌握程度	25	
教师点评：		

项目小结

本项目介绍了开关电源的构建与调试方法。首先介绍了在进行降压式直流变换电路的构建与调试中，所涉及的知识包括大功率晶体管、功率场效应晶体管和绝缘栅双极型晶体管等元器件。这些器件在电源降压的过程中，可以实现高效率、稳定性和可靠性的变换。通过对降压式直流变换电路的调试，可以优化电路的性能，使其适应不同场景下的需求。

其次介绍了在升压式直流变换电路的构建与调试中，所涉及的知识包括升压变换电路、隔离型直流变换电路、PWM 控制技术、非隔离型直流变换电路和升降压变换电路等。这些电路通过对输入电压的转换，提供高稳定度和高可靠性的输出电压，满足各类设备和电子产品的电源需求。在调试过程中，需要关注电路的精确控制、功率传输和电子保护等方面，确保电路的性能和安全运行。

思考练习

1. MOSFET 的主要参数有哪些？
2. IGBT 的主要参数有哪些？
3. 升压变换电路的工作原理是什么？

项目5　车载逆变器的构建与调试

项目导读

车载逆变器是一种将车辆直流电源转换为交流电源的关键设备，为车辆内部电子设备提供稳定的电力支持。单相逆变电路是车载逆变器的核心组成部分，其构建与调试对于确保逆变器的性能至关重要。

单相逆变电路通常由整流器、滤波器、逆变器和控制系统组成。整流器将车辆电池提供的直流电转换为中间直流电，滤波器对输出电流进行滤波处理，逆变器则将直流电转换为可控的交流电，最终由控制系统进行调节和保护。在构建过程中，需要注意选用高效率、耐高温的电子元件，以确保逆变器在车辆各种工况下可靠运行。

调试阶段涉及正弦肪宽调制（SPWM）和脉宽调制器（UPW）波形触发电路信号。SPWM 通过调整脉冲宽度实现对输出波形的控制，使得逆变器输出的交流电更接近正弦波。UPW 则通过单一脉冲宽度来控制输出波形，适用于一些特殊需求的应用场景。调试时需要仔细调整触发电路，确保逆变器输出的交流电符合车载电子设备的电源要求。

因此，车载逆变器通过单相逆变电路的构建与调试，实现了车辆直流电源向交流电源的转换，为车内电子设备提供可靠、稳定的电力支持，满足了现代车辆对多种电子设备充分供电的需求。

学习目标

知识目标

◆理解车载逆变器原理和应用，掌握单相逆变电路构建及调试技术。

◆理解 SPWM、UPW 波形触发电路及其控制原理，能够进行信号调试。

◆了解逆变电路在实际车载系统中的应用及重要性，提升相关专业知识水平。

技能目标

◆能够独立搭建车载逆变器电路，进行初步调试和优化。

◆能够设计和实现单相逆变电路，实现期望的电压输出。

◆掌握 SPWM、UPW 波形触发电路的设计与调试方法，实现信号精确控制。

素质目标

◆培养学生的实践能力和动手能力，提升解决实际问题的能力。

◆培养学生的团队合作意识，能够与他人合作完成实验和项目。

◆增强学生的创新意识和问题解决能力，培养学生发现问题、分析问题和解决问题的能力。

思政目标

◆提高学生对工程技术的兴趣，激发学生的学习热情。

◆培养学生的实践能力和创新精神，培养学生的工程实践意识。

◆增强学生的责任感和使命感，使学生意识到工程技术对社会发展的重要性和影响。

任务 1　单相逆变电路调试

1.1.1　无源逆变电路

1. 无源逆变电路基本工作原理

无源逆变电路

根据逆变电路输出交流电的种类可以分为单相逆变电路和三相逆变电路。逆变电路中常用的开关器件有快速晶闸管、可关断晶闸管（GTO）、功率晶体管、功率场效应晶体管、绝缘栅晶体管。

从电路图及其对应的波形可知以下两点。

（1）改变开关的切换频率，可以改变输出交流电的频率。

（2）电阻性负载时，电流和电压的波形相同；电感性负载时，电流和电压的波形不相同，电流滞后电压一定的角度。

2. 换流方式

换流就是电流从一个支路向另一个支路转移的过程，也称为换相。

一般来说，换流方式可分为以下几种。

(1) 器件换流

器件换流是利用全控型器件的自关断能力进行换流。

(2) 电网换流

在整流电路中就已经出现过电网换流，电网换流是利用电网电压中负电压将晶闸管关断，从而达到换流的目的。此方法不需要器件具有门极可关断能力，但不适用于没有交流电网的无源逆变电路。

(3) 负载换流

负载换流由负载提供换流电压，使电力电子器件关断，实现电流从一个臂向另一个臂转移。负载电流的相位超前于负载电压的场合，都可实现负载换流。

(4) 脉冲换流

脉冲换流设置附加的换流电路，由换流电路内的电容提供换流电压，控制电力电子器件实现电流从一个臂向另一个臂转移。脉冲换流有脉冲电压换流和脉冲电流换流，见表 5-1。

表 5-1　脉冲换流分类

分类	含义
脉冲电压换流	由换流电路内电容直接提供换流电压
脉冲电流换流	通过换流电路内的电容和电感的耦合来提供换流电压或换流电流

这两种电路都是先使晶闸管正向电流减到零，然后通过反并联二极管导通后的反向管压降使晶闸管关断的，也叫电流换流。

综上所述，可以发现，器件换流适用于全控型器件，其余三种方式都是针对晶闸管而言的。器件换流和强迫换流属于自换流，电网换流和负载换流属于外部换流。特别要指出的是，当电流不是从一个支路向另一个支路转移，而是在支路内部终止流通而变为零，则称为熄灭。

3. 逆变电路的分类

(1) 逆变电路根据直流电源的性质不同分类，见表 5-2。

表 5-2　根据直流电源的性质不同分类

分类	原理
电压型逆变电路	电压型逆变电路的输入直流侧并接有大电容，输入直流电源为恒压源，逆变电路将直流电压变成交流电压
电流型逆变电路	电流型逆变电路的输入直流侧串接有大电感，输入直流电源为恒流源，逆变电路将直流电流变成交流电流

(2) 逆变电路根据换流方式分类。

① 负载换流型逆变电路。

② 脉冲换流型逆变电路。

③ 自换流型逆变电路。

(3) 逆变电路根据负载特点分类。

① 非谐振式逆变电路。

② 谐振式逆变电路。

1.1.2 单相桥式电压型逆变电路

1. 电路结构

单相桥式电压型逆变电路是一种功能强大、应用广泛的电力电子变换器，主要用于将直流电源转换为交流电源。

电路结构如图 5-1 所示。

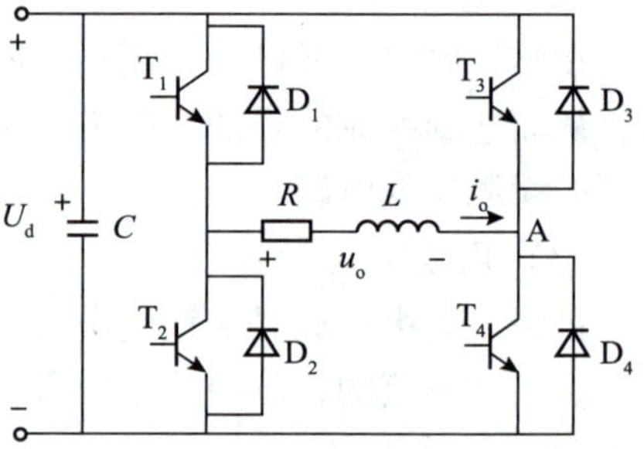

图 5-1 单相桥式电压型逆变电路

2. 工作原理

全控型开关器件 T_1 和 T_4 构成一对桥臂，T_2 和 T_3 构成一对桥臂，T_1 和 T_4 同时通、断；T_2 和 T_3 同时通、断。T_1（T_4）与 T_2（T_3）的驱动信号互补，即 T_1 和 T_4 有驱动信号时，T_2 和 T_3 无驱动信号，反之亦然，两对桥臂各交替导通 180°。T_1 和 T_2 之间存在死区时间，以避免上、下直通，在死区时间内两晶闸管均无驱动信号。

3. 基本数量分析

（1）电阻负载

① $0 \leqslant \omega t < \frac{T_o}{2}$ 期间，T_1 和 T_4 有驱动信号导通，T_2 和 T_3 无驱动信号截止，$U_o = +U_d$。

② $\frac{T_o}{2} \leqslant \omega t < T_o$ 期间，T_2 和 T_3 有驱动信号导通，T_1 和 T_4 无驱动信号截止，$U_o = -U_d$。

输出电压是 180°宽的方波电压，幅值为 U_d。

输出方波电压瞬时值

$$U_o = \sum_{n=1,3,5,\cdots\cdots}^{\infty} \frac{4U_d}{n\pi} \sin n\omega t$$

输出方波电压有效值

$$U_o = \sqrt{\frac{2}{T_0}\int_0^{\frac{T_0}{2}} U_d^2 \mathrm{d}t} = U_d$$

基波分量的有效值

$$U_{o1} = \frac{4U_d}{\sqrt{2}\pi} = 0.9U_d$$

（2）电感负载

① $0 \leqslant \omega t < \frac{T_o}{4}$ 期间，T_2 和 T_3 无驱动信号截止，尽管 T_1 和 T_4 有驱动信号，但电流 i_o 为负值，此时 D_1、D_4 导通起负载电流续流作用，$U_d = L\frac{\mathrm{d}i_o}{\mathrm{d}t} = +U_d$，负载电流 i_o 线性上升。

② $\frac{T_o}{4} \leqslant \omega t < \frac{T_o}{2}$ 期间，电流 i_o 大于零，T_1 和 T_4 仍有驱动信号而导通，此时 $U_d = L\frac{\mathrm{d}i_o}{\mathrm{d}t} = +U_d$，

负载电流 i_0 线性上升。

③ $\frac{T_o}{2} \leqslant \omega t \leqslant \frac{3T_o}{4}$ 期间，D_2、D_3 导通起负载电流续流作用，在此期间 $T_1 \sim T_4$ 均不导通。T_2 和 T_3 仅在 $\frac{3T_o}{4} \leqslant \omega t \leqslant T_o$ 期间导通。在整个 $\frac{T_o}{2} \leqslant \omega t \leqslant T_o$ 期间，负载电流 i_o 线性下降，$u_o = -U_d$。

由上面的分析可知，流过负载的电流 i_o 滞后于负载电压 u_o。

由 $U_d = L\frac{di_o}{dt} = L\frac{2I_{om}}{\frac{T_o}{2}}$ 可得负载电流峰值为

$$I_{om} = \frac{T_o}{4L}U_d$$

（3）阻感负载

① $0 \leqslant \omega t \leqslant \theta$ 期间，T_1 和 T_4 有驱动信号，由于电流 i_o 为负值，T_1 和 T_4 不导通，D_1、D_4 导通起负载电流续流作用，$u_o = +U_d$。

② $\theta \leqslant \omega t \leqslant \pi$ 期间，i_0 为正值，T_1 和 T_4 才导通。

③ $\pi \leqslant \omega t \leqslant \pi + \theta$ 期间，T_2 和 T_3 有驱动信号，由于电流 i_o 为负值，T_2、T_3 不导通，D_2、D_3 导通起负载电流续流作用，$u_o = -U_d$。

④ $\pi + \theta \leqslant \omega t \leqslant 2\pi$ 期间，T_2 和 T_3 导通。

逆变电路一般采用全控型开关器件，若电路输出频率较低，电路中开关器件可以采用 GTO，若输出频率较高，则应采用 GTR、MOSFET 或 IGBT 等高频自关断器件。

1.1.3 单相桥式电流型逆变电路

1. 电路结构

图 5-2 为单相桥式电流型逆变电路的原理图及电流波形。在直流电源侧接有大电感 L_d，以维持电流的恒定。逆变电路采用 IGBT 作为开关器件。

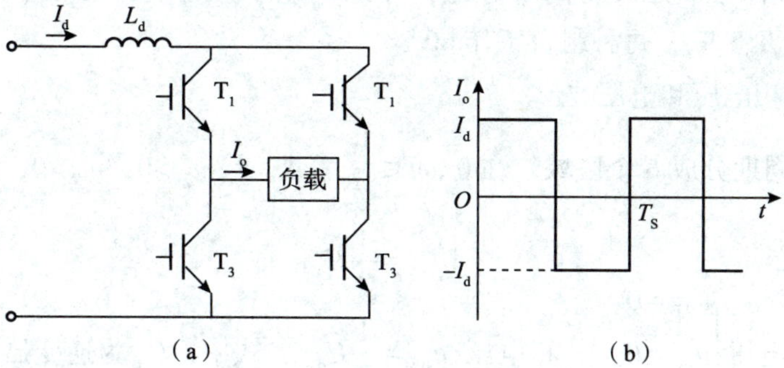

图 5-2 单相桥式电流型逆变电路的原理图及电流波形

2. 工作原理

当 T_1、T_4 导通，T_2、T_3 关断时，$I_o = I_d$；反之，$I_o = -I_d$。当以频率 f 交替切换开关管

T_1、T_4 和 T_2、T_3 时，则在负载上获得如图 5-2（b）所示的电流波形。无论电路负载性质如何，输出电流波形都为矩形波，而输出电压波形由负载性质决定。

主电路开关管采用自关断器件时，如果其反向不能承受高电压，则需在各开关器件支路串入二极管。

3. 基本数量分析

将图 5-2（b）所示的电流波形 i_o 展开成傅里叶级数，有

$$i_o=\frac{4I_d}{\pi}\left(\sin\omega t+\frac{1}{3}\sin 3\omega t+\frac{1}{5}\sin 5\omega t+\cdots\right)$$

基波幅值 I_{o1m} 和基波有效值 I_{o1} 分别为

$$I_{o1m}=\frac{4I_d}{\pi}=1.27I_d$$

$$I_{o1}=\frac{4I_d}{\pi\sqrt{2}}=0.9I_d$$

1.1.4 三相桥式电压型逆变电路

1. 工作过程

6 只 IGBT 可构成一个三相桥式电压型逆变电路，如图 5-3 所示。$D_1 \sim D_6$ 为续流二极管。

三相桥式电压型逆变电路的基本工作方式为 180°导电型，即每个桥臂的导电角为 180°，同一相上下桥臂交替导电的纵向换流方式，各相开始导电的时间依次相差 120°。

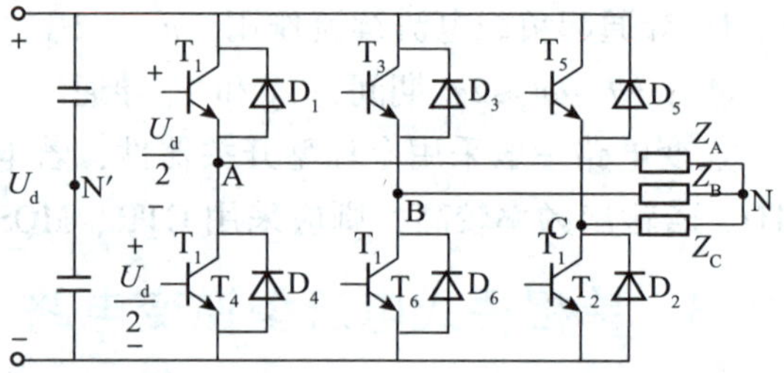

图 5-3 三相桥式电压型逆变电路

在一个周期内，6 个开关管触发导通的次序为 $T_1 \to T_2 \to T_3 \to T_4 \to T_5 \to T_6$，依次相隔 60°，任一时刻均有三个开关管同时导通，导通的组合顺序为 $T_1T_2T_3$、$T_2T_3T_4$、$T_3T_4T_5$、$T_4T_5T_6$、$T_5T_6T_1$、$T_6T_1T_2$，每种组合工作 60°。

2. 各相负载相电压和电压波形

将一个工作周期分成 6 个区域。在 $0<\omega t\leqslant\frac{\pi}{3}$ 区域，设 $u_{g1}>0$，$u_{g2}>0$，$u_{g3}>0$，则有 T_1、T_2、T_3 导通，线电压 $\begin{cases}u_{AB}=0\\u_{BC}=U_d\\u_{CA}=-U_d\end{cases}$，相电压 $\begin{cases}u_{AN}=\frac{1}{3}U_d\\u_{BN}=\frac{1}{3}U_d\\u_{CN}=-\frac{2}{3}U_d\end{cases}$，式中，$U_d$ 为逆变器输入直流电压。

根据同样的思路可得其余 5 个时域的值见表 5-3。

表 5-3　三相桥式逆变电路的工作状态表

ωt		$0\sim\frac{1}{3}\pi$	$\frac{1}{3}\pi\sim\frac{2}{3}\pi$	$\frac{2}{3}\pi\sim\pi$	$\pi\sim\frac{4}{3}\pi$	$\frac{4}{3}\pi\sim\frac{5}{3}\pi$	$\frac{5}{3}\pi\sim 2\pi$
导通开关门		$T_1T_2T_3$	$T_2T_3T_4$	$T_3T_4T_5$	$T_4T_5T_6$	$T_5T_6T_1$	$T_6T_1T_2$
负载等效电路		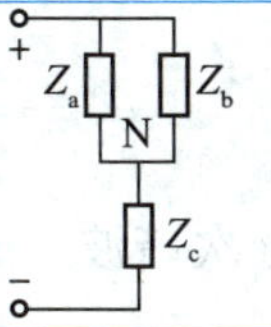	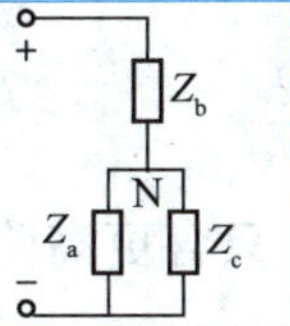	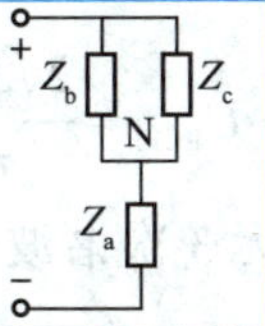	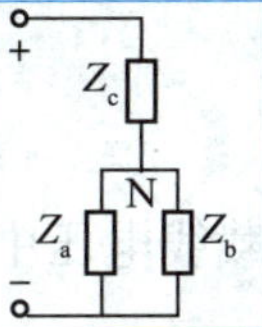	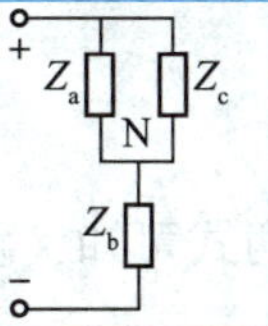	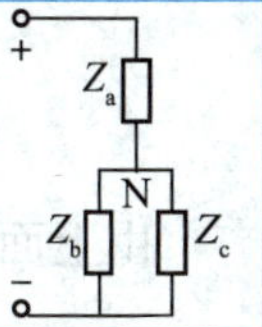
输出相电压	u_{AN}	$\frac{1}{3}U_d$	$-\frac{1}{3}U_d$	$-\frac{2}{3}U_d$	$-\frac{1}{3}U_d$	$\frac{1}{3}U_d$	$\frac{2}{3}U_d$
	u_{BN}	$\frac{1}{3}U_d$	$\frac{2}{3}U_d$	$\frac{1}{3}U_d$	$-\frac{1}{3}U_d$	$-\frac{2}{3}U_d$	$-\frac{1}{3}U_d$
	u_{CN}	$-\frac{2}{3}U_d$	$-\frac{1}{3}U_d$	$\frac{1}{3}U_d$	$\frac{2}{3}U_d$	$\frac{1}{3}U_d$	$-\frac{1}{3}U_d$
输出线电压	u_{AB}	0	$-U_d$	$-U_d$	0	U_d	U_d
	u_{AB}	U_d	U_d	0	$-U_d$	$-U_d$	0
	u_{ANB}	$-U_d$	0	U_d	U_d	0	$-U_d$

3. 负载相电压和线电压幅值分析

如图 5-4 所示，星形负载电阻上的相电压 u_{AN}、u_{BN}、u_{CN} 波形是 180°正负对称的阶梯波。三相负载电压相位相差 120°。根据 B 相负载相电压的波形图，利用傅里叶分析，其相电压的瞬时值为

$$u_{BN}=\frac{2U_d}{\pi}\left(\sin\omega t+\frac{1}{5}\sin 5\omega t+\frac{1}{7}\sin 7\omega t+\frac{1}{11}\sin 11\omega t+\frac{1}{13}\sin \omega t+\cdots\right)$$

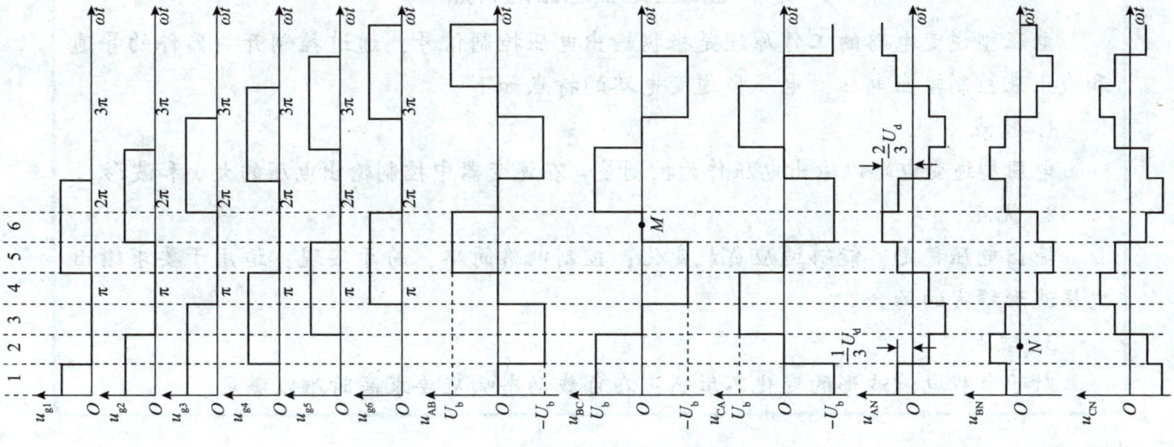

图 5-4　三相桥式电压型逆变电路输出波形

相电压基波幅值

$$U_{BN1m}=\frac{2U_d}{\pi}$$

从图 5-4 可以看出，负载线电压是 120°正负对称的矩形波。三相负载电压相位相差 120°。根据线电压 u_{BC} 的波形图，利用傅里叶分析，其线电压的瞬时值为

$$u_{BC}=\frac{2\sqrt{3}U_d}{\pi}\left(\sin\omega t-\frac{1}{5}\sin 5\omega t-\frac{1}{7}\sin 7\omega t+\frac{1}{11}\sin 11\omega t+\frac{1}{13}\sin 13\omega t+\cdots\right)$$

线电压基波幅值

$$U_{BC1m}=\frac{2\sqrt{3}U_d}{\pi}$$

由上面两式可知，负载线电压中无 3 次谐波，只含更高阶奇次谐波，n 次谐波幅值为基波幅值的$\frac{1}{n}$。

三相逆变电路中桥臂 1、3、5 的电流相加可得直流侧电流 i_d 的波形，i_d 每 60°脉动一次，直流电压基本无脉动，因此逆变器从直流侧向交流侧传送的功率是脉动的。

对于 180°导通型逆变电路，为了防止同一相上下桥臂同时导通而引起直流电源的短路，必须采取“先断后通”的方法，即上下桥臂的驱动信号之间必须存在死区。

除 180°导通型外，三相桥式逆变电路还有 120°导通型的控制方式，即每个桥臂导通 120°，同一相上下两个桥臂的导通有 60°间隔，各相导通依次相差 120°。120°导通型不存在上下直通的问题，但当直流电压一定时，其输出交流线电压有效值比 180°导通型低得多，直流电源电压利用率低。因此，一般电压型三相逆变电路都采用 180°导通型控制方式。

改变开关管的触发频率或触发顺序（$T_6 \to T_1$），就能改变输出电压的频率和相序，从而实现电动机的变频调速和正反转控制。

知识拓展

电压型逆变电路的特点

电压型逆变电路的工作原理是根据输出电压控制信号，通过控制开关器件的导通和截止来控制输出电压，电压型逆变电路的特点如下。

1. 特点

电压型逆变电路以输出电压作为控制量，在逆变器中控制输出电压的大小和波形。

2. 优点

输出电压稳定，能够适应负载变化；控制电路简单，易于实现；适用于要求输出电压波形稳定的场合。

3. 缺点

对于负载电流波形的变化不敏感；在负载动态响应要求高时难以满足。

1.1.5　三相桥式电流型逆变电路

1. 工作过程

三相桥式电流型逆变电路原理图如图 5-5 所示。三相桥式电流型逆变电路的基本工作

方式为 120°导通方式，任意瞬间只有两个桥臂导通。导通顺序为 $T_1 \to T_2 \to T_3 \to T_4 \to T_5 \to T_6$，依次间隔 60°，每个桥臂导通 120°。这样，每个时刻上桥臂组和下桥臂组中都各有一个臂导通，换流时是在上桥臂组或下桥臂组内依次换流，属横向换流方式。

2. 各相负载相电流波形

图 5-6 为三相桥式电流型逆变电路的输出电流波形，它与负载性质无关。输出电压波形由负载的性质决定。

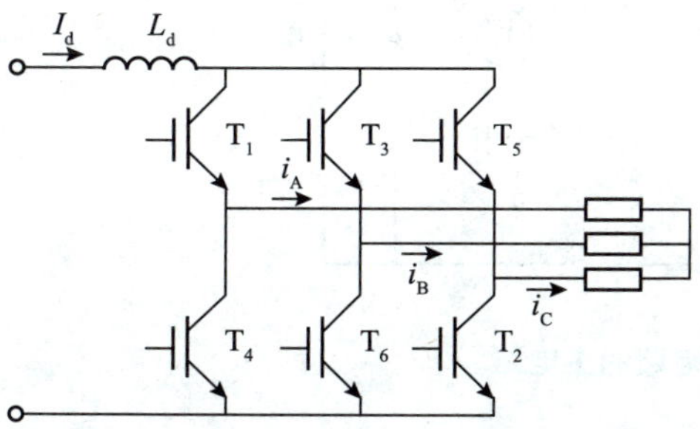

图 5-5　三相桥式电流型逆变电路原理图

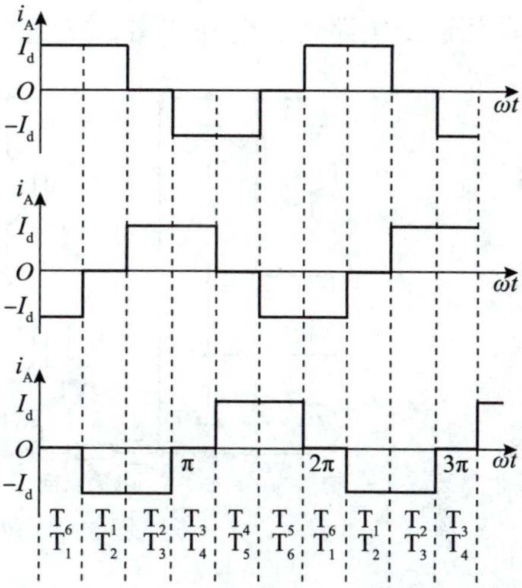

图 5-6　三相桥式电流型逆变电路的输出电流波形

3. 负载数量关系分析

输出电流的基波有效值 I_{01} 和直流电流 I_d 的关系式为

$$u'_{AN} = \frac{U_d}{2}$$

知识拓展

电流型逆变电路的特点

电流型逆变电路的工作原理是根据输出电流的变化通过相应的控制策略调整逆变器的工作状态，以保证输出电流的稳定，电流型逆变电路的特点如下。

1. 特点

电流型逆变电路以输出电流作为控制量，通过控制输出电流实现对逆变器输出的控制。

2. 优点

能够实现对输出电流的精确控制；适用于负载动态响应要求高的场合；输出电流波形平滑。

3. 缺点

控制电路相对复杂；对输出负载变化敏感，需要较为精细的控制算法。

实训任务

调试单相逆变电路。

任务指导

1. 实训原理

单相逆变电路的主电路如图 5-7 所示。

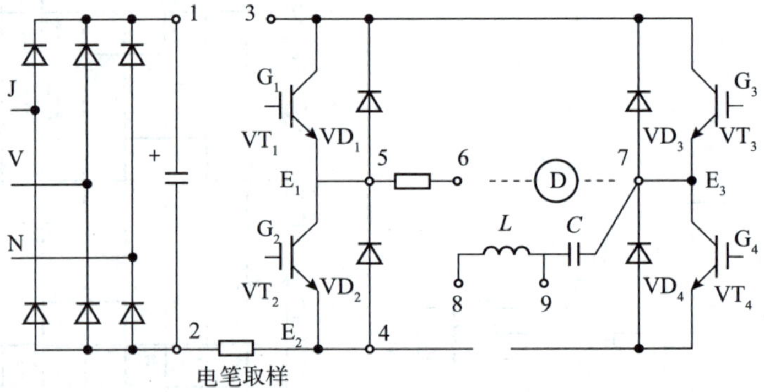

图 5-7　单相逆变电路的主电路

本实训中主电路中间直流电压 U_d 由交流电整流而得，而逆变部分别采用单相桥式 PWM 逆变电路。逆变电路中功率开关器件采用 600 V8 A 的 IGBT 单管（含反向二极管，型号为 ITH08C06），IGBT 的驱动电路采用美国国际整流器公司生产的大规模 MOSFET 和 IGBT 专用驱动集成电路 1R2110，控制电路如图 5-8 所示，以单片集成函数发生器 ICL8038 为核心组成，生成两路 PWM 信号，分别用于控制 T_1、T_4 和 T_2、T_3 两对 IGBT。ICL8038 仅需很小的外部元件就可以正常工作，用于发生正弦波、三角波、方波等，频率范围为 0.001~500 kHz。

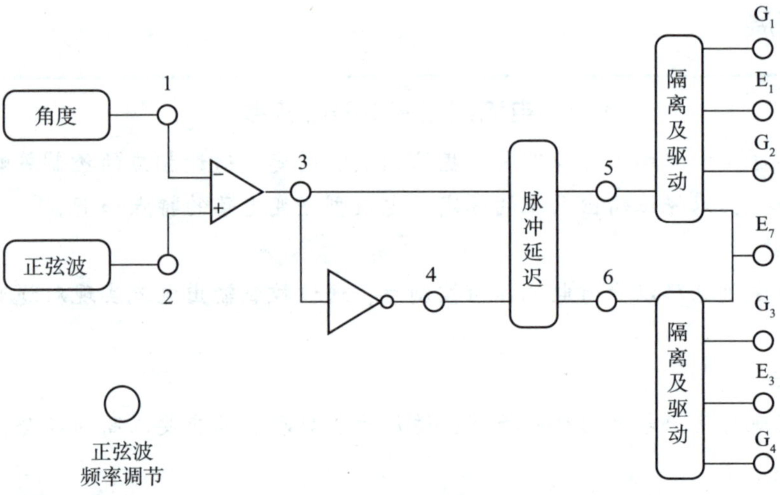

图 5-8　控制电路

2. 调适操作步骤

单相逆变电路的调试原理及操作步骤如下。

(1) SPWM 波形的观察

① 观察正弦波发生电路输出的正弦信号 U_r 波形（“2”端与“地”端），改变正弦波频率调节电位器，测试其频率可调范围。

② 观察三角形载波 U_c 的波形（“1”端与“地”端），测出其频率，并观察 U_c 和 U_2 的对应关系。

③ 观察经过三角波和正弦波比较后得到的 SPWM 波形（“3”端与“地”端）。

(2) 逻辑延时时间的测试

将“SPWM 波形发生”电路的 3 端与“DLD”的 1 端相连，用双踪示波器同时观察“DLD”的 1 和 2 端波形，并记录延时时间 T_d。

(3) 同一桥臂上下管子驱动信号死区时间测试

分别将“隔离驱动”的 G 和主回路的 G′相连，用双踪示波器分别同时测量 G_1、E_1 和 G_2、E_2，G_3、E_3 和 G_4、E_2 的死区时间。

(4) 不同负载时波形的观察

先断开主电源和开关 S_1，将主电路的 1、3 端相连。

① 当负载为电阻时（6、7 端接一电阻），观察负载电压的波形，记录其波形、幅值、频率。在正弦波 U_r 的频率可调范围内，改变 U_r 的频率，记录相应的负载电压、波形、幅值和频率。

② 当负载为电阻电感时（6、8 端相联，9 端和 7 端接一电阻），观察负载电压和负载电流的波形。

③ 电机调速（6、7 端与电机电枢的主绕组两端相连）时，按下左下角的开关 S_1，给电机加上驱动信号，改变正弦波频率调节电位器，观察电机转速的变化，并记录几组电机的转速与正弦波频率的数据。

任务 2 SPWM 波形触发电路信号调试

1.2.1 PWM 控制原理

1. PWM 控制的理论基础

在采样控制理论中有一个重要结论：冲量（脉冲的面积）相同而形状不同的窄脉冲，如图 5-9 所示，分别加在具有惯性环节的输入端，如图 5-10 所示，其输出响应波形基本相同，如图 5-11 所示，也就是说尽管脉冲形状不同，但只要脉冲的面积相等，其作用的效果基本相同。这就是 PWM 控制的重要理论依据。

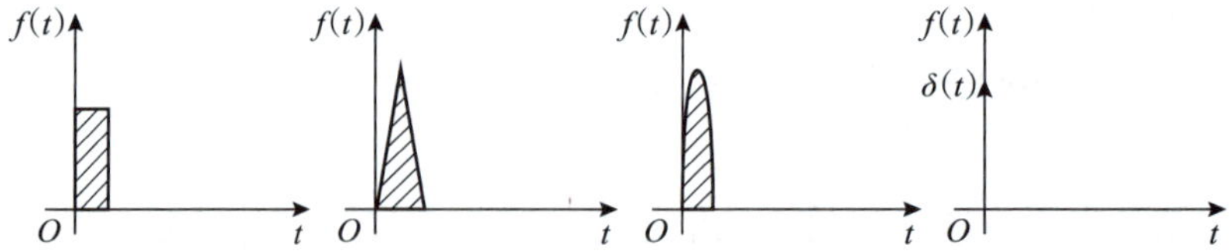

（a）矩形脉冲　（b）三角形脉冲　（c）正弦半波脉冲　（d）单位脉冲函数

图 5-9　冲量相同而形状不同的各种窄脉冲

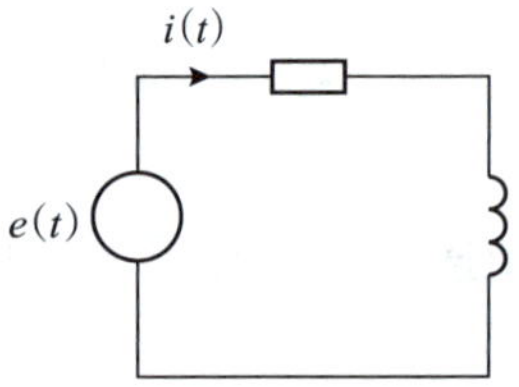

$i(t)$-输出电流，是电路的响应；
$e(t)$-电压窄脉冲，是电路的输入。

图 5-10　惯性环节电路图

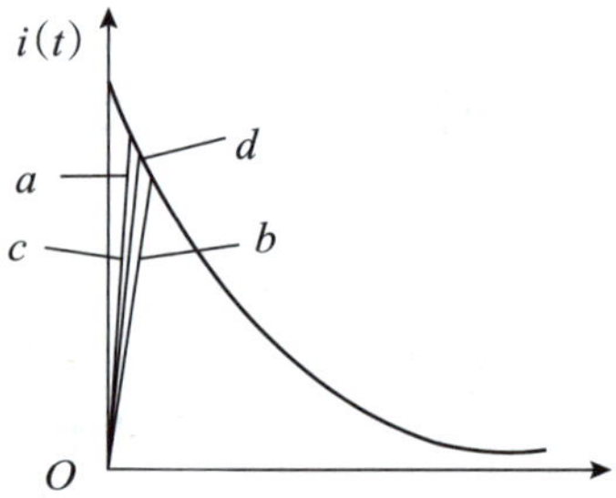

图 5-11　冲量相同的各种窄脉冲的响应波形

把直流电转换成正弦波交流电是根据面积等效原理，将图 5-12 中的正弦半波（曲线）分成 n 等份，把正弦半波看成是由 n 个彼此相连的矩形脉冲组成的波形，为简单清晰，划分为 7 等份。7 个脉冲的幅值按正弦规律变化，每个脉冲面积与相对应的正弦波部分面积相同，这一连续脉冲就等效于正弦波。

如果把上述脉冲序列改为相同数量的等幅而不等宽的矩形脉冲，脉冲中心位置不变，并且使该矩形脉冲面积和图 5-12（a）对应的矩形脉冲相同，得到图 5-12（b）所示的脉冲序列，脉冲宽度按正弦波规律变化，这就是 PWM 波形。根据面积等效原理，PWM 波形和正弦半波是等效的，图中曲线就是该序列波形的平均值。

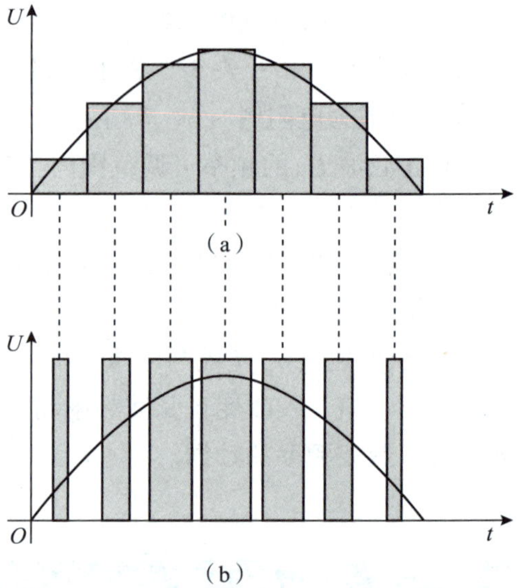

图 5-12　用面积等效原理转换为 SPWM 波形

对于正弦波的负半周，也可以用同样的方法得到 PWM 波形。这种脉冲的宽度按正弦规律变化而和正弦波等效的 PWM 波形，也称 SPWM 波形。

在 PWM 波形中，各脉冲的幅值是相等的，若要改变输出电压等效正弦波的幅值，只要按同一比例改变脉冲列中各脉冲的宽度即可。

2. 逆变电路 SPWM 控制的实质

逆变电路 SPWM 控制的实质是对逆变电路开关器件的通断进行控制，使输出端得到一系列幅值相等而宽度不相等的脉冲，用这些脉冲来代替正弦波或者其他所需要的波形，如图 5-13 所示。

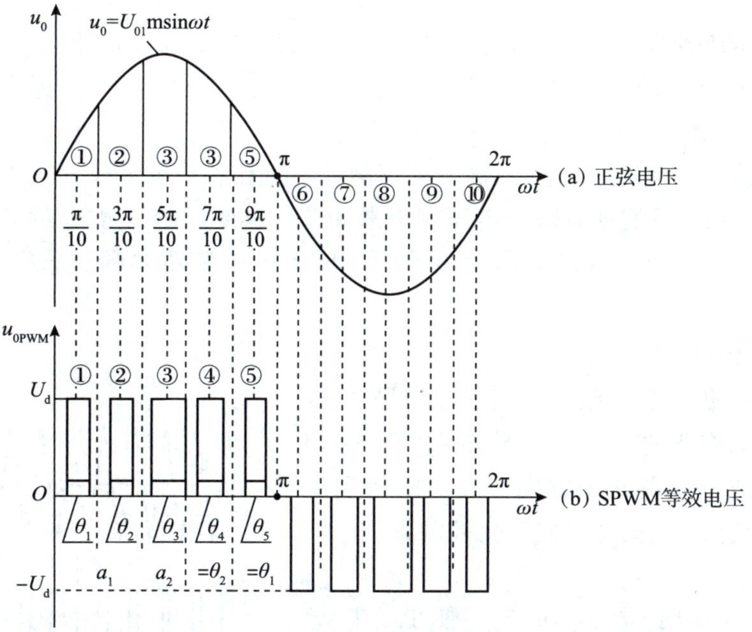

图 5-13　SPWM 电压等效正弦电压

1.2.2　单相桥式逆变电路的 SPWM 控制技术

单相桥式逆变电路采用 GTR 作为逆变电路的自关断开关器件。按照 PWM 控制的基本原理，如果给定了正弦波频率、幅值和半个周期内的脉冲个数，PWM 波形各脉冲的宽度和间隔就可以准确地计算出来。依据计算结果来控制逆变电路中各开关器件的通断，就可以得到所需要的 PWM 波形，但是这种计算很繁琐，较为实用的方法是采用调制电路控制，把所希望输出的正弦波作为调制信号 u_r，把接受调制的等腰三角形波作为载波信号 u_c。

调制电路对应的控制方法可以有单极性与双极性两种。

1. 单极性 PWM 控制方式

三角载波只在一个方向变化，得到的 PWM 波形也只在一个方向变化的控制方式称为单极性 SPWM 控制方式。如图 5-14 所示，载波信号 u_c 在信号波正半周为正极性的三角波，在负半周为负极性的三角波，调制信号 u_r 和载波 u_c 的交点时刻控制逆变器晶体管 T_3、T_4 的通断。具体控制过程如下。

（1）在 u_r 的正半周，T_1 保持导通，T_4 交替通断。当 $u_r>u_c$ 时，使 T_4 导通，负载电压 $u_o=U_d$；当 $u_r<u_c$ 时，使 T_4 关断，由于电感负载中电流不能突变，负载电流将通过 D_3 续流，

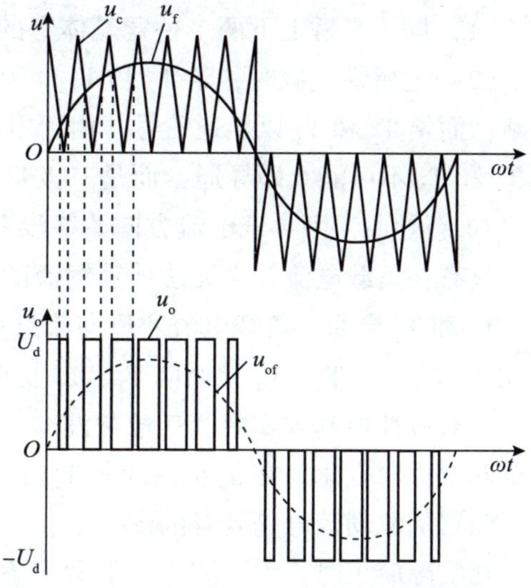

图 5-14　单极性 PWM 控制方式原理波形

负载电压 $u_o=0$。

（2）在 u_r 的负半周，保持 T_2 导通，使 T_3 交替通断。当 $u_r<u_c$ 时，使 T_3 导通，$u_o=-U_d$；当 $u_r>u_c$。时，使 T_3 关断，负载电流将通过 D_4 续流，负载电压 $u_o=0$。逆变电路输出的 u_o 为 PWM 波形，如图 5-14 所示，u_{of} 为 u_o 的基波分量。

调节调制信号 u_r 的幅值可以使输出调制脉冲宽度作相应的变化，这能改变逆变器输出电压的基波幅值，可实现对输出电压的平滑调节；改变调制信号 u_r 的频率则可以改变输出电压的频率。所以，从调节的角度来看，SPWM 逆变器非常适合于交流变频调速系统。

2. 双极性 PWM 控制方式

调制信号 u_r 仍然是正弦波，而载波信号 u_c 改为正负两个方向变化的等腰三角形波，如图 5-15 所示。三角载波是正负两个方向变化，所得到的 SPWM 波形也是在正负两个方向变化控制方式。具体控制过程如下。

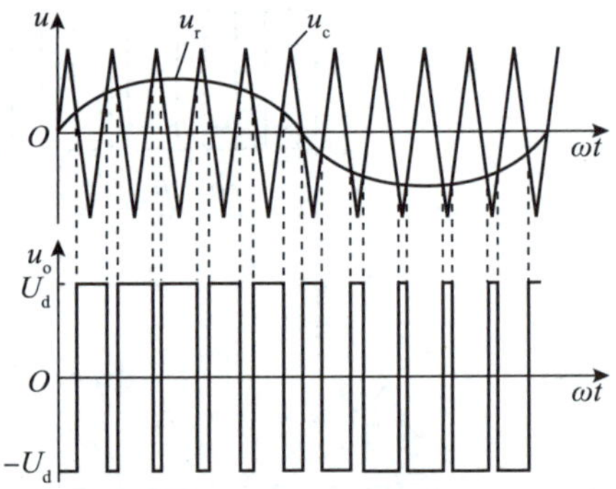

图 5-15　双极性 PWM 控制方式原理波形

（1）在 u_r 正半周，当 $u_r>u_c$ 时，使 T_1、T_4 导通，而 T_2、T_3 关断，负载电压 $u_o=U_d$。当 $u_r<u_c$ 时，使 T_2、T_3 导通，而 T_1、T_4 关断，负载电压 $u_o=-U_d$。这样逆变电路输出的 u_o 为两个方向变化等幅不等宽的脉冲列。

（2）在 u_r 负半周，当 $u_r<u_c$ 时，使 T_2、T_3 导通，而 T_1、T_4 关断，负载电压 $u_o=-U_d$。当 $u_r>u_c$ 时，使 T_1、T_4 导通，而 T_2、T_3 关断，负载电压 $u_o=U_d$。

双极性 PWM 控制的输出 u_o 波形如图 5-15 所示，它为两个方向变化等幅不等宽的脉列。

双极性 PWM 控制方式的特点如下。

（1）同一平桥上下两个桥臂晶体管的驱动信号极性恰好相反，处于互补工作方式。

（2）电感性负载时，若 T_1 和 T_4 处于通态，给 T_1 和 T_4 以关断信号，则 T_1 和 T_4 立即关断，而给 T_2 和 T_3 以导通信号，由于电感性负载电流不能突变，电流减小感生的电动势使 T_2 和 T_3 不可能立即导通，而是二极管 D_2 和 D_3 导通续流，如果续流能维持到下一次 T_1 与 T_4 重新导通，则负载电流方向始终没有变，T_2 和 T_3 始终未导通。

只有在负载电流较小无法连续续流的情况下，在负载电流下降至零，D_2 和 D_3 续流完毕，T_2 和 T_3 导通，负载电流才反向流过负载。但是不论是 D_2、D_3 导通还是 T_2、T_3 导通，u_o 均为 $-U_d$。从 T_2、T_3 导通向 T_1、T_4 切换情况也类似。

在双极性控制方式中，三角载波 u_c 在正负两个方向变化，所得到的 SPWM 波形也在正负两个方向变化。在 u_r 的一个周期内，PWM 输出只有 $\pm U_d$ 两种电平。逆变电路同一相上下两臂的驱动信号是互补的。

在实际应用时，为了防止上下两个桥臂同时导通而造成短路，在给一个臂施加关断信号后，再延迟 Δt 时间，然后给另一个臂施加导通信号。延迟时间的长短取决于功率开关器件的关断时间。需要指出的是，这个延迟时间将会给输出的 PWM 波形带来不利影响，使其偏离正弦波。

1.2.3　三相桥式 PWM 逆变电路的 SPWM 控制技术

如图 5-16（a）所示电路，同样采用 GTR 作为逆变电路的自关断开关器件。A、B、C 三相的 PWM 控制共用一个三角波载波信号 u_c，三相调制信号 u_{rA}、u_{rB}、u_{rc} 分别为三相正弦信号，其幅值和频率均相等，相位依次相差 120°。A、B、C 三相 PWM 控制规律相同。

设控制方法为双极性方式，其工作过程分析如下。

以 A 相为例，当 $u_{rA}>u_c$ 时，使 T_1 导通，T_4 关断，则 A 相相对于直流电源假想中点 N′ 的输出电压为 $u'_{AN}=\frac{U_d}{2}$；当 $u_{rA}<u_c$ 时，使 T_1 关断，T_4 导通，则 $u_{AN}=-\frac{U_d}{2}$。

T_1、T_4 的驱动信号始终互补。其余两相控制规律相同。当给 T_1（T_4）加导通信号时，可能是 T_1（T_4）导通，也可能是 D_1（D_4）续流导通，这取决于阻感负载中电流的方向。输出相电压和线电压的波形如图 5-16（b）所示。

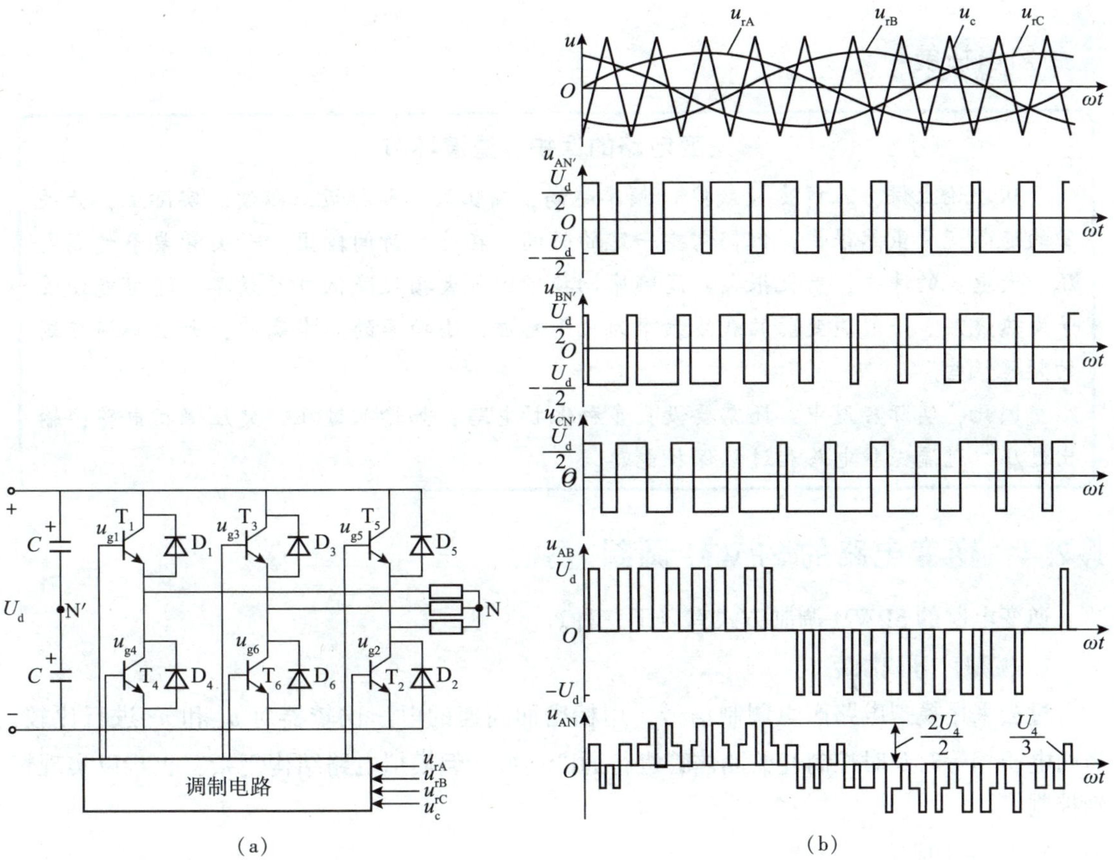

图 5-16　三相桥式电压型 PWM 控制方式的逆变电路及输出波形

SPWM 控制的逆变电路的优点，见表 5-4。

表 5-4　SPWM 控制的逆变电路的优点

序号	优点
1	可以得到接近正弦波的输出电压，满足负载需要
2	整流电路采用二极管整流，可获得较高的功率因数
3	只用一级可控的功率环节，电路结构简单
4	通过对输出脉冲宽度控制就可改变输出电压的大小，大大加快了逆变器的动态响应速度

SPWM 逆变器输出的正弦波交流电压 u_{of} 的峰值 u_{ofm} 小于输入的直流电压 u_d，把 u_{ofm}/u_d 称为直流电压利用率。对于三相 SPWM 逆变器，直流电压利用率理论值最大为 0.866，实际上由于种种原因，直流电压利用率要小于 0.866，输出线电压（有效值）为 380 V 三相交流电的逆变电路输入直流电压要高于 620 V。

对于单相 SPWM 电路，直流电压利用率的理论值最大为 1，实际上直流电压利用率要小于 1。对于车载逆变器，输出相电压（有效值）为 220 V 单相交流电的逆变电路输入直流电压必须高于 310 V。

知识拓展

逆变电路的保护、滤波环节

从理论上讲，三角波（载波）频率越高，输出波形越接近正弦波。实际上，开关管的通断变化虽然很快，但仍需要一定的时间，在这个时间段里，开关管要承受高电压、大电流的冲击，功耗很大，高频率切换不但加大损耗降低电源效率，还可能使管子发热烧毁。一般逆变器的载波频率为几千赫兹，小功率的频率高些，大功率逆变器的频率低些。

因此，实际应用中，还需要设置多种保护电路，如输入过压、欠压保护电路，输出过压、过流保护电路和过热保护电路。

1.2.4　逆变电路的 SPWM 调制方式

逆变电路的 SPWM 调制方式有以下三种。

1. 模拟信号调制法

过去采用模拟电路产生调制信号，用精密而高速的电压比较器对 u_r 和 u_c 进行比较，当两电压相等时及时控制开关晶体管进行通断切换，但模拟电路结构复杂，也难以实现精确控制。

2. 软件生成法

采用微处理器直接计算出控制点称为软件生产法，由于微机技术的发展使得用软件生成 SPWM 波形变得比较容易，因此，软件生成法也就应运而生。软件生成法其实就是用软件来实现调制的方法，一般有两种基本算法，即自然采样法和规则采样法。

（1）自然采样法是以正弦波为调制波，等腰三角波为载波进行比较，在两个波形的自然交点时刻控制开关器件的通断，这就是自然采样法。其优点是所得 SPWM 波形最接近正弦波，但由于三角波与正弦波交点有任意性，脉冲中心在一个周期内不等距，从而脉宽表达式是一个超越方程，计算烦琐，难以实时控制。

（2）规则采样法是一种应用较广的工程实用方法，一般采用三角波作为载波。其原理就是用三角波对正弦波进行采样得到阶梯波，再以阶梯波与三角波的交点时刻控制开关器件的通断，从而实现 SPWM 法。

除上述两种方法外，还有一种方法叫作等面积法。该方法实际上就是 SPWM 法原理的直接阐释，用同样数量的等幅而不等宽的矩形脉冲序列代替正弦波，然后计算各脉冲的宽度和间隔，并把这些数据存于微机中，通过查表的方式生成 PWM 信号控制开关器件的通断，以达到预期的目的。由于此方法是以 SPWM 控制的基本原理为出发点，可以准确地计算出各开关器件的通断时刻，其所得的波形很接近正弦波，但其存在计算繁琐、数据占用内存大、不能实时控制的缺点。

3. 硬件调制法

现在有专用的集成电路用于产生 SPWM 调制信号，微处理器只需提供输出频率、电压等参数即可生成高精度控制信号，输出完好的正弦波。这种方式简单、效果好、可靠性高，目前被广泛使用。硬件调制法则是为了解决等面积法计算繁琐的缺点而提出，其原理是将所需波形作为调制信号，将接收到的信号作为载波，通过调制载波来获得所期望的 PWM 波形。

通常采用等腰三角波作为载波，当调制信号波为正弦波时，所得到的就是 SPWM 波形。其实现方法简单，可通过模拟电路构建三角波载波和正弦调制波发生电路，使用比较器确定它们的交点，并在交点时刻对开关器件的通断进行控制，即可生成 SPWM 波。随着电力电子技术的发展，现已出现多种可产生 SPWM 波的芯片，如 TL494、SG3525A 等，这些集成芯片简化了电路设计，功能更加齐全。

1.2.5　中高频感应加热电源的应用

无源逆变器还有一个非常传统的工业应用，就是作为中高频感应加热电源的一部分用在金属熔炼、透热、热处理和焊接等生产过程中。

1. 感应加热的原理

中高频感应加热电源是一种利用功率开关器件把三相工频电流变换成某一频率的中高频电流的装置，图 5-17 为常见的感应加热装置。

中高频感应加热电源的原理是英国物理学家法拉第在 1831 年发现的电磁感应现象。其内容为当电路围绕的区域内存在交变的磁场时，电路两端就会感应出电动势，如果闭合就会产生感应电流。电流的热效应可用来加热。

电磁感应在第一个线圈中突然接通直流电流（即将图 5-18 中开关 S 突然合上）或突然切断电流（即将图 5-18 中开关 S 突然打开），此时在第二个线圈所接的电流表中可以看出有某一方向或反方向的摆动，这种现象称为电磁感应现象。第二个线圈中的电流称为感应电流，第一个线圈称为感应线圈。若第一个线圈的开关 S 不断地接通和断开，则在第二个线圈中也将不断地感应出电流。每秒内通断次数越多（即通断频率越高），则感生电流将会越大。

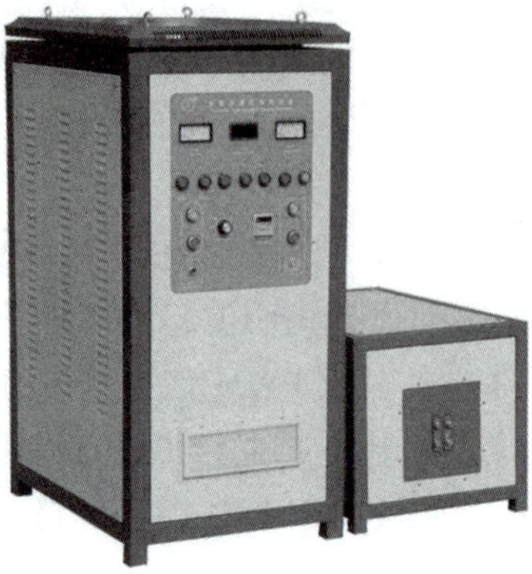

图 5-17　感应加热装置

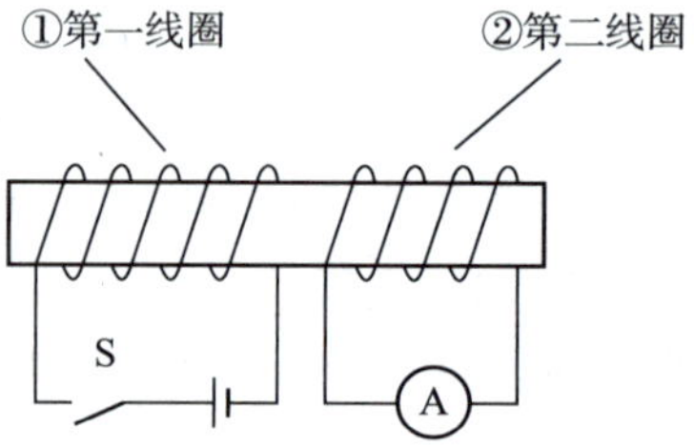

图 5-18　电磁感应

当在第一个线圈中通交流电流时，第二个线圈也会感应出交流电流。无论第二个线圈的匝数多少，甚至只有一匝，都会感应出电流。如果第二个线圈的直径略小于第一个线圈的直径，并将其放置在第一个线圈内部，这种电磁感应现象会更加显著，因为此时两个线圈的耦合更加紧密。

在一个钢管上绕上感应线圈，钢管可以被视为一匝直接短接的第二线圈。当感应线圈中通以交流电流时，钢管中会感应出电流，从而产生交变的磁场，利用这个交变磁场来产生涡流以达到加热效果。通常在 50 Hz 的交流电流下，这种感生电流并不大，所产生的热量只能使钢管的温度略微升高，不足以将钢管加热到热加工所需的温度（一般约为 1 200 ℃）。

如果增加电流和提高频率（相当于增加开关 S 的通断频率），可以增强发热效果，进而提高钢管的温度。通过控制感应线圈内电流的大小和频率，可以将钢管加热到所需的温度用于各种热加工。因此，感应电源通常需要输出高频大电流。

目前，利用高频电源加热通常有两种方法：一种是电介质加热，利用高频电压（如微波炉加热）；另一种是感应加热，利用高频电流（如密封包装）。

（1）电介质加热

电介质加热通常用来加热不导电材料，比如木材、橡胶。微波炉就是利用这个原理。

当高频电压加在两极板层上，就会在两极之间产生交变的电场。需要加热的介质处于交变的电场中，介质中的极分子或者离子就会随着电场做同频的旋转或振动，从而产生热量，达到加热的效果。

（2）感应加热

感应加热原理为产生交变的电流，从而产生交变的磁场，再利用交变磁场来产生涡流以达到加热的效果。

感应加热与其他的加热方式，如燃气加热、电阻炉加热等不同，它把电能直接从工件内部变成热能，将工件加热。而其他的加热方式是先加热工件表面，然后把热再传导加热内部。

2. 中高频感应加热电源的组成

目前应用较多的中高频感应电源主要由可控或不可控整流电路、滤波器、逆变器和一些控制保护电路组成。工作时，三相工频（50 Hz）交流电经整流器整流成脉动直流，经过滤波器变成平滑的直流电送到逆变器，逆变器把直流电转变成频率较高的交流电流输送给负载。

其中的逆变电路由逆变晶闸管、感应线圈、补偿电容共同组成，将直流电变成中高频交流电输送给负载。为了提高电路的功率因数，需要协调电容器向感应加热负载提供无功能量。根据电容器与感应线圈的连接方式可以把逆变器分为以下几种。

（1）串联谐振式逆变器。电容器与感应线圈组成串联谐振电路。

（2）并联谐振式逆变器。电容器与感应线圈组成并联谐振电路。

（3）串、并联谐振式逆变器。综合以上两种逆变器的特点。

3. 中高频感应加热电源的用途

感应加热的最大特点是将工件直接加热，工人劳动条件好、工件加热速度快、温度容易控制，因此应用非常广泛。感应加热主要用于淬火、透热、熔炼、钎焊等方面。

（1）淬火

淬火热处理工艺在机械工业和国防工业中得到了广泛的应用。它是将工件加热到一定温度后再快速冷却下来，以此增加工件的硬度和耐磨性。

（2）透热

在加热过程中使整个工件的内部和表面温度大致相等，叫作透热。透热主要用在锻造弯管等加工前的加热等。中高频电源用于弯管的过程如图 5-19 所示。在钢管待弯部分套上感应圈，通入中高频电流后，在套有感应圈的钢管上的带形区域内被中高频电流加热，经过一定时间，温度升高到塑性状态，便可以进行弯制了。

（3）熔炼

中高频电源在熔炼中的应用最早，图 5-20 为中高频感应熔炼炉，线圈用铜管绕成，里面通水冷却。线圈中通过中高频交流电流就可以使炉中的炉料加热、熔化，并将液态金属再加热到所需温度。

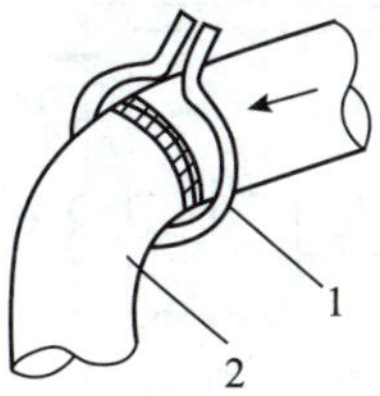

1-感应线圈；2-钢管。

图 5-19 弯管的工作过程

图 5-20 中高频感应熔炼炉

（4）钎焊

钎焊是将钎焊料加热到融化温度而使两个或几个零件连接在一起，通常的锡焊和铜焊都是钎焊。钎焊主要应用于机械加工、采矿、钻探、木材加工等行业使用的硬质合金车刀、洗刀、刨刀、铰刀、锯片、锯齿的焊接，以及金刚石锯片、刀具、磨具钻具、刃具的焊接。还有其他金属材料的复合焊接，如眼镜部件、铜部件、不锈钢锅。

4. 中高频感应加热电源的逆变电路

（1）并联谐振式逆变电路

① 电路结构

电容 C 和电感 L、电阻 R 并联构成并联谐振电路。桥臂串入 4 个电感器，用来限制晶闸管开通时的电流上升率 di/dt。T_1 ~ T_4 以 1 000 ~ 5 000 Hz 的中高频轮流导通，可以在负载得到中高频电流。

本电路采用负载换流，即要求负载电流超前电压一定的角度，因此，补偿电容应使负载过补偿，使负载电路工作在容性小失谐情况下。电路原理图如图 5-21 所示。

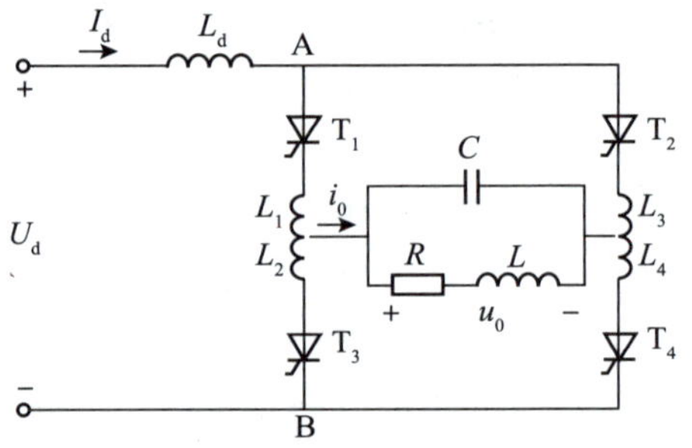

图 5-21　并联谐振式逆变电路

② 工作原理

并联谐振式逆变电路属电流型，故输出的电流波形接近矩形波，含有基波和高次谐波，且谐波的幅值小于基波的幅值。

工作时晶闸管交替触发的频率应接近负载电路谐振频率，故负载对基波呈现高阻抗，而对谐波呈现低阻抗，谐波在负载电路上几乎不产生压降，因此，负载电压波形为正弦波。由于基波频率稍大于负载谐振频率，负载电路呈容性，i_o 超前电压 u_o 一定角度，达到自动换流关断晶闸管的目的。具体过程如图 5-22 所示。

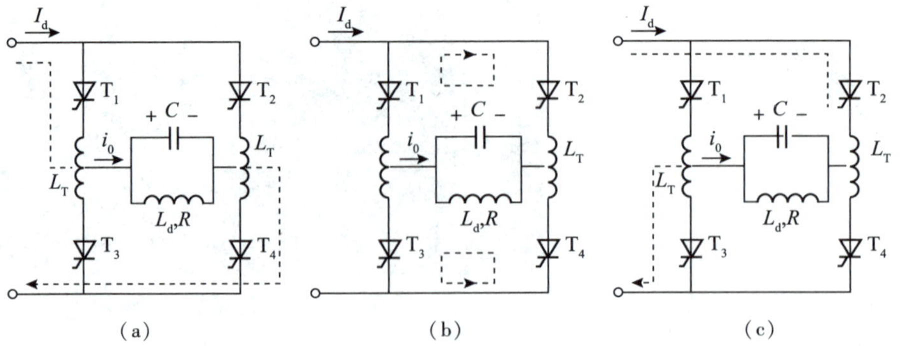

图 5-22　并联谐振式逆变电路换流的工作过程

③ 逆变电路换流的工作过程

一个周期中，有两个导通阶段和两个换流阶段。

• $t_1 \sim t_2$ 阶段：T_1、T_4 处于稳定导通阶段，$i_o = I_d$；t_2 时刻以前在电容 C 建立左正右负的电压。

• $t_2 \sim t_4$ 阶段：t_2 时刻触发 T_2、T_3，进入换流阶段。

L_T 使 T_1、T_4 不能立即关断，电流有一个减小的过程。T_2、T_3 的电流有一个增大的过程。4 只晶闸管全部导通。负载电容电压经过两个并联的放电回路放电。一条是 $L_1-T_1-T_2-L_2-C$，另一条是 $L_3-T_3-T_4-L_4-C$。由于时间短和大电感 L_d 的恒流作用，电源不会短路。

$t=t_4$ 时刻，T_1、T_4 的电流减小到零而关断，直流侧电流 I_d 全部从 T_1、T_4 转移到 T_2、T_3，换流过程结束。$t_2 \sim t_4$ 称为换流时间。t_3 时刻位于 $t_2 \sim t_4$ 的中间位置。

T_1、T_4 中的电流下降到零以后，还需一段时间后才能恢复正向阻断能力，因此换流结束以后，还要使 T_1、T_4 承受一段反压时间 t_β 才能保证可靠关断。$t_\beta = t_5 - t_4$ 应大于晶闸管关断时间 t_q。

为了可靠关断晶闸管，不导致逆变失败，必须在输出电压 u_o 过零前 t_f 时刻触发 T_2、T_3，称 t_f 为触发引前时间。为了安全起见，必须使

$$t_f = t_r + kt_q$$

式中　k——大于 1 的安全系数，一般取为 2~3。

参数计算

如果不计换流时间，输出电流的傅里叶展开式为

$$i_o = \frac{4I_d}{\pi}\left(\sin \omega t + \frac{1}{3}\sin 3\omega t + \frac{1}{5}\sin 5\omega t + \cdots\right)$$

其中基波电流的有效值为

$$I_{o1} = \frac{4I_d}{\sqrt{2}\,\pi} = 0.9I_d$$

逆变电路的输入功率 P_i 为

$$P_i = U_d I_d$$

逆变电路的输出功率 P_o 为

$$P_o = U_o I_{o1} \cos \varphi$$

因为 $P_o = P_i$，于是可求得负载电压的有效值与直流输出电压的关系为

$$U_o = \frac{\pi U_d}{2\sqrt{2}\cos \varphi} = 1.11\,\frac{U_d}{\cos \varphi}$$

在实际工作过程中，感应线圈的参数随时间变化，必须使工作频率适应负载的变化而自动调整。这种工作方式称为自激工作方式。

固定工作频率的控制方式称为他激方式。自激方式存在启动问题。一般的解决方法是先用他激方式，到系统启动以后再转为自激方式；附加预充电启动电路。

2. 串联谐振式逆变电路

(1) 电路结构

串联谐振逆变器也称为电压型逆变器，其原理图如图 5-23 所示。

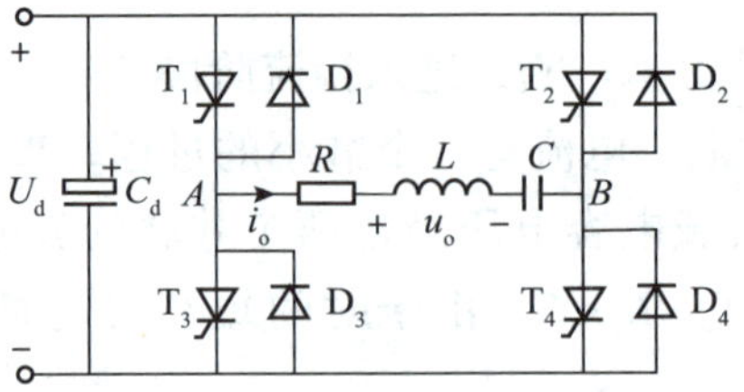

图 5-23　串联谐振式逆变电路

其直流侧采用大电容滤波，从而构成电压型逆变电路。电路为了续流，设置了反并联二极管 D_1 ~ D_4。补偿电容 C 和负载电感线圈构成串联谐振电路。为了实现负方法换流，要求补偿以后的总负载呈容性。

(2) 工作原理

串联谐振逆变器的输出电压为近似方波，由于电路工作在谐振频率附近，使振荡电路对于基波具有最小阻抗，所以负载电流 i_o 近似为正弦波，如图 5-24 所示。同时，为避免逆变器上、下桥臂间的直通，换流必须遵循先关断后导通的原则，在关断与导通间必须留有足够的死区时间。

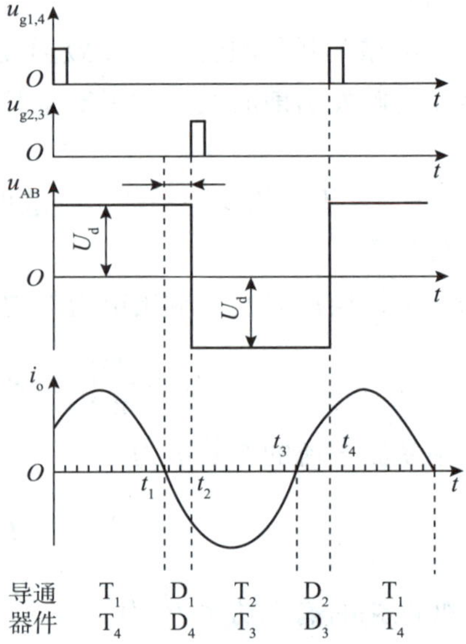

图 5-24　串联谐振式逆变电路的工作波形图

① $0 \sim t_1$ 阶段：设晶闸管 T_1、T_4 导通，电流从 A 流向 B，u_o 左正右负。由于电流超前电压，当 $t=t_1$ 时，电流为零。

② $t_1 \sim t_2$ 阶段：当 $t>t_1$ 时，电流反向。由于 T_2、T_3 未导通，反向电流通过二极管 D_1、D_4 续流，T_1、T_4 承受反压关断。

③ $t_2 \sim t_3$ 阶段：当 $t=t_2$ 时，触发 T_2、T_3，负载两端电压极性反向，即左负右正，D_1、D_4 截止，电流从 T_2、T_3 中流过。

④ $t_3 \sim t_4$ 阶段：当 $t>t_3$ 时，电流再次反向，电流通过 D_2、D_3 续流，T_2、T_3 承受反压关断。当 $t=t_4$ 时，再触发 T_2、T_3。

二极管导通时间 t_r 即为晶闸管反压时间，要使晶闸管可靠关断，t_f 应大于晶闸管关断时间 t_q。

实训任务

调试 SPWM 波形触发电路信号。

任务指导

SPWM 波形触发电路信号的调试的步骤如下。

（1）确保触发电路板上的元件焊接正确，并且与主电路连接正常。

（2）连接电源，检查触发板上的电源是否正常。

（3）观察触摸屏上是否有故障代码，如果有，根据故障代码提示进行排查。

（4）检查触发信号的幅值和频率是否符合要求，如果不符合，需要调整电源驱动箱的输出电压。

（5）检查触发电路与主电路的连接是否正确，尤其是与 IGBT 的连接，确保没有松动或接触不良。

（6）观察控制器的参数设置是否正确，如载波频率、触发脉宽等。

（7）在调试过程中，需要不断调整参数，观察输出波形的质量，如是否有失真、谐波含量高。

（8）在调试完成后，需要记录触发信号的质量和参数设置，以便日后使用。

课后实践

学习完本项目的内容后，认真完成表 5-5 的实践清单。

表 5-5　实践清单

单相逆变电路的构建与调试	
实践任务	练习单相逆变电路的构建和调试，了解逆变电路的原理和特点
实践目标	（1）理解单相逆变电路的基本原理和工作方式； （2）掌握单相桥式逆变电路的搭建和调试步骤； （3）能够通过实践调试，使单相逆变电路输出符合要求的交流电源电压
实践步骤	（1）确认实验设备和元器件，包括大功率晶体管、电容器、二极管等； （2）根据电路图搭建单相桥式逆变电路，连接输入电源和负载； （3）进行基本的电路连接检查，确保接线正确无误； （4）对电路进行初步调试，观察输出波形和电压是否符合预期； （5）调整电路参数，如频率、占空比，优化逆变电路的性能； （6）测试逆变电路在不同负载情况下的稳定性和效率； （7）记录实验过程和调试结果，总结经验和教训
实践提示	（1）在搭建和调试过程中，要注意安全，避免触电和短路等事故； （2）仔细阅读电路图和器件规格，确保操作正确； （3）在调试过程中，逐步调整参数，小心调试，避免损坏元器件； （4）如遇到问题，可以及时向老师或同学求助，共同解决
实践总结	

实践评价

完成以上实践后，认真完成表 5-6 的实践评价。

表 5-6 实践评价

评价内容	分值	得分
参与实践的积极性、主动性	25	
独立思考能力	25	
创新能力	25	
对单相逆变电路构建与调试方法的掌握程度	25	
教师点评：		

项目小结

本项目介绍了单相和三相逆变电路的构建和调试方法，以及 SPWM 和 UPW 波形触发电路信号的控制原理和技术。

在单相逆变电路的构建与调试方面，常见的逆变电路包括无源逆变电路、单相桥式电压型逆变电路、三相桥式电压型逆变电路、单相桥式电流型逆变电路和三相桥式电流型逆变电路等。这些逆变电路通过对输入信号的转换，输出符合不同需求的电源电压。而在 SPWM 和 UPW 波形触发电路信号的调试方面，需要掌握 PWM 控制原理，确保 SPWM 和 UPW 波形触发电路的信号精确控制和电流传输。

逆变电路的 SPWM 控制技术在车载逆变器的构建和调试中非常重要。例如，通过单相桥式逆变电路的 SPWM 控制技术，可以实现高效率、高精度和高稳定性的输出电压，使车载逆变器适应更多的车载设备。同时，三相桥式 PWM 逆变电路的 SPWM 控制技术可以实现对三相电力系统的逆变，满足更广泛的实际应用需求。

中高频感应加热电源的应用也是车载逆变器工程中的重要组成部分。它利用逆变电路控制电源输出的频率和电流，实现对感应加热器的工作控制，实现对加热器的控制和调节。

思考练习

1. 换流方式可分为哪几种？
2. 逆变电路根据换流方式可分为哪几类？
3. 逆变电路 SPWM 控制的实质是什么？

项目6 PC主机开关电源电路分析

项目导读

PC 主机开关电源电路是 PC 电脑系统中至关重要的一部分，负责为整个系统提供稳定的电源供应。其基本工作原理如下。

开关电源电路中常用的功率开关器件一般是大功率晶体管：GTR 或 MOSFET。在电路设计和故障排除过程中，需要对这些器件进行测量，以确保其正常工作。这包括使用万用表进行导通测试、正向和反向电阻测量等。

开关电源电路中的 DC/DC 变换电路负责将输入电压变换为适合 PC 系统各部件的输出电压。调试过程中，需要确保变换电路的输出稳定，并通过调整控制电路中的参数来实现输出电压的精确调节。此外，正确的接线也至关重要，保证电路连接的可靠性和稳定性。

当开关电源电路出现故障时，可能会导致 PC 无法正常工作甚至损坏其他硬件。常见的故障包括电源开关失效、输出电压不稳定、过载保护失效等。进行故障分析时，需要逐步检查各个部分的工作状态，通过替换故障组件或调整电路参数来修复问题。

总的来说，PC 主机开关电源电路的设计、调试和维修需要工程师具备扎实的电路原理和实践经验，以确保 PC 系统的稳定性和可靠性。

学习目标

知识目标

◆了解 PC 主机开关电源电路的基本原理和工作机制。

◆理解器件 GTR 的种类、特性和测量方法。

◆熟悉各种 DC/DC 变换电路的工作原理和调试方法。

◆掌握 PC 主机开关电源电路故障分析与维修的基本流程和技巧。

技能目标

◆能够使用万用表进行器件 GTR 的测量和测试。

◆具备调试 DC/DC 变换电路的能力，确保输出电压稳定。

◆能够正确连接和布线 PC 主机开关电源电路。

◆具备分析和诊断 PC 主机开关电源电路故障的能力，并进行相应的维修。

素质目标

◆培养学生细心、耐心和动手能力，以确保实验过程的准确性和成功性。

◆培养学生的团队合作精神，因为在项目中可能需要与他人合作完成任务。

◆提高学生解决问题的能力和创新思维，以应对在实践过程中遇到的各种挑战和困难。

思政目标

◆培养学生良好的职业道德和工程素养，注重实验过程中的安全和规范操作。

◆增强学生自主学习和自我提升的意识，持续掌握新知识和新技能。

◆培养学生的责任感和使命感，意识到电子工程技术对社会发展的重要性，为技术进步和社会发展做出贡献。

任务 1　检测器件 GTR

1.1.1　大功率晶体管

大功率晶体管直译为巨型晶体管，也叫电力晶体管，是一种耐高电压、大电流的双极结型晶体管（bipolar junction transistor，BJT），有时也称为 Power BJT，在电力电子技术的范围内，GTR 与 BJT 这两个名称等效应用。具有耐压高、电流大、开关特性好、饱和压降低、开关时间短、开关损耗小等特点，在电源、电机控制、通用逆变器等中等容量、中等频率电路中广泛应用。20 世纪 80 年代以来，在中、小功率范围内取代晶闸管，但由于其驱动电流较大、耐浪涌电流能力差、易受二次击穿而损坏的缺点，正逐步被电力 MOSFET 和 IGBT 所代替。

大功率晶体管的外形除体积比较大外，其外壳上都有安装孔或安装螺钉，便于将晶体管安装在外加的散热器上。这是因为对大功率晶体管来讲，单靠外壳散热是远远不够的。例如，50 W 的硅低频大功率晶体管，如果不加散热器工作，其最大允许耗散功率仅为 2~3 W。

1. GTR 的基本结构

通常把集电极最大允许耗散功率在 1 W 以上，或最大集电极电流在 1 A 以上的晶体管称为大功率晶体管，其结构和工作原理与普通的双极结型晶体管基本原理是一样的。GTR 为三层两结结构，有 PNP 和 NPN 两种结构。

对 GTR 来说，最主要的特性是耐压高、电流大、开关特性好，而不像小功率的用于信息处理的双极结型晶体管那样注重单管电流放大系数、线性度、频率响应以及噪声和温漂等性能参数。因此，GTR 通常采用至少由两个晶体管按达林顿接法组成的单元结构，同 GTO 一样采用集成电路工艺将许多这种单元并联而成，单管的 GTR 结构与普通的双极结型晶体管是类似的。

GTR 是由三层半导体（分别引出集电极、基极和发射极）形成的两个 PN 结（集电结和发射结）构成的，多采用 NPN 型结构。图 6-1（a）为 NPN 型 GTR 的内部结构，电气图形符号如图 6-1（b）所示。

可以看出，与信息电子电路中的普通双极结型晶体管相比，GTR 多了一个 N 漂移区（低掺杂 N 区）。这与电力二极管中低掺杂 N 区的作用一样，是用来承受高电压的。而且，GTR 导通时也是靠从 P 区向 N-漂移区注入大量的少子形成的电导调制效应来减小通态电压和损耗的。

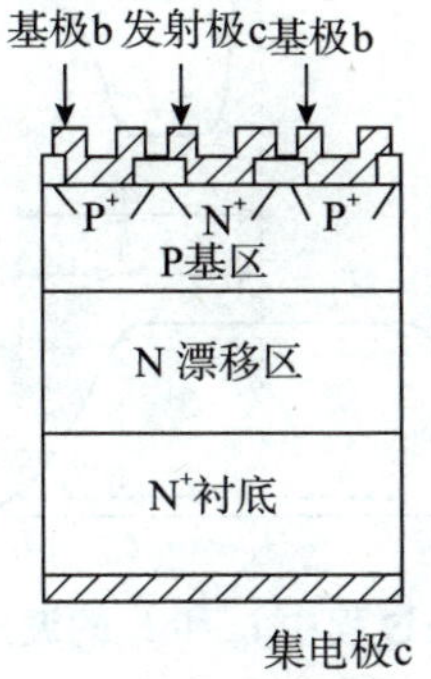

（a）GTR 的内部结构

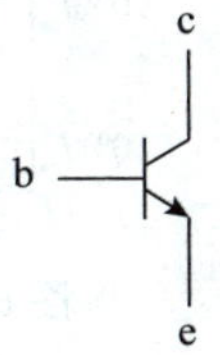

（b）电气图形符号

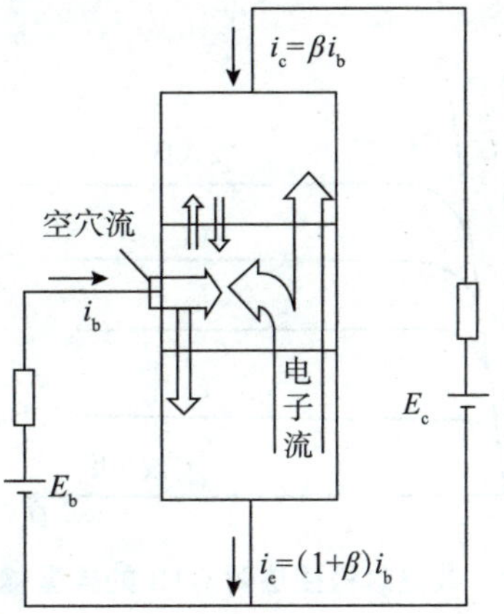

（c）内部载流子的流动

图 6-1　GTR 的内部结构、电气图形符号和内部载流子流动

应用中，GTR一般采用共发射极接法，图6-1（c）给出了在此接法下GTR内部主要载流子流动情况示意图。集电极电流 i_c 与基极电流 i_b 之比为

$$\beta=\frac{i_c}{i_b}$$

β称为GTR的电流放大系数，它反映了基极电流对集电极电流的控制能力。当考虑到集电极和发射极间的漏电流 I_{ceo} 时，i_c 和 i_b 的关系为

$$i_c=\beta i_b+I_{ceo}$$

GTR的产品说明书中通常给出的是直流电流增益 h_{FE}，它是在直流工作的情况下，集电极电流与基极电流之比。一般可认为 $\beta\approx h_{FE}$。单管GTR的β值比处理信息用的小功率晶体管小得多，通常为10左右，采用达林顿接法可以有效地增大电流增益。

2. GTR的基本特性

在电力电子技术中，GTR主要工作在开关状态。晶体管通常连接成共发射极电路，NPN型GTR通常工作在正偏（$I_B>0$）时大电流导通；反偏（$I_B<0$）时处于截止的开关工作状态。

（1）静态特性

图6-2为共发射极接法时GTR的典型输出特性，明显地分为我们所熟悉的截止区、放大区和饱和区3个区域。在电力电子电路中，GTR工作在开关状态，即工作在截止区和饱和区，但在开关过程中，即在截止区和饱和区之间过渡时，一般要经过放大区。

（2）动态特性

GTR是用基极电流来控制集电极电流的，图6-3给出了GTR开通和关断过程中基极、集电极电流的波形关系。

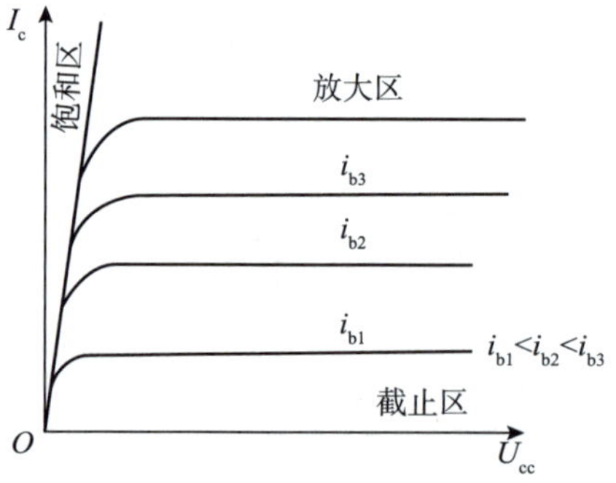

图6-2　共发射极接法时GTR的典型输出特性

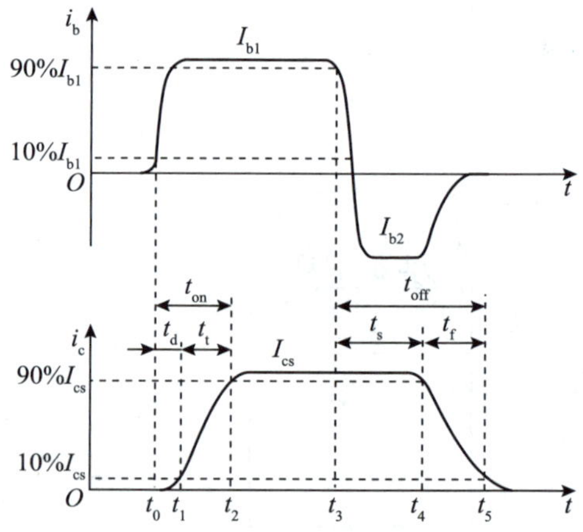

图6-3　开关过程中 i_b 和 i_c 的波形

GTR开通时需要经过延迟时间 t_d 和上升时间 t_r，两者之和为开通时间 t_{on}，即 $t_{on}=t_d+t_r$；关断时需要经过储存时间 t_s 和下降时间 t_f，两者之和为关断时间 t_{off}，即 $t_{off}=t_s+t_f$。延迟时间主要是由发射结势垒电容和集电结势垒电容充电产生的。增大基极驱动电流 i_b

的幅值并增大$\frac{di_b}{dt}$，可以缩短延迟时间，同时也可以缩短上升时间，从而加快开通过程。储存时间是用来除去饱和导通时存储在基区的载流子的，是关断时间的主要部分。减少导通时的饱和深度以减少储存的载流子，或者增大基极抽取负电流 i_{b2} 的幅值和负偏压，可以缩短储存时间，从而加快关断速度。当然，减小到导通时的饱和深度的负作用是会使集电极和发射极间的饱和导通压降 U_{ces} 增加，从而增大通态损耗，这是相互矛盾的。

3. GTR 的主要参数

除了前面述及的一些参数，如电流放大倍数β、直流电流增益 h_{FE}、集电极与发射极间漏电流 I_{ceo}、集电极和发射极间的饱和压降 U_{ces}、开通时间 t_{on} 和关断时间 t_{off} 以外，对 GRT 主要关心的参数还包括以下几种。

（1）最高工作电压

GTR 上所施加的电压超过规定值时，就会发生击穿。击穿电压不仅和晶体管本身特性有关，还与外电路接法有关。

① U_{cbo}：发射极开路时，集电极和基极间的反向击穿电压。

② U_{ceo}：基极开路时，集电极和发射极之间的击穿电压。

③ U_{cer} 和 U_{ces}：CTR 的发射极和基极之间用电阻 R 连接或短路连接时集电极和发射极之间的击穿电压。

④ U_{cex}：发射结反向偏置时集电极和发射极之间的击穿电压。

这些击穿电压间的关系为：$U_{cbo}>U_{cex}>U_{ces}>U_{cer}>U_{ceo}$，实际使用时，为确保安全，最高工作电压要比 U_{ceo} 低得多。

（2）集电极最大允许电流 I_{cM}

GTR 流过的电流过大，会使 GTR 参数劣化，性能将变得不稳定，尤其是发射极的集边效应可能导致 GTR 损坏。因此，必须规定集电极最大允许电流值。通常规定直流电流增益 h_{FE} 下降到规定值的 1/3~1/2 时，所对应的电流 I_c 为集电极最大允许电流，实际使用时还要留有较大的安全裕量，一般只能用到 I_{cM} 的一半或稍多一点。

（3）集电极最大耗散功率 P_{cM}

集电极最大耗散功率是指最高工作温度下允许的耗散功率，用 P_{cM} 表示。它是 GTR 容量的重要标志。产品说明书中在给出 P_{cM} 时总是同时给出壳温 T_C，间接表示了最高工作温度。

4. GTR 型号说明

（1）国产晶体管的型号及命名组成

国产晶体管的型号及命名通常由表 6-1 所示的 4 部分组成。

表 6-1　国产晶体管的型号及命名组成

部分	组成
第一部分	用 3 表示晶体管的电极数目
第二部分	用 A、B、C、D 表示晶体管的材料和极性。其中 A 表示晶体管为 PNP 型锗管，B 表示晶体管为 NPN 型锗管，C 表示晶体管为 PNP 型硅管，D 表示晶体管为 NPN 型硅管
第三部分	用字母表示晶体管的类型。X 表示低频小功率管，G 表示高频小功率管，D 表示低频大功率管，A 表示高频大功率管
第四部分	用数字和字母表示晶体管的序号和档级，用于区别同类晶体管器件的某项参数的不同。

（2）日本半导体分立器件型号命名方法

日本生产的半导体分立器件，由五至七部分组成如图 6-4 所示。通常只用到前五部分，其各部分的符号含义见表 6-2。

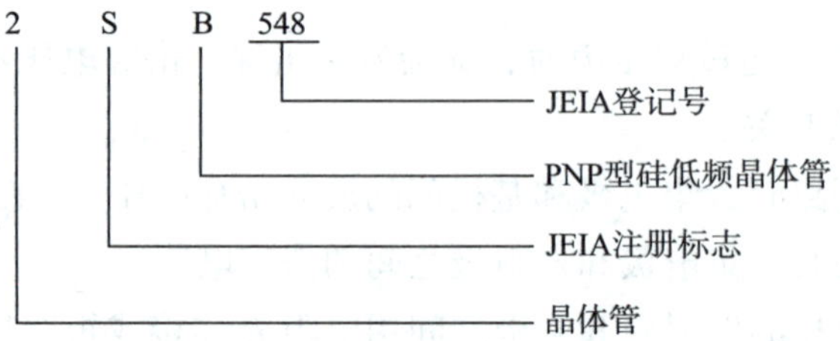

图 6-4　日产半导体分立器件型号组成

表 6-2　日产半导体分立器件型号各部分的符号含义

第一部分	第二部分	第三部分	第四部分	第五部分
2 表示三极或具有 2 个 PN 结的其他器件	S 表示已在日本电子工业协会 JEIA 注册登记的半导体分立器件	A 表示 PNP 型高频管	用数字表示在日本电子工业协会 JEIA 登记的顺序号	A、B、C、D、E、F 表示这一器件是原型号产品的改进产品
		B 表示 PNP 型低频管		
		C 表示 NPN 型高频管		
		D 表示 NPN 型低频管		

（3）美国半导体分立器件型号命名方法

美国电子工业协会半导体分立器件型号命名方法见表 6-3。

表 6-3　美国电子工业协会半导体分立器件型号命名方法

第一部分	第二部分	第三部分	第四部分	第五部分
用符号表示器件用途的类型。JAN 表示军级、JANTX 表示特军级、JANTXV 表示超特军级、MNS 表示宇航级、（无）表示非军用品	2 表示晶体管	N 表示该器件已在美国电子工业协会注册登记	美国电子工业协会登记顺序号	用字母表示器件分档

（4）国际电子联合会半导体器件型号命名方法

德国、法国、意大利、荷兰、比利时、匈牙利、罗马尼亚、南斯拉夫、波兰等欧洲国家，大都采用国际电子联合会半导体分立器件型号命名方法。这种命名方法由 4 个基本部分组成，各部分的符号及含义见表6-4。

表6-4　国际电子联合会半导体器件型号命名方法

部分	命名方法
第一部分	A表示锗材料 B表示硅材料
第二部分	C表示低频小功率晶体管 D表示低频大功率晶体管 F表示高频小功率晶体管 L表示高频大功率晶体管 S表示小功率开关管 U表示大功率开关管
第三部分	用数字或字母加数字表示登记号
第四部分	A、B、C、D、E表示同一型号的器件按某一参数进行分档的标志

5. GTR的二次击穿现象和安全工作区

当GTR的集电极电压升高到前面所述的击穿电压时，集电极电流迅速增大，这时首先出现的击穿是雪崩击穿，被称为一次击穿。出现一次击穿后，只要I_c不超过与最大允许耗散功率相对应的限度，GTR一般不会损坏，工作特性也不会有什么变化。

但是实际应用中常常发现一次击穿发生时如不有效地限制电流，I_c增大到某个临界点时会突然急剧上升，同时伴随着电压的陡然下降，这种现象称为二次击穿。二次击穿常常导致器件的永久损坏，或者工作特性明显衰变，因而对GTR危害极大。

将不同基极电流下二次击穿的临界点连接起来，就构成了二次击穿临界线，临界线上的点反映了二次击穿功率P_{SB}。这样，GTR工作时不仅不能超过最高电压U_{ceM}、集电极最大电流I_{cM}和最大耗散功率P_{cM}，也不能超过二次击穿临界线。这些限制条件就规定了GTR的安全工作区，如图6-5所示。

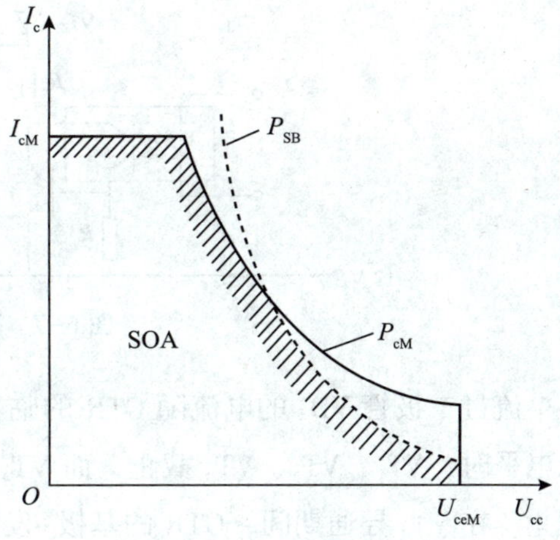

图6-5　GTR安全工作区

二次击穿的持续时间在纳秒到微秒之间完成，由于管子的材料、工艺等因素的分散性，二次击穿难以计算和预测。防止二次击穿的方法如下。

（1）应使实际使用的工作电压比反向击穿电压低得多。

（2）必须有电压电流缓冲保护措施。

6. GTR 的驱动与保护

（1）GTR 基极驱动电路

① 对基极驱动电路的要求

由于 GTR 主电路电压较高，控制电路电压较低，所以应实现主电路与控制电路间的电隔离。

在使 GTR 导通时，基极正向驱动电流应有足够陡的前沿，并有一定幅度的强制电流，以加速开通过程，减小开通损耗，如图 6-6 所示。

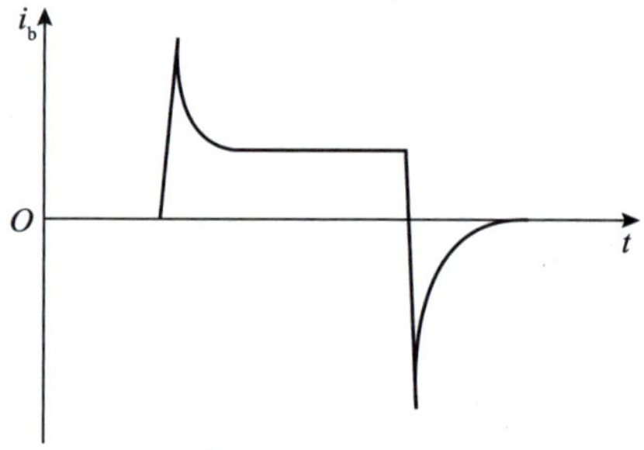

图 6-6　GTR 基极驱动电流波形

GTR 导通期间，在任何负载下，基极电流都应使 GTR 处在临界饱和状态，这样既可降低导通饱和压降，又可缩短关断时间。

在使 GTR 关断时，应向基极提供足够大的反向基极电流，如图 6-6 所示，以加快关断速度，减少关断损耗。

基极驱动电路应有较强的抗干扰能力，并有一定的保护功能。

② 基极驱动电路

图 6-7 为基极 GTR 驱动电路，该电路采用正、负双电源供电。当输入信号为高电平时，晶体管 VT_1、VT_2 和 VT_3 导通，而 VT_4 截止，这时 VT_5 就导通。二极管 VD_3 可以保证 GTR 导通时工作在临界饱和状态。

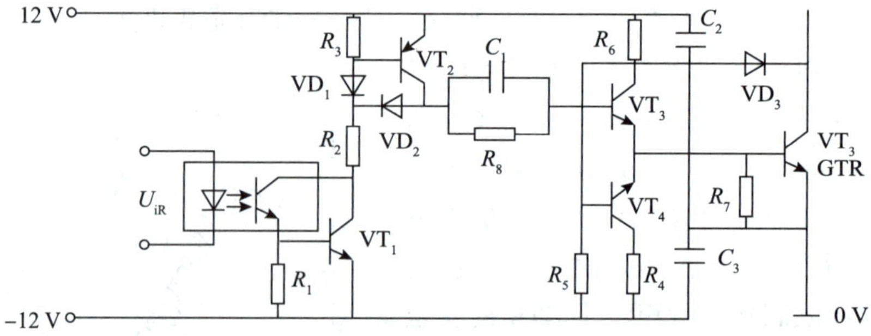

图 6-7　基极 CTR 驱动电路

流过二极管 VD_3 的电流随 GTR 的临界饱和程度而改变，自动调节基极电流。当输入低电平时，VT_1、VT_2、VT_3 截止，而 VT_4 导通，这就给 GTR 的基极一个负电流，使 GTR 截止。在 VT_4 导通期间，GTR 的基极-发射极一直处于负偏置状态，这就避免了反向电流的通过，从而防止同一桥臂另一个 GTR 导通产生过电流。

③ 集成化驱动

集成化驱动电路克服了一般电路元件多、电路复杂、稳定性差和使用不便的缺点，还增加了保护功能。如法国 THOMSON 公司为 GTR 专门设计的基极驱动芯片 UAA4002。采用此芯片可以简化基极驱动电路，提高基极驱动电路的集成度、可靠性、快速性。它把对 GTR 的完整保护和最优驱动结合起来，使 GTR 运行于自身可保护的准饱和最佳状态。

（2）GTR 的保护电路

为了使 GTR 在厂家规定的安全工作区内可靠地工作，必须对其采用必要的保护措施。而对 GTR 的保护相对来说比较复杂，因为它的开关频率较高，采用快熔保护是无效的，一般采用缓冲电路。主要有 *RC* 缓冲电路、充放电型 *R*-*C*-VD 缓冲电路和阻止放电型 *R*-*C*-VD 缓冲电路三种形式，如图 6-8 所示。

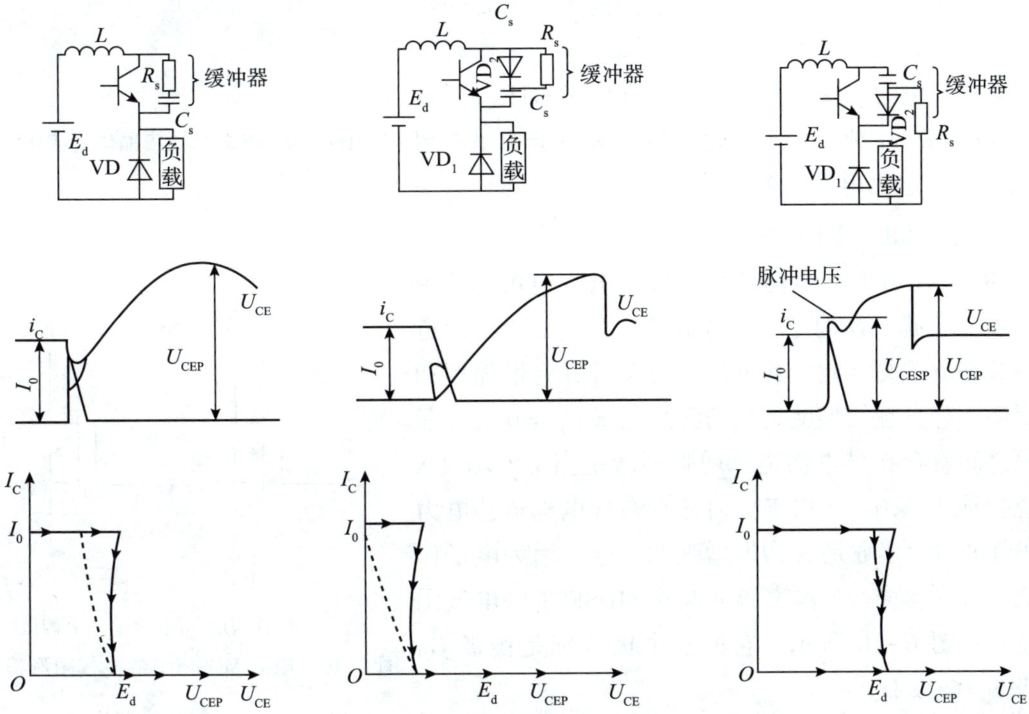

（a）*RC* 缓冲电路　（b）充放电型 *R*-*C*-VD 缓冲电路　（c）阻止放电型 *R*-*C*-VD 缓冲电路

图 6-8　GTR 的缓冲电路

① *RC* 缓冲电路简单，对关断时集电极—发射极间电压上升有抑制作用。这种电路只适用于小容量的 GTR（电流 10 A 以下）。

② 充放电型 *R*-*C*-VD 缓冲电路增加了缓冲二极管 VD_2，可以用于大容量的 GTR。但它的损耗（在缓冲电路的电阻上产生的）较大，不适合用于高频开关电路。

③ 阻止放电型 *R*-*C*-VD 缓冲电路，较常用于大容量 GTR 和高频开关电路的缓冲器。它的最大优点是缓冲产生的损耗小。

为了使 GTR 正常可靠地工作，除采用缓冲电路之外，还应设计最佳驱动电路，并使 GTR 工作于准饱和状态。另外，采用电流检测环节，在故障时封锁 GTR 的控制脉冲，使其及时关断，保证 GTR 电控装置安全可靠地工作；在 GTR 电控系统中设置过电压、欠电压和过热保护单元，以保证安全可靠地工作。

1.1.2　电力场效应晶体管

电力场效应晶体管有两种类型，即结型和绝缘栅型，但通常指绝缘栅型中的 MOS 型

（metal oxide semiconductor field effect transistor），简称电力 MOSFET，或者简称 MOS 管，如图 6-9 所示。至于结型电力场效应晶体管一般称为静电感应晶体管（SIT），这里主要讲电力 MOSFET。

图 6-9　电力场效应晶体管实物

电力 MOSFET 是用栅极电压来控制漏极电流的，因此它的第一个显著特点是驱动电路简单，需要的驱动功率小；第二个显著特点是开关速度快、工作频率高。另外，电力 MOSFET 的热稳定性优于 GTR。但是电力 MOSFET 电流容量小、耐压低，多用于功率不超过 10 kW 的电力电子装置。

1. 电力 MOSFET 的结构

MOSFET 种类和结构繁多，按导电沟道可分为 P 沟道和 N 沟道。N 沟道中多数载流子是电子，P 沟道中多数载流子是空穴。其中每一类又可分为增强型和耗尽型两种，耗尽型就是当栅源间电压 $U_{GS}=0$ 时，漏源极之间就存在导电沟道；增强型就是当 $U_{GS}>0$（N 沟道）或 $U_{GS}<0$（P 沟道）时才存在导电沟道，电力 MOSFET 绝大多数是 N 沟道增强型。这是因为电子作用比空穴大得多。N 沟道和 P 沟道 MOSFET 的电气图形符号如图 6-10 所示。它的三个极分别是栅极 G、源极 S、漏极 D。

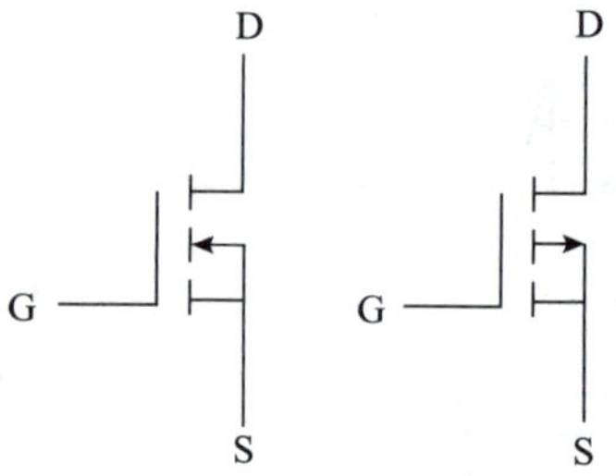

N 沟道　P 沟道
图 6-10　电力 MOSFET 的电气图形符号

电力 MOSFET 在导通时只有一种极性的载流子（多子）参与导电，是单极型器件。其导电机理与小功率 MOS 管相同，但结构上有较大区别。小功率 MOS 管是一次扩散形成的器件，其导电沟道平行于芯片表面，是横向导电器件。而目前电力 MOSFET 大都采用了垂直导电结构，所以又称为 VMOSFET。这大大提高了 MOSFET 器件的耐压和耐电流能力。

按垂直导电结构的差异，电力 MOSFET 又分为利用 V 形槽实现垂直导电的 VVMOSFET（Vertical V-groove MOSFET）和具有垂直导电双扩散 MOS 结构的 VDMOSFET（vertical double-diffused MOSFET）。

2. 电力 MOSFET 的工作原理

当 D、S 间加正电压（漏极为正，源极为负），$U_{GS}=0$ 时，P 基区和 N 漏区的 PN 结 J_1 反偏，D、S 之间无电流通过；如果在 G、S 之间加一正电压 U_{GS}，由于栅极是绝缘的，所以不会有电流流过，但栅极的正电压会将其下面 P 区中的空穴推开，而将 P 区中的少子-电子吸引到栅极下面的 P 区表面。

当 U_{GS} 大于某一电压 U_T 时，栅极下 P 区表面的电子浓度将超过空穴浓度，从而使 P 型半导体反型成 N 型半导体而成为反型层，该反型层形成 N 沟道而使 PN 结 J_1 消失，漏极和源极导电。电压 U_T 称开启电压或阈值电压，超过 U_T 越多，导电能力越强，漏极电流 I_D 越大。

3. 电力 MOSFET 的基本特性

（1）静态特性

I_D 和 U_{GS} 的关系曲线反映了输入电压和输出电流的关系，称为 MOSFET 的转移特性，如图 6-11（a）所示。

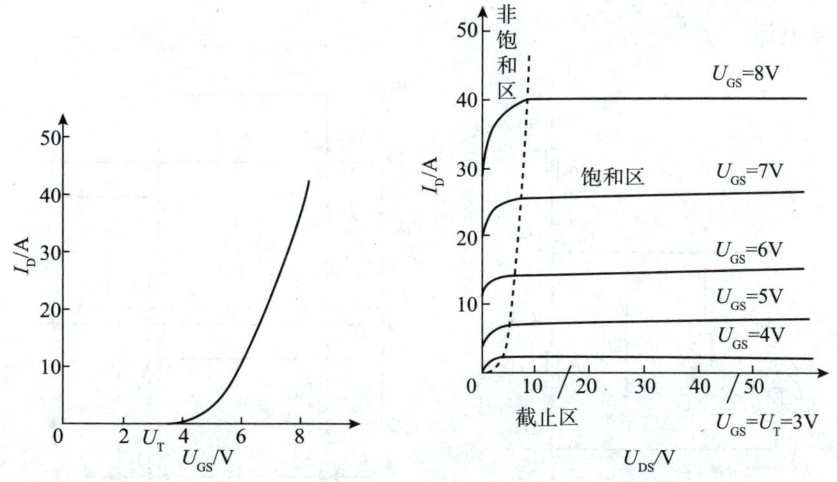

（a）转移特性　　（b）输出特性

图 6-11　电力 MOSFET 的转移特性和输出特性

从图中可知，I_D 较大时，I_D 与 U_{GS} 的关系近似线性，曲线的斜率被定义为 MOSFET 的跨导 G_{fs}，即

$$G_{fs}=\frac{dI_D}{dU_{GS}}$$

MOSFET 是电压控制型器件，其输入阻抗极高，输入电流非常小。

图 6-11（b）是 MOSFET 的漏极伏安特性，即输出特性。从图中可以看出，MOSFET 有三个工作区，见表 6-5。

表 6-5　MOSFET 的三个工作区

工作区	特点
截止区	$U_{GS}\leqslant U_T$，$I_D=0$，这和电力晶体管的截止区相对应
饱和区	$U_{GS}>U_T$，$U_{DS}\geqslant U_{GS}-U_T$，当 U_{GS} 不变时，I_D 几乎不随 U_{DS} 的增加而增加，近似为一常数，故称饱和区
非饱和区	$U_{GS}>U_T$，$U_{DS}<U_{GS}-U_T$，漏源电压 U_{DS} 和漏极电流 I_D 之比近似为常数。该区对应于电力晶体管的饱和区。当 MOSFET 作开关应用而导通时即工作在该区

这里的饱和与非饱和的概念和 GTR 不同。饱和是指漏源电压增加时漏极电流不再增加，非饱和是指漏源电压增加时漏极电流相应增加，MOSFET 工作在开关状态，即在截止区和非饱和区之间来回切换。

在制造电力 MOSFET 时，为提高跨导并减少导通电阻，在保证所需耐压的条件下，应尽量减小沟道长度。因此，MOSFET 采用多元集成结构，每个 MOSFET 都要做得很小，每个元能通过的电流也很小。

（2）动态特性

图 6-12（a）为用来测试 MOSFET 开关特性的电路。图中 u_p 为矩形脉冲电压信号源，波形如图 6-12（b）所示，R_S 为信号源内阻，R_G 为栅极电阻，R_L 为漏极负载电阻，R_F 用于检测漏极电流。

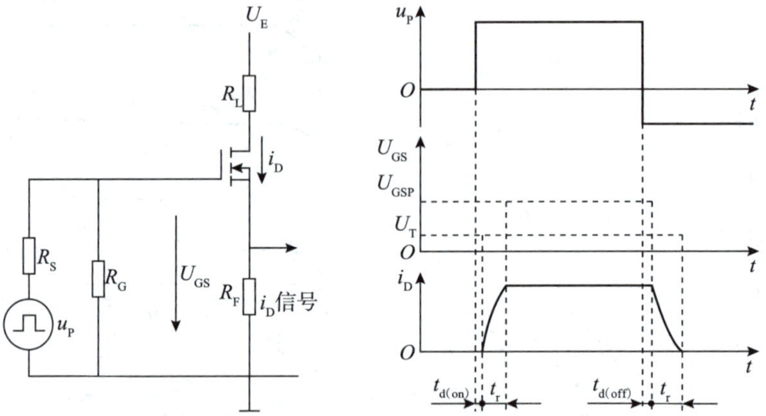

（a）MOSFET 开关特性的测试电路　　（b）波形

图 6-12　电力 MOSFET 的开关过程

因为 MOSFET 存在输入电容 C_{in}，所以当脉冲电压 u_p 的前沿到来时，C_{in} 有充电过程，栅极电压指数曲线上升，如图 6-12（b）所示。当 U_{GS} 上升到开启电压 U_T 时开始出现漏极电流 i_D。从 u_p 的前沿时刻到 $u_{GS}=U_T$ 的时刻，这段时间称为开通延迟时间 $t_{d(on)}$。此后，i_D 随 U_{GS} 的上升而上升。

U_{GS} 从开启电压上升到 MOSFET 进入非饱和区的栅压 U_{GSP} 这段时间称为上升时间 t_r，这时相当于电力晶体管的临界饱和，漏极电流 i_D 也达到稳态值。i_D 的稳态值由漏极电压和漏极负载电阻所决定，U_{GSP} 的大小和 i_D 的稳态值有关。U_{GS} 的值达 U_{GSP} 后，在脉冲信号源 u_p 的作用下继续升高直至到达稳态值，但 i_D 已不再变化，相当于电力晶体管处于饱和。MOSFET 的开通时间 t_{on} 为开通延迟时间 $t_{d(on)}$ 与上升时间 t_r 之和，即

$$t_{on}=t_{d(on)}+t_r$$

当脉冲电压 u_p 下降到零时，栅极输入电容 C_{in} 通过信号源内阻 R_S 和栅极电阻 R_G（$\geqslant R_S$）开始放电，栅极电压 U_{GS} 按指数曲线下降，当下降到 U_{GSP} 时，漏极电流 i_D 才开始减小，这段时间称为关断延迟时间 $t_{d(off)}$。此后，C_{in} 继续放电，U_{GS} 从 U_{GSP} 继续下降，i_D 减小，到 U_{GS} 小于 U_T 时沟道消失，i_D 下降到零。这段时间称为下降时间 t_f。关断延迟时间 $t_{d(off)}$ 和下降时间 t_f 之和为关断时间 t_{off}，即

$$t_{off}=t_{d(off)}+t_f$$

从上面的分析可以看出，MOSFET 的开关速度和其输入电容的充放电有很大关系。使用者虽然无法降低其 C_{in} 值，但可以降低栅极驱动回路信号源内阻 R_S 的值，从而减小栅极回路的充放电时间常数，加快开关速度。MOSFET 的工作频率可达 100 kHz 以上。

MOSFET 是场控型器件，在静态时几乎不需要输入电流。但是在开关过程中需要对输入电容充放电，仍需要一定的驱动功率。开关频率越高，所需要的驱动功率越大。

4. 电力 MOSFET 的主要参数

除前面已涉及的跨导 G_{fs}、开启电压 U_T 以及开关过程中的各时间参数外，电力 MOSFET 还有以下主要参数。

（1）漏极电压 U_{DS}

漏极电压 U_{DS} 就是 MOSFET 的额定电压，选用时必须留有较大安全裕量。

（2）漏极直流电流 I_D 和最大允许电流 I_{DM}

漏极直流电流 I_D 和最大允许电流 I_{DM} 就是 MOSFET 的额定电流，其大小主要受管子的温升限制。

（3）栅源电压 U_{GS}

栅极与源极之间的绝缘层很薄，承受电压很低，一般 $|U_{GS}|>20$ V 将导致绝缘层击穿，使用中应加以注意。

漏源极间的耐压、漏极最大允许电流和最大耗散功率决定了电力 MOSFET 的安全工作区，一般来说，电力 MOSFET 不存在二次击穿问题，这是它的一大优点。在实际应用中，为了安全可靠，在选用 MOSFET 时，对电压、电流的额定等级都应留有较大裕量。

5. 电力 MOSFET 的驱动

（1）对栅极驱动电路的要求

① 能向栅极提供需要的栅压，以保证可靠开通和关断 MOSFET。

② 减小驱动电路的输出电阻，以提高栅极充放电速度，从而提高 MOSFET 的开关速度。

③ 主电路与控制电路需要电的隔离。

④ 应具有较强的抗干扰能力，这是由于 MOSFET 通常工作频率高、输入电阻大、易被干扰的缘故。

理想的栅极控制电压波形如图 6-13 所示。提高正栅压上升率可缩短开通时间，但也不宜过高，以免 MOSFET 开通瞬间承受过高的电流冲击。正负栅压幅值要小于所规定的允许值。

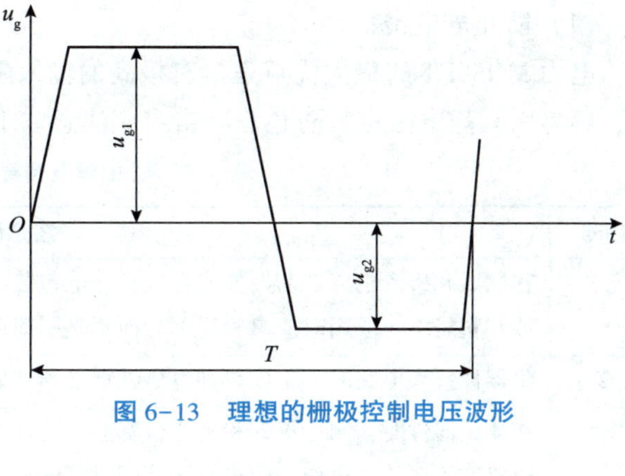

图 6-13　理想的栅极控制电压波形

（2）栅极驱动电路举例

图 6-14 为电力 MOSFET 的一种驱动电路，它由隔离电路与放大电路两部分组成。隔离电路的作用是将控制电路和功率电路隔离开来；放大电路是将控制信号进行功率放大后驱动电力 MOSFET，推挽输出级的目的是进行功率放大和降低驱动源内阻，以减小电力 MOSFET 的开关时间和降低其开关损耗。

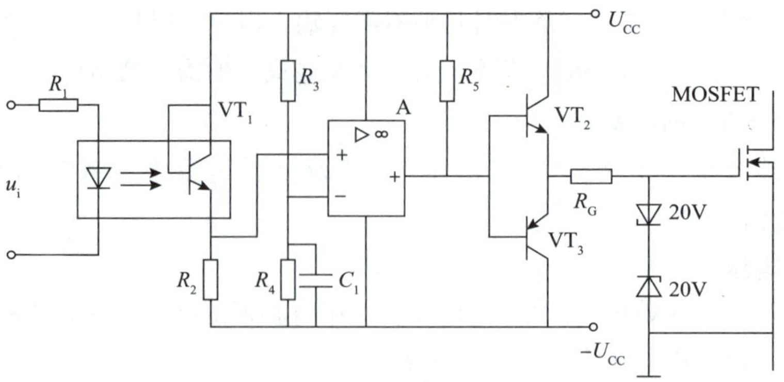

图 6-14 电力 MOSFET 的一种驱动电路

驱动电路的工作原理：当无控制信号输入（u_i = “0”）时，放大器 A 输出低电平，VT_3 导通，输出负驱动电压，MOSFET 关断；当有控制信号输入（u_i = “1”）时，放大器 A 输出高电平，VT_2 导通，输出正驱动电压，MOSFET 导通。

实际应用中，电力 MOSFET 多采用集成驱动电路，如日本三菱公司专为 MOSFET 设计的专用集成驱动电路 M57918L，其输入电流幅值为 16 mA，输出最大脉冲电流为 2 A 和−3 A，输出驱动电压为 15 V 和−10 V。

6. MOSFET 的保护电路

电力 MOSFET 的薄弱之处是栅极绝缘层易被击穿损坏。一般认为绝缘栅场效应晶体管易受各种静电感应而击穿栅极绝缘层，实际上这种损坏的可能性还与器件的大小有关，管芯尺寸大，栅极输入电容也大，受静电电荷充电而使栅源间电压超过±20 V 而击穿的可能性相对小些。此外，栅极输入电容可能经受多次静电电荷充电，电荷积累使栅极电压超过±20 V 而击穿的可能性也是实际存在的，为此在使用时必须采取若干保护措施。

（1）防止静电击穿

电力 MOSFET 的最大优点是具有极高的输入阻抗，因此在静电较强的场合难于泄放电荷，容易引起静电击穿。防止静电击穿应注意以下事项（表 6-6）。

表 6-6 防止静电击穿的注意事项

序号	注意事项
1	在测试和接入电路之前器件应存放在静电包装袋、导电材料或金属容器中，不能放在塑料盒或塑料袋中。取用时应拿管壳部分而不是引线部分。工作人员需通过腕带良好接地
2	将器件接入电路时，工作台和电烙铁都必须良好接地，焊接时电烙铁应断电
3	在测试器件时，测量仪器和工作台都必须良好接地。器件的三个电极未全部接入测试仪器或电路前不要施加电压。改换测试范围时，电压和电流都必须先恢复到零
4	注意栅极电压不要过限

（2）防止偶然性振荡损坏器件

电力 MOSFET 与测试仪器、接插盒等的输入电容、输入电阻匹配不当时可能出现偶然性振荡，造成器件损坏。因此在用图示仪等仪器测试时，在器件的栅极端子处外接 10 kΩ

串联电阻，也可在栅极与源极之间外接大约0.5 μF的电容器。

（3）防止过电压

首先是栅源间的过电压保护。如果栅源间的阻抗过高，则漏源间电压的突变会通过极间电容耦合到栅极而产生相当高的U_{GS}电压，这一电压会引起栅极氧化层永久性损坏，如果是正方向的U_{GS}瞬态电压还会导致器件的误导通。为此要适当降低栅极驱动电压的阻抗，在栅源之间并接阻尼电阻或约20 V的稳压管。特别要防止栅极开路工作。

其次是漏源间的过电压保护。如果电路中有电感性负载，则当器件关断时，漏极电流的突变会产生比电源电压还高得多的漏极电压，导致器件的损坏。应采取稳压管箝位、二极管-*RC*箝位或*RC*抑制电路等保护措施。

（4）防止过电流

若干负载的接入或切除都可能产生很高的冲击电流，以致超过电流极限值，此时必须用控制电路使器件与电路迅速断开。

（5）消除寄生晶体管和二极管的影响

由于电力MOSFET内部构成寄生晶体管和二极管，通常若短接该寄生晶体管的基极和发射极就会造成二次击穿。另外寄生二极管的恢复时间为150 ns，而当耐压为450 V时恢复时间为500~1 000 ns。因此，在桥式开关电路中电力MOSFET应外接快速恢复的并联二极管，以免发生桥臂直通短路故障。

1.1.3　绝缘栅双极晶体管电路

GTR和GTO是双极型电流驱动器件，由于具有电导调制效应，其通流能力很强，但开关速度较慢，所需驱动功率大，驱动电路复杂。而电力MOSFET是单极型电压驱动器件，开关速度快，输入阻抗高，热稳定性好，所需驱动功率小而且驱动电路简单。将这两类器件相互取长补短适当结合而成的复合器件，通常称为Bi-MOS器件。

绝缘栅双极晶体管综合了GTR和MOSFET的优点，因而具有良好的特性。因此，自从其1986年开始投入市场，就迅速扩展了其应用领域，目前已取代了原来GTR和GTO的市场，成为中、大功率电力电子设备的主导器件。IGBT的外形如图6-15所示。

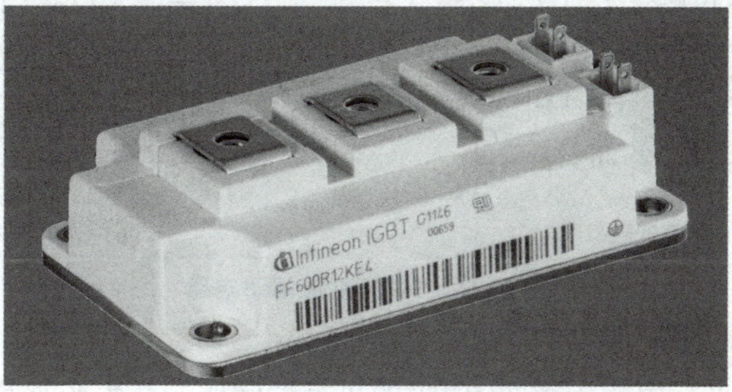

图6-15　绝缘栅双极晶体管（IGBT）

1. IGBT 的驱动电路

（1）对驱动电路的要求

① IGBT 是电压驱动的，具有一个 2.5~5.0 V 的阈值电压，有一个容性输入阻抗，因此 IGBT 对栅极电荷非常敏感，故驱动电路必须很可靠，保证有一条低阻抗值的放电回路，即驱动电路与 IGBT 的连线要尽量短。

② 用内阻小的驱动源对栅极电容充放电，以保证栅极控制电压 U_{CE} 有足够陡的前后沿，使 IGBT 的开关损耗尽量小。另外，IGBT 开通后，栅极驱动源应能提供足够的功率，使 IGBT 不退出饱和而损坏。

③ 驱动电路中的正偏压应为 12~15 V，负偏压应为-10~-2 V。

④ IGBT 多用于高压场合，故驱动电路应与控制电路在电位上严格隔离。

⑤ 驱动电路应尽可能简单实用，具有对 IGBT 的自保护功能，并有较强的抗干扰能力。

⑥ 若为大电感负载，IGBT 的关断时间不宜过短，以限制 d*i*/d*t* 所形成的尖峰电压，保证 IGBT 的安全。

（2）驱动电路

因为 IGBT 的输入特性几乎与 MOSFET 相同，所以用于 MOSFET 的驱动电路同样可以用于 IGBT。

在用于驱动电动机的逆变器电路中，为使 IGBT 能够稳定工作，要求 IGBT 的驱动电路采用正负偏压双电源的工作方式。为了使驱动电路与信号电路隔离，应采用抗噪声能力强、信号传输时间短的光耦合器件。基极和发射极的引线应尽量短，基极驱动电路的输入线应为绞合线，其具体电路如图 6-16 所示。为抑制输入信号的振荡现象，在图 6-16（a）中的基极和发射极并联一阻尼网络。图 6-16（b）为采用光耦合器使信号电路与驱动电路进行隔离。驱动电路的输出级采用互补电路的形式以降低驱动源的内阻，同时加速 IGBT 的关断过程。

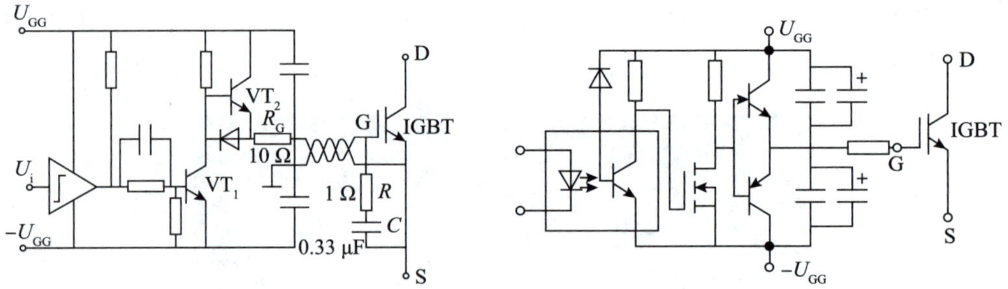

（a）阻尼滤波　　（b）光电隔离

图 6-16　IGBT 基极驱动电路

（3）集成化驱动电路

大多数 IGBT 生产厂家为了解决 IGBT 的可靠性问题，都生产与其配套的集成驱动电路。这些专用驱动电路抗干扰能力强，集成化程度高，速度快，保护功能完善，可实现 IGBT 的最优驱动。

目前，国内市场应用最多的 IGBT 驱动模块是富士公司开发的 EXB 系列，它包括标准型和高速型。EXB 系列驱动模块可以驱动全部的 IGBT 产品范围，特点是驱动模块内部装有 2 500 V 的高隔离电压的光耦合器，有过电流保护电路和过电流保护输出端子，另外，可以单电源供电。标准型的驱动电路信号延迟最大为 4 μs，高速型的驱动电路信号延迟最大为 1.5 μs。

2. IGBT 的保护电路

因为 IGBT 是由 MOSFET 和 GTR 复合而成的，所以 IGBT 的保护可按 GTR、MOSFET 保护电路来考虑，主要是栅源过电压保护、静电保护、采用 *R*-*C*-VD 缓冲电路等。另外，也应在 IGBT 电控系统中设置过电压、欠电压、过电流和过热保护单元，以保证安全可靠工作。应该指出，必须保证 IGBT 不发生擎住效应；具体做法是，实际中 IGBT 使用的最大电流不超过其额定电流。

（1）缓冲电路

图 6-17 为 3 种用于 IGBT 桥臂的典型缓冲电路。其中图 6-17（a）为最简单的单电容电路，适用于 50 A 以下的小容量 IGBT 模块，由于电路无阻尼组件，易产生 *LC* 振荡，故应选择无感电容或串入阻尼电阻 R_S；图 6-17（b）为将 *R*-*C*-VD 缓冲电路用于双桥臂的 IGBT 模块上，适用于 200 A 以下的中等容量 IGBT；在图 6-17（c）中，将两个 *R*-*C*-VD 缓冲电路分别用在两个桥臂上，该电路将电容上过冲的能量部分送回电源，因此损耗较小，广泛应用于 200 A 以上的大容量 IGBT。

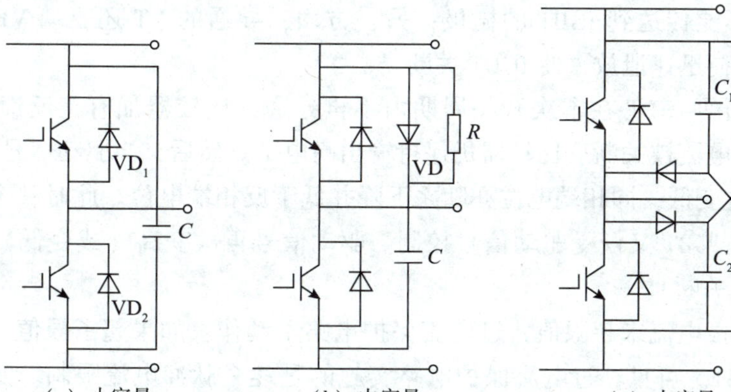

（a）小容量　（b）中容量　（c）大容量

图 6-17　IGBT 桥臂的典型缓冲电路

（2）IGBT 的保护

IGBT 的过电压保护措施已在前面的缓冲电路部分做了介绍，这里只讨论 IGBT 的过电流保护措施。过电流保护措施主要是检测出过电流信号后迅速切断栅极控制信号来关断 IGBT。实际使用中，当出现负载电路接地、输出短路、桥臂某组件损坏、驱动电路故障等情况时，都可能使一桥臂的两个 IGBT 同时导通，使主电路短路，集电极电流过大，器件功耗增大。

为此，就要求在检测到过电流后，通过控制电路产生负的栅极驱动信号来关断 IGBT。尽管检测和切断过电流需要一定的时间延迟，但只要 IGBT 的额定参数选择合理，10 μs 内的过电流一般不会使之损坏。

图 6-18 为检测发射极电流过电流的保护电路。在 IGBT 的发射极电流未超过限流阈值时，比较器 LM311 的同相端电位低于反相端电位，其输出为低电平，VT 截止，VD_1 导通，将 VF_2 关断。此时，IGBT 的导通与关断仅受驱动信号控制：当驱动信号为高电平时，VF_1 导通，驱动信号使 IGBT 导通；当驱动信号变为低电平时，VF_1 的寄生二极管导通，驱动信号将 IGBT 关断。

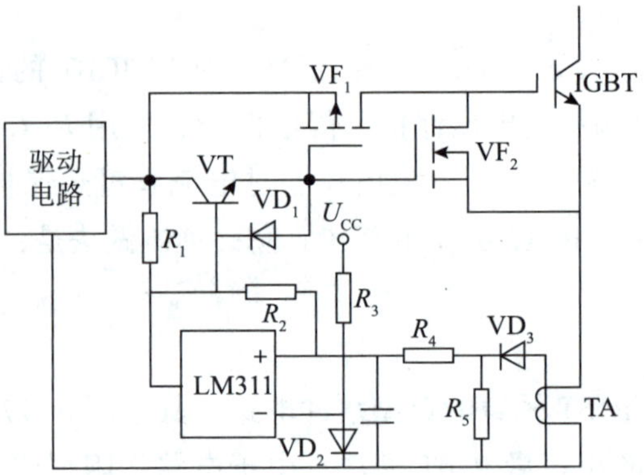

图 6-18　检测发射极电流过电流的保护电路

在 IGBT 的发射极电流超过限流阈值时，电流互感器 TA 二次侧在电阻 R_5 上产生的电压降经 R_4 送到比较器 LM311 的同相端，使该端电位高于反相端，比较器输出翻转为高电平。VD_1 截止，VT 导通。一方面，导通的 VT 迅速泄放掉 VF_1 上的栅极电荷，使 VF_1 迅速关断，驱动信号不能传送到 IGBT 的栅极；另一方面，导通的 VT 还驱动 VF_2 迅速导通，将 IGBT 的栅极电荷迅速泄放，使 IGBT 关断。

为了确保关断的 IGBT 在本次开关周期内不再导通，比较器加有正反馈电阻 R_2，这样，在 IGBT 的过电流被关断后比较器仍保持输出高电平。然后，当驱动信号由高变低时，比较器输出端随之变低，同相端电位亦随之下降并低于反相端电位。此时整个过电流保护电路已重新复位，IGBT 又仅受驱动信号控制。驱动信号再次变高（或变低）时，仍可驱动 IGBT 导通（或关断）。

如果 IGBT 射极电流未超限值，过电流保护电路不动作；如果超了限值，过电流保护电路再次关断 IGBT。可见，过电流保护电路实施的是逐个脉冲电流限制。实施了逐个脉冲电流限制，可将电流限值设置在最大工作电流以上，这样，既可保证在任何负载状态甚至是短路状态下都将电流限制在允许值之内，又不会影响电路的正常工作。电流限值可通过调整电阻 R_5 来设置。

知识拓展

电力 MOSFET 型号的含义

1. 国产场效应晶体管的型号及命名

国产场效应晶体管的第一种命名方法与晶体管相同，第一位数字表示电极数目。

第二位字母代表材料（D表示P型硅，反型层是N沟道。C表示N型硅P沟道）。第三位字母J代表结型场效应晶体管，O代表绝缘栅场效应晶体管。例如3DJ6D是结型N沟道场效应晶体管，3D06C是绝缘栅型N沟道场效应晶体管。第二种命名方法是CS××#，CS代表场效应晶体管，××以数字代表型号的序号，后缀字母代表同一型号中的不同规格。例如CS14A、CS45G。

2. 美国晶体管型号命名法

美国晶体管型号命名法规定较早，但未经过改进，型号内容相对不够详尽。型号中并不能准确反映出材料、极性、主要特性和类型等信息。比如，以2N开头的型号既可能是一般晶体管，也可能是场效应晶体管。因此，仍然有一些厂家根据自己的规定来命名晶体管型号。

根据规定分为认下几部分。

型号由前缀、基本部分和后缀组成，前缀为第一部分，后缀为第五部分，中间的三部分为型号的基本部分。

除了前缀，以1N、2N或3NLL开头的晶体管大多数是美国制造的，或者是按照美国专利在其他国家制造的产品。

第四部分的数字只是表示登记序号，没有其他含义。因此，序号相邻的两个器件可能在特性上相差很大。例如，2N3464是硅NPN，用于高频大功率，而2N3465是N沟道场效应晶体管。

不同厂家生产的性能基本一致的器件会使用同一个登记号。但是，同一型号中某些参数的差异通常通过后缀字母表示。因此，型号相同的器件可以通用。

登记序号数较大的通常是近期产品。

实训任务

用万用表及实验装置进行器件GTR的检测。

任务指导

用万用表测量器件GTR，判断器件电极的好坏，操作步骤如下。

1. 用万用表判别GTR的电极和类型

假若不知道晶体管的管脚排列，则可用万用表通过测量电阻的方法做出判别。

（1）判定基极

大功率晶体管的漏电流一般都比较大，所以用万用表来测量其极间电阻时，应采用满度电流比较大的低电阻挡为宜。

测量时将万用表置于$R\times1$挡或$R\times10$挡，一表笔固定接在晶体管的任一电极，用另一表笔分别接触其他2个电极，如果万用表读数均为小阻值或均为大阻值，则固定接触的那个电极即为基极。如果按上述方法做一次测试判定不了基极，则可换一个电极再试，最多3次即做出判定。

（2）判别类型

确定基极之后，设接基极的是黑表笔，而用红表笔分别接触另外2个电极时如果电阻读数均较小，则可认为该管为NPN型。如果接基极的是红表笔，用黑表笔分别接触其余2个电极时测出的阻值均较小，则该晶体管为PNP型。

（3）判定集电极和发射极

在确定基极之后，再通过测量基极对另外2个电极之间的阻值大小比较，可以区别发射极和集电极。对于PNP型晶体管，红表笔固定接基极，黑表笔分别接触另外2个电极时测出2个大小不等的阻值，以阻值较小的接法为准，黑表笔所接的是发射极。而对于NPN型晶体管，黑表笔固定接基极，用红表笔分别接触另外2个电极进行测量，以阻值较小的这次测量为准，红表笔所接的是发射极。

2. 通过测量极间电阻判断GTR的好坏

将万用表置于$R\times1$挡或$R\times10$挡，测量晶体管3个极间的正反向电阻便可以判断晶体管性能好坏。实测几种大功率晶体管极间电阻见表6-7。

表6-7 实测几种大功率晶体管极间电阻

晶体管型号	接法	R_{EB}/Ω	R_{CB}/Ω	R_{DC}/Ω	万用表型号	挡位
3AD6B	正	24	22	∞	108-1T	$R\times10$
	反	∞	∞	∞		
3AD6C	正	26	26	1 400	500	$R\times10$
	反	∞	∞	∞		
3AD30C	正	19	18	30 000	108-1T	$R\times10$
	反	∞	∞	∞		
3DD12B	正	130	120	∞	500	$R\times10$
	反	64 000	∞	72 000		

3. 检测GTR放大能力的简单方法

检测GTR的放大能力如图6-19所示。将万用表置于$R\times1$挡，并准备好一只500 Ω~1 kΩ的小功率电阻器R_b。测试时先不接入R_b，即在基极为开路的情况下测量集电极和发射极之间的电阻，此时万用表的指示值应为无穷大或接近无穷大位置（锗管的阻值稍小一些）。如果此时阻值很小甚至接近于零，说明被测大功率晶体管穿透电流太大或已击穿损坏，应将其剔除。然后将电阻R_b接在被测管的基极和集电极之间，此时万用表指针将向右偏转，偏转角度越大，说明被测管的放大能力越强。

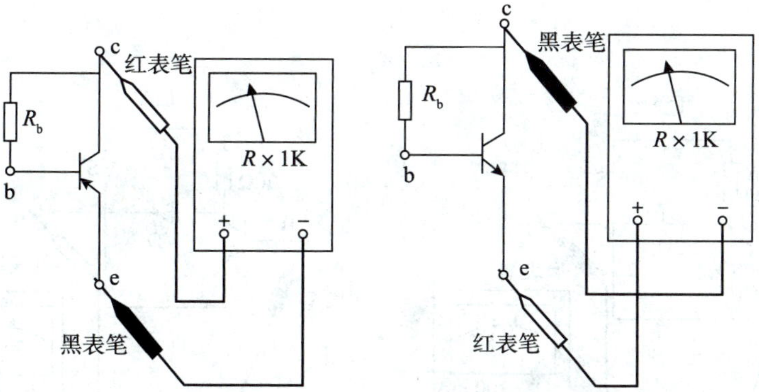

（a）测 PNP 型管　　（b）测 NPN 型管

图 6-19　检测 GTR 的放大能力

如果接入 R_b 与不接入 R_b 时比较，万用表指针偏转大小差不多，则说明被测管的放大能力很小，甚至无放大能力，这样的晶体管不能使用。

（1）检测 GTR 的穿透电流 I_{CEO}，GTR 的 I_{CEO} 测量电路如图 6-20 所示。

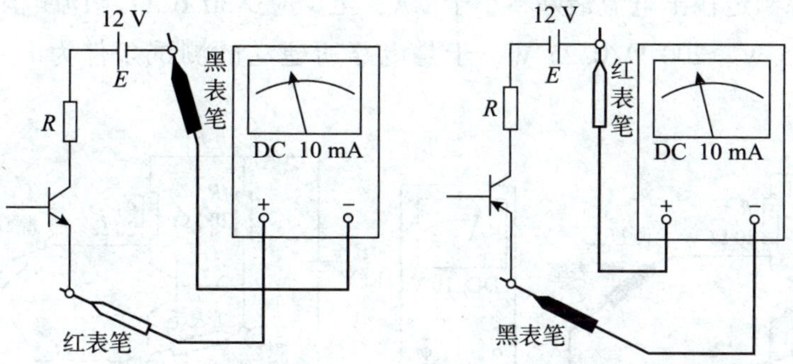

（a）测 PNP 型管　　（b）测 NPN 型管

图 6-20　GTR 的 I_{CEO} 测量电路

图中 12 V 直流电源可采用干电池组或直流稳压电源，其输出电压事先用万用表 DC 50 V 档测定。进行 I_{CEO} 测量时，将万用表置于 DC 10 mA 挡，电路接通后，万用表指示的电流即为 I_{CEO}。

（2）测量共发射极直流电流放大系数 h_{FE}。GTR 的 h_{FE} 测量电路如图 6-21 所示。这里要求 12 V 的直流稳压电源额定输出电流大于 600 mA；限流电阻约为 20 Ω（±5%），功率 ≥5 W；二极管 VD 选用 2CP 或 2CK 型硅二极管。基极电流用万用表的 DC100 mA 档测量。此测量电路能基本上满足的测试条件为

$$U_{CE}\approx1.5\sim2\ \text{V};\ I_C\approx500\ \text{mA}$$

操作方法。先不接万用表，如图 6-21 所示电路连接好后合上开关 S。然后用万用表的红、黑表笔去接触 A、B 端，即可读出基极电流 I_B。于是 h_{FE} 可按下式算出

$$h_{FE}=\frac{I_C}{I_B}$$

式中，I_B 单位为 mA；I_C 为 500 mA（测试条件）。例如，测得 $I_B=20$ mA，可算出 $h_{FE}=\frac{500}{20}=25$。

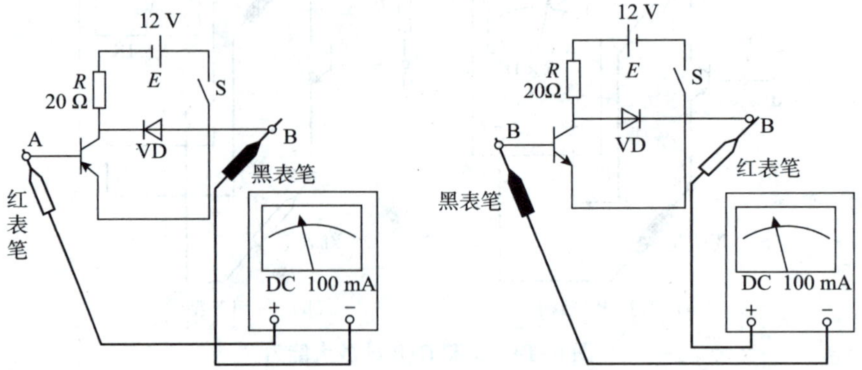

（a）测 PNP 型管　　（b）测 NPN 型管

图 6-21　GTR 的 h_{FE} 测量电路

（3）测量饱和压降 U_{CES} 及 U_{BES}。GTR 的 U_{CES} 及 U_{BES} 测量电路如图 6-22 所示。图中 12 V 直流稳压源额定输出电流最好不小于 1 A，至少应≥30.6 A；限流电阻 R_1、R_2 的标称值分别为 20 Ω/5 W、200 Ω/0.25 W。于是电路所建立的测试条件为 $I_C\approx 600$ mA；$I_B\approx$ 60 mA。

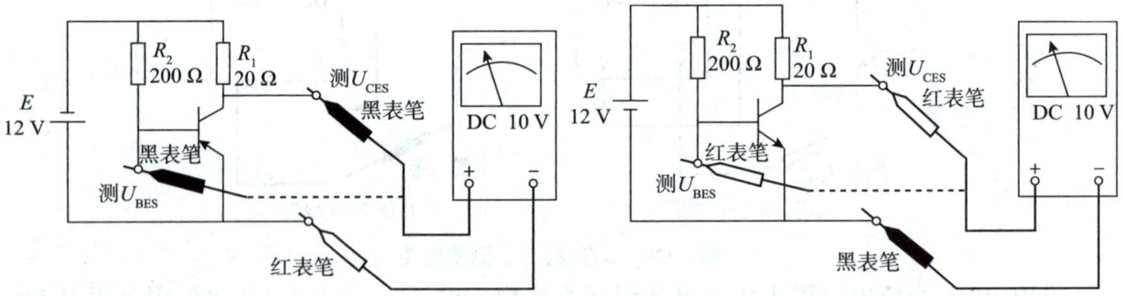

（a）测 PNP 型管　　（b）测 NPN 型管

图 6-22　GTR 的 U_{CES} 及 U_{BES} 测量电路

操作方法。将万用表置于 DC 10 V 挡，测出集电极 c 和发射极 e 之间的电压即为 U_{CES}，测出基极 b 和发射极 e 之间的电压即为 U_{BES}。

4. GTR 测试记录表

（1）GTR 测试电阻记录表，见表 6-8。

表 6-8　GTR 测试电阻记录表

被测晶体管	R_{BE}	R_{EB}	R_{BC}	R_{CB}	R_{CE}	R_{EC}	结论
VT_1							
VT_2							
…							

（2）GTR 电流测试记录表，见表 6-9。

表 6-9　GTR 电流测试记录表

被测晶体管	U_{CEO}	U_{CES}	U_{BES}	I_C	I_B	h_{FE}	放大能力
VT_1							
VT_2							
…							

任务 2　DC/DC 变换电路调试与接线

1.2.1　直流斩波电路

开关电源的核心技术是 DC/DC 变换电路，它可以将直流电压转换为另一种固定电压或可调直流电压。DC/DC 变换电路可以分为直接直流变流电路和间接直流变流电路。

直接直流变流电路是指直接将直流电转换为另一种直流电，输入和输出之间没有隔离。间接直流变流电路是指在直流变流电路中增加了交流环节，通常使用变压器实现输入和输出之间的隔离。因此，DC/DC 变换电路包括这两种情况，甚至更多的是指后一种情况。

直流斩波电路根据电路形式的不同，可以分为降压型斩波电路、升压型斩波电路、升降压斩波电路、库克式斩波电路和全桥式斩波电路。其中，降压型斩波电路和升压型斩波电路是基本形式，升降压型斩波电路和库克式斩波电路是它们的组合形式，全桥式斩波电路属于降压型斩波电路。

斩波器的工作原理如下。

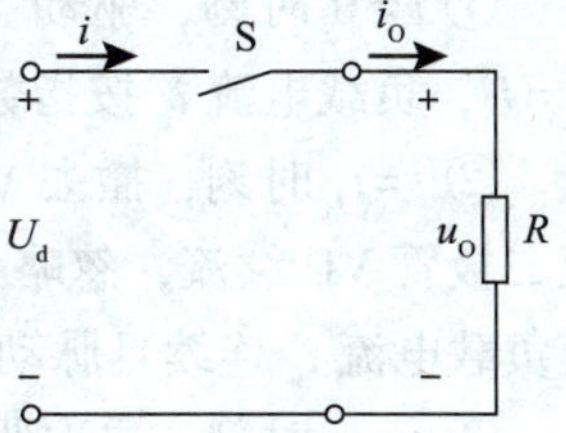

图 6-23　直流斩波电路图

最基本的直流斩波电路如图 6-23 所示，负载为纯电阻 R。当开关 S 闭合时，负载电压 $u_o=U_d$，并持续时间 T_{on}；当开关 S 断开时，负载上电压 $u_o=0$ V，并持续时间 T_{off}。则 $T=T_{on}+T_{off}$ 为斩波电路的工作周期。若定义斩波器的占空比 $k=\frac{T_{on}}{T}$，则由波形图上可得输出电压的平均值为

$$U_o=\frac{T_{on}}{T_{on}+T_{off}}U_d=\frac{T_{on}}{T}U_d=kU_d$$

式中　k——占空比。只要调节 k，即可调节负载的平均电压 U_o。

占空比 k 的改变可以通过改变 T_{on} 或 T_{off} 来实现，通常斩波器的工作方式有三种，见表 6-10。

表 6-10　斩波器的工作方式

序号	工作方式
1	维持开关周期 T 不变，改变开关导通时间 T_{on}，称为脉宽调制工作方式
2	维持 T_{on} 不变，改变 T，称为频率调制工作方式
3	T_{on} 和 T 都可调，使占空比改变，称为混合型工作方式

脉宽调制工作方式应用最多，因为采用频率调制工作方式容易产生谐波干扰而且滤波器设计也比较困难。

1.2.2　降压斩波电路与升压斩波电路

1. 降压斩波电路

降压斩波电路的原理图及工作波形如图 6-24 所示。该电路使用一个全控型器件 VT，U 为固定电压的直流电源，L、R 和电动机为负载，在 VT 关闭时为了给负载中电感电流提供通道，设立了续流二极管 VD。斩波电路主要用于电子电路的供电电源，也可拖动直流电动机或带蓄电池负载等，后两种情况下，负载中均会出现反电动势，如图中 E_M 所示。若负载中无反电动势时，只需令 $E_M=0$。

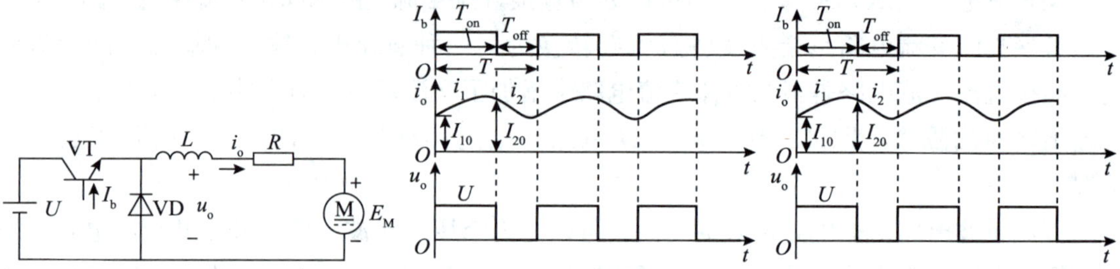

（a）电路图　（b）电流连续时的波形　（c）电流断续时的波形

图 6-24　降压斩波电路的原理图及工作波形

降压斩波电路分析如下。

① $t=0$ 时刻，驱动 VT 导通，电源 U 向负载供电，忽略 VT 的导通压降，负载电压 $u_o=U$，负载电流 i_o 按指数规律上升。

② $t=t_1$ 时刻，撤去 VT 的驱动使其关断，因感性负载电流不能突变，负载电流通过续流二极管 VD 续流，忽略 VD 导通压降，负载电压 $u_o=0$，负载电流 i_o 按指数规律下降。为使负载电流 i_o 连续且脉动小，一般需串联较大的电感 L，L 也称为平波电感。

③ $t=t_2$ 时刻，再次驱动 VT 导通，重复上述工作过程。

由前面的分析知，这个电路的输出电压平均值为

$$U_o=\frac{T_{on}}{T_{on}+T_{off}}U=\frac{T_{on}}{T}U=kU$$

因为 $k<1$，所以 $U_o<U$，即斩波器输出电压平均值小于输入电压，故称为降压斩波电路，也称为 Buck 变换器。而负载平均电流为

$$I_o=\frac{U_o-U}{R}$$

当平波电感 L 较小时，在 VT 关断后，未到 t_2 时刻，负载电流已下降到零，负载电流发生断续。负载电流断续时，其波形如图 6-24（c）所示。由图可见，负载电流断续期间，负载电压 $u_o=E_M$。因此，负载电流断续时，负载平均电压 U_o 升高，带直流电动机负载时，特性变软。所以在选择平波电感 L 时，要确保电流断续点不在电动机的正常工作区域。

2. 升压斩波电路

升压斩波电路的原理图及工作波形如图 6-25 所示。

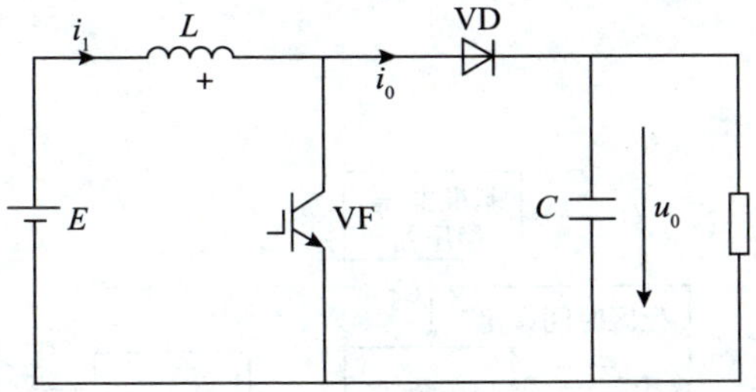

（a）电路图

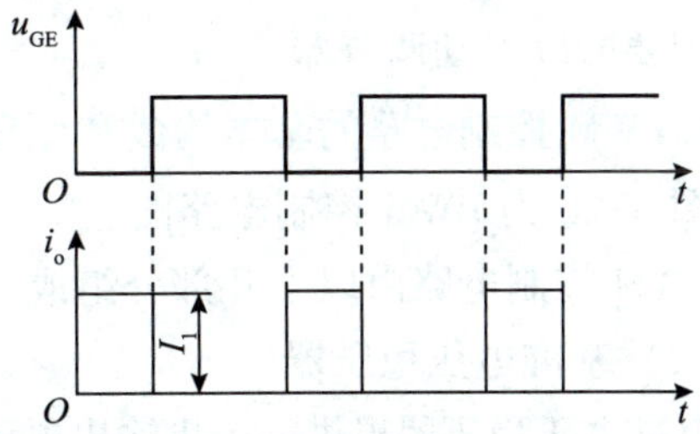

（b）波形

图 6-25　升压斩波电路的原理图及工作波形

分析升压斩波电路的工作原理时，首先假设电路中电感 L 值很大，电容 C 值也很大。当 VF 导通时（T_{on}），电源 E 向电感 L 充电，充电电流基本恒定为 I_1，由于 VD 截止，电容 C 上的电压向负载 R 供电。因 C 值很大，基本保持输出电压 u_o 为恒值，记为 U_o。在 T_{off} 期间，VF 截止，储存在 L 中的能量通过 VD 传送到负载 R 和 C，其电压的极性与 E 相同，且与 E 相串联，起到升压作用。

如果忽略损耗和开关器件上的电压降，则有

$$U_o=\frac{T_{on}+T_{off}}{T_{off}}E=\frac{T}{T_{off}}E=\frac{1}{1-k}E$$

式中，$T/T_{off}\geqslant 1$，所以，输出电压高于电源电压，故称该电路为升压斩波电路，又称为 Boost 变换器。式中 T/T_{off} 表示升压比，调节其大小，即可改变输出电压 U_o 的大小。

1.2.3　开关状态控制电路

开关电源中，开关器件开关状态的控制方式主要有占空比控制和幅度控制两大类。

1. 占空比控制方式

占空比控制又包括脉冲宽度控制和脉冲频率控制两大类。

（1）脉冲宽度控制

脉冲宽度控制是指开关工作频率（开关周期 T）固定的情况下直接通过改变导通时间（T_{on}）来控制输出电压 U_o 大小的一种方式。因为改变开关导通时间 T_{on} 就是改变开关控制电压的脉冲宽度，因此又称脉冲宽度调制（PWM）控制。

PWM 控制方式的优点是，采用了固定的开关频率，因此，设计滤波电路时简单方便；缺点是，受功率开关管最小导通时间的限制，对输出电压不能做宽范围的调节。此外，为防止空载时输出电压升高，输出端一般要接假负载（预负载）。目前，集成开关电源大多采用 PWM 控制方式。

（2）脉冲频率控制

脉冲频率控制是指开关控制电压 U_C 的脉冲宽度（T_{on}）不变的情况下，通过改变开关工作频率（改变单位时间的脉冲数，即改变 T）而达到控制输出电压 U_o 大小的一种方式，又称脉冲频率调制（PFM）控制。

2. 幅度控制方式

幅度控制方式即通过改变开关的输入电压 U_s 的幅值而控制输出电压 U_o 大小的控制方式，但要配以滑动调节器。

3. PWM 控制电路的基本构成和原理

图 6-26 为 PWM 控制电路图。

PWM 控制电路由以下几部分组成。

（1）基准电压稳压器

基准电压稳压器提供一个供输出电压进行比较的稳定电压和一个内部 IC 电路的电源。

（2）振荡器

振荡器为 PWM 比较器提供一锯齿波和与该锯齿波同步的驱动脉冲控制电路的输出。

（3）误差放大器

误差放大器将电源输出电压与基准电压进行比较。

（4）以正确的时序使输出开关管导通的脉冲倒相电路

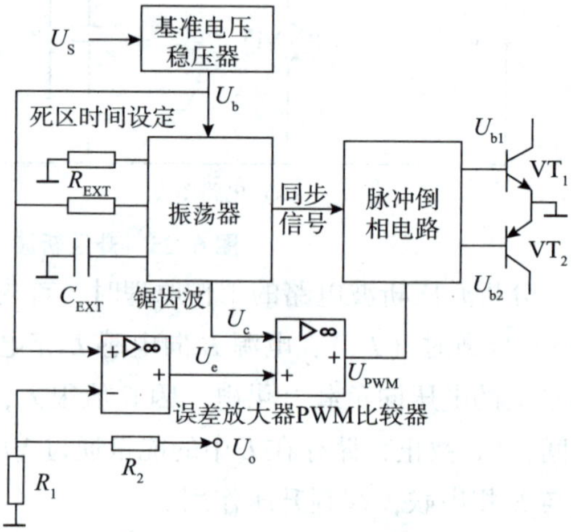

图 6-26　PWM 控制电路图

脉冲倒相电路基本工作为：输出开关管在锯齿波的起始点被导通。因为锯齿波电压比误差放大器的输出电压低，所以，PWM 比较器的输出较高。因为同步信号已在斜坡电压的起始点使倒相电路工作，所以，脉冲倒相电路将这个高电位输出使 VT_1 导通。当斜坡电压比误差放大器的输出高时，PWM 比较器的输出电压下降，通过脉冲倒相电路使 VT_1 截止，下一个斜坡周期则重复这个过程。

4. PWM 控制器集成芯片介绍

（1）SG1524/2524/3524 系列 PWM 控制器

SG1524 是双列直插式集成芯片，其结构框图如图 6-27 所示。它包括基准电源、锯齿波振荡器、电压比较器、逻辑输出、误差放大器以及检测和保护等部分。SG2524 和 SG3524 也属这个系列，内部结构及功能相同，仅工作电压及工作温度有差异。

基准电源由 15 端输入 8~30 V 的不稳定直流电压，经稳压输出 5 V 基准电压，供片内所有电路使用，并由 16 端输出 5 V 的参考电压供外部电路使用，其最大电流可达 100 mA。

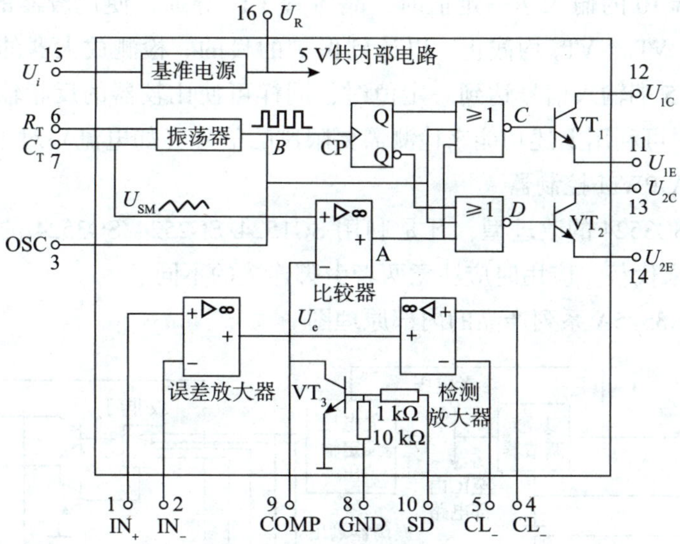

图6-27　SG1524结构框图

振荡器通过7端和6端分别对地接上一个电容 C_T 和电阻 R_T 后，在 C_T 上输出频率为 $f_{osc}=\frac{1}{R_TC_T}$ 的锯齿波。比较器反相输入端输入直流控制电压 U_e；同相输入端输入锯齿波电压 U_{sa}。当改变直流控制电压大小时，比较器输出端电压 U_A 即为宽度可变的脉冲电压，送至两个或非门组成的逻辑电路。

每个或非门有三个输入端，其中：一个输入为宽度可变的脉冲电压 U_A；一个输入分别来自触发器输出的Q和$\overline{Q}$端（它们是锯齿波电压分频后的方波）；再一个输入（B点）为锯齿波同频的窄脉冲。

在不考虑第三个输入窄脉冲时，两个或非门输出（C、D点）分别经晶体管 VT_1、VT_2 放大后的波形 T_1、T_2 如图6-28所示。它们的脉冲宽度由 U_e 控制，周期比 U_{sa} 大一倍，且两个波形的相位差为180°。这样的波形适用于可逆PWM电路。或非门第3个输入端的窄脉冲使这期间两个晶体管同时截止，以保证两个晶体管的导通有一段时间隔，可作为上、下两管的死区。当用于不可逆PWM时，可将两个晶体管并联使用。

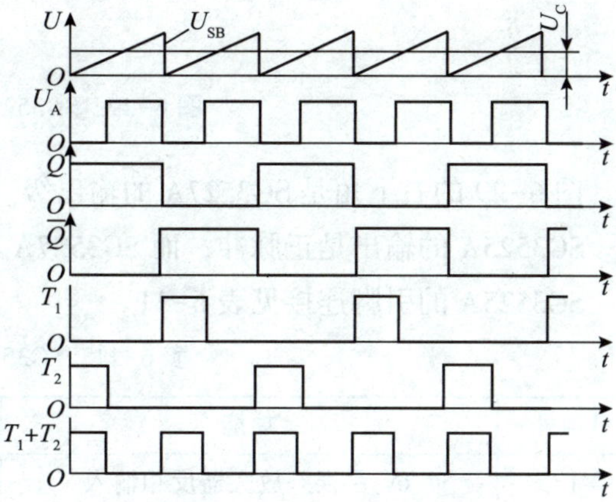

图6-28　SG1524工作波形

误差放大器在构成闭环控制时，可作为运算放大器接成调节器使用。如将1端和9端短接，该放大器作为一个电压跟随器使用，由两端输入给定电压来控制SG1524输出脉冲宽度的变化。

当保护输入端 10 的输入达一定值时，晶体管 VT_3 导通，使比较器的反相端为零，A 端一直为高电平，VT_1、VT_2 均截止，以达到保护的目的。检测放大器的输入可检测出较小的信号，当 4、5 端输入信号达到一定值时，同样可使比较器的反相输入端为零，亦起保护作用。使用中可利用上述功能来检测需要限制的信号（如电流）对主电路实现保护。

（2）SG3525A PWM 控制器

SG3525A 是 SG3524 的改进型，凡是利用 SG1524/SG2524/SG3524 的开关电源电路都可以用 SG3525A 来代替。应用时应注意两者引脚连接的不同。

图 6-29 为 SG3525A 系列产品的内部原理图。

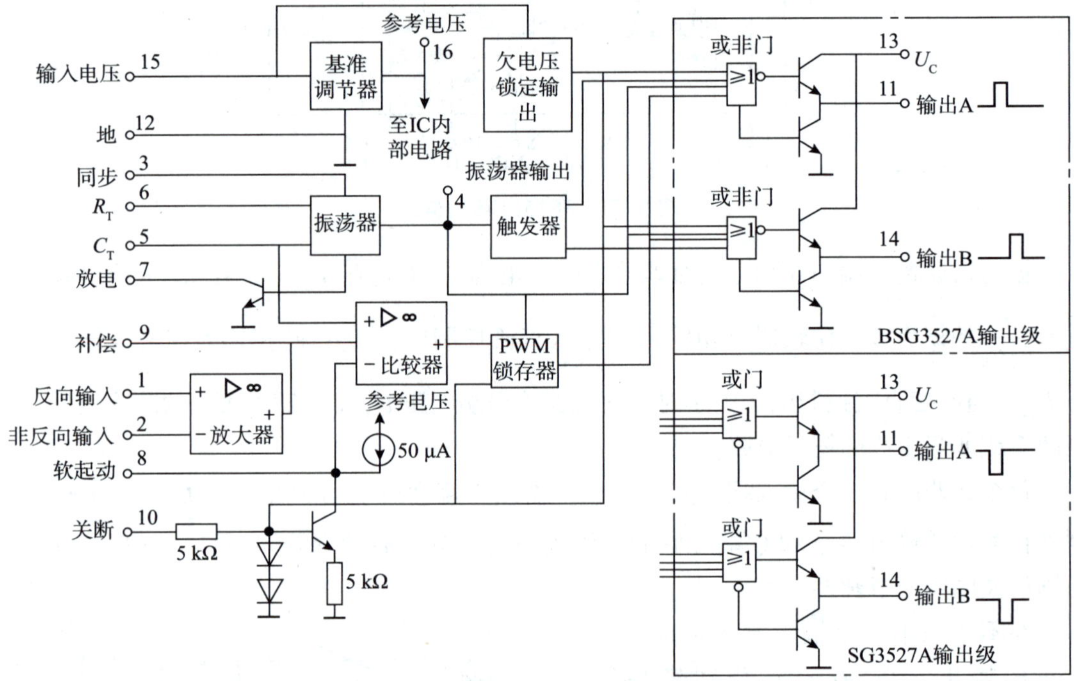

图 6-29　SG3525A 的内部原理图

图 6-29 的右下角是 SG3527A 的输出级。除输出级以外，SG3527A 与 SG3525A 完全相同。SG3525A 的输出是正脉冲，而 SG3527A 的输出是负脉冲。

SG3525A 的引脚连接见表 6-11。

表 6-11　SG3525A 的引脚连接

引脚号	功能	引脚号	功能
1	IN_-—误差放大器反相输入	6	R_T—定时电阻
2	IN_+—误差放大器同相输入	7	DIS—放电
3	SYNC—同步	8	SS—软启动
4	OUT_{OSC}—振荡器输出	9	COMP—频率补偿
5	C_T—定时电容器	10	SD—关断控制

续表

引脚号	功能	引脚号	功能
11	OUT_A—输出 A	14	OUT_B—输出 B
12	CND—地	15	U_i—输入电压
13	U_C—集电极电压	16	U_{REF}—基准电压

与 SG1524/SG2524/SG3524 相比较，SG3525A 的改进之处如下。

① 芯片内部增加了欠电压锁定器和软启动电路。

② SG1524/SG2524/SG3524 没有限流电路，而是采用关断控制电路对逐个脉冲电流和直流输出电流进行限流控制。

③ SG3525A 内设有高精度基准电压源，精度为 5.1 V（±1%），优于 SG1524/SG2524/SG3524 的基准电源。

④ 误差放大器的供电由输入电压 U_i 来提供，扩大了误差放大器的共模电压输入范围。

⑤ 脉宽调制比较器增加了一个反相输入端，误差放大器和关断电路送到比较器的信号具有不同的输入端，这就避免了关断电路对误差放大器的影响。

⑥ PWM 锁存器由关断置位，由振荡器来的时钟脉冲复位。这可保证在每个周期内只有比较器送来的单脉冲。关断信号使输出关断，即使关断信号消失，也只有下一个周期的时钟脉冲使锁存器复位，才能恢复输出。这就保证了关断电路能有效地控制输出关断。

⑦ SG3525A 的最大改进是输出级的结构。它是双路吸收/流出输出驱动器。它具有较高的关断速率，适合于驱动功率 MOS 器件。

知识拓展

其他电路

1. 过电压保护电路

过电压保护是一种对输出端子间过大电压进行负载保护的功能。一般方式是采用稳压管，图 6-30 为过电压保护电路的典型实例。

当输出电压超过设定的最大值时，稳压管击穿导通，使晶闸管导通，电源停止工作，起到过电压保护作用。

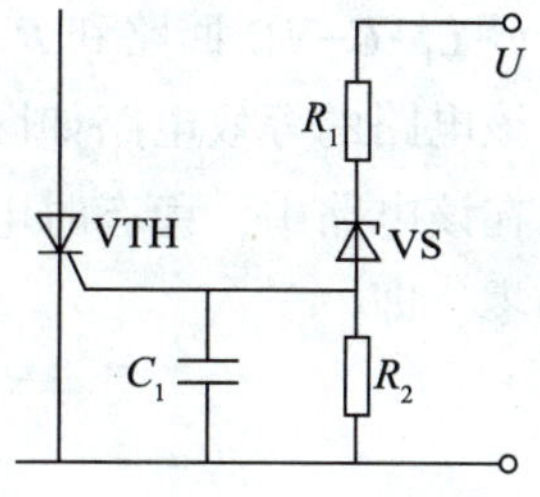

图 6-30　过电压保护电路

2. 过电流保护电路

过电流保护是一种电源负载保护功能，以避免发生包括输出端子上的短路在内的过负载输出电流对电源和负载的损坏。图 6-31 为典型的过电流保护电路。电路中，电阻 R_1 和 R_2 对 U 进行分压，电阻 R_2 上分得的电压 $U_{R2}=\dfrac{R_2}{R_1+R_2}U$，负载电流 I_o 在检测电阻 R_D 上的电压 $U_{RD}=R_DI_o$，电压 U_{RD} 和 U_{R2} 进行比较，如果 $U_{RD}>U_{R2}$，A 输出控制信号，这个控制信号使脉宽变窄，输出电压下降，从而使输出电流减小。

3. 软启动电路

开关电源的输入电路一般采用整流和电容滤波电路。输入电源未接通时，滤波电容器上的初始电压为零。在输入电源接通的瞬间，滤波电容器快速充电，产生一个较大的冲击电流。在大功率开关电源中，输入滤波电容器的容量很大，冲击电流可达 100 A 以上，如此大的冲击电流会造成电网电闸的跳闸或者击穿整流二极管。为防止这种情况的发生，在开关电源的输入电路中增加软启动电路，以防止冲击电流的产生，保证电源正常地进入工作状态。

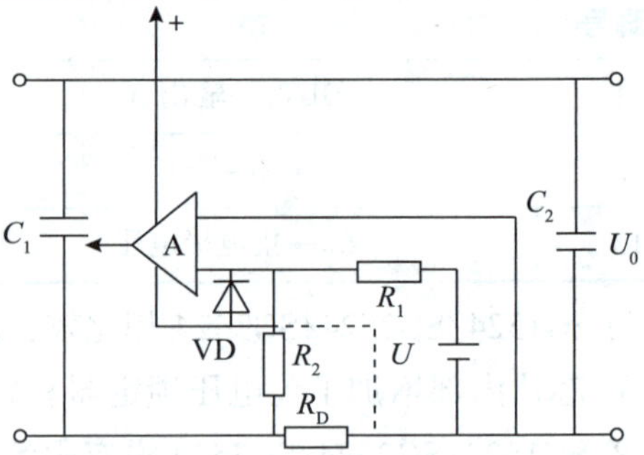

图 6-31　过电流保护电路

1.2.4　Cuk 斩波电路

Cuk 斩波电路如图 6-32（a）所示。图 6-32（b）为其等效电路。

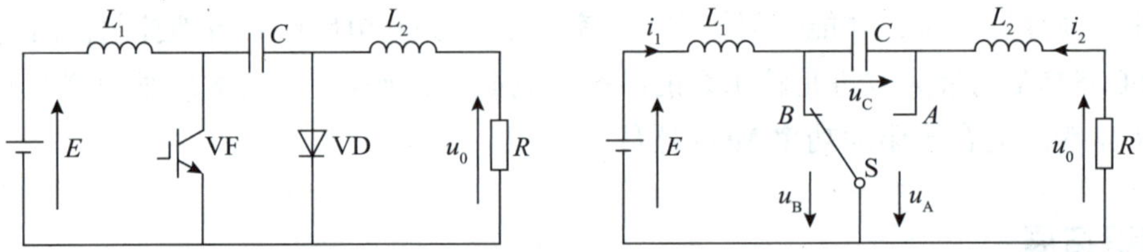

（a）电路图　　（b）等效电路图

图 6-32　Cuk 斩波电路原理图及其等效电路图

当 VF 处于通态时，E-L_1-VF 回路和 R-L_2-C-VF 回路分别流过电流。当 VF 处于断态时，E-L_1-C-VD 回路和 R-L_2-VD 回路分别流过电流。输出电压的极性与电源电压极性相反。该电路的等效电路如图 6-32（b）所示，相当于开关 S 在 A、B 两点之间交替切换。

在该电路中，稳态时电容 C 的电流在一周期内的平均值应为零，也就是其对时间的积分为零，即

$$\int_0^T i_C \mathrm{d}t = 0$$

在图 6-32（b）的等效电路中，开关 S 合向 B 点的时间即 VF 处于通态的时间为 T_{on}，则电容电流和时间的乘积为 I_2T_{on}。开关 S 合向 A 点的时间为 VF 处于断态的时间 T_{off}，则电容电流和时间的乘积为 I_1T_{off}，由此可得

$$I_2T_{on}=I_1T_{off}$$

从而得到

$$\frac{I_2}{I_1}=\frac{T_{off}}{T_{on}}=\frac{T-T_{on}}{T_{on}}=\frac{1-k}{k}$$

当电容 C 值很大使电容电压 u_C 的脉动足够小时，输出电压 U_o 与输入电压 E 的关系可用以下方法求出。

当开关 S 合到 B 点时，B 点电压 $u_B=0$，A 点电压 $u_A=-u_C$；相反，当 S 合到 A 点时，$u_B=u_C$，$u_A=0$。因此，B 点电压 u_B 的平均值为 $U_B=\frac{T_{off}}{T}U_C$（U_C 为电容电压 u_C 的平均值），又因电感 L_1 的电压平均值为零，所以 $E=U_B=\frac{T_{off}}{T}U_C$。另一方面，$A$ 点的电压平均值 $U_A=-\frac{T_{on}}{T}U_C$，且 L_2 的电压平均值为零，按图 6-32（b）中输出电压 U_o 的极性，有 $U_o=\frac{T_{on}}{T}U_C$。于是可得出输出电压 U_o 与电源电压 E 的关系为

$$U_o=\frac{k}{1-k}E$$

这一输入输出关系与升降压斩波电路时的情况相同。

与升降压斩波电路相比，Cuk 斩波电路有一个明显的优点，其输入电源电流和输出负载电流都是连续的，没有阶跃变化，有利于对输入、输出进行滤波。

1.2.5　Sepic 斩波电路和 Zeta 斩波电路

Sepic 斩波电路和 Zeta 斩波电路如图 6-33 所示。

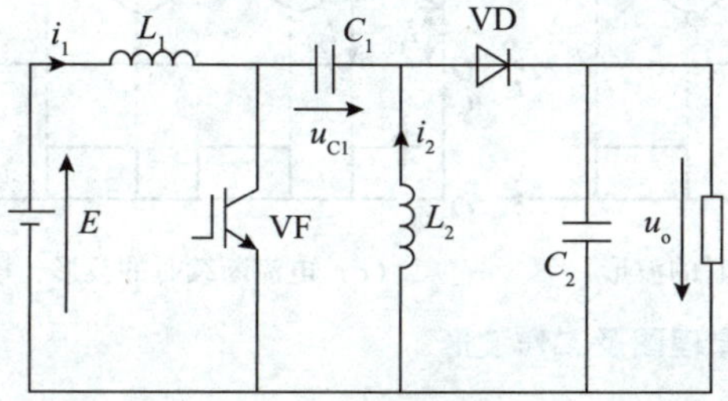

（a）Sepic 斩波电路

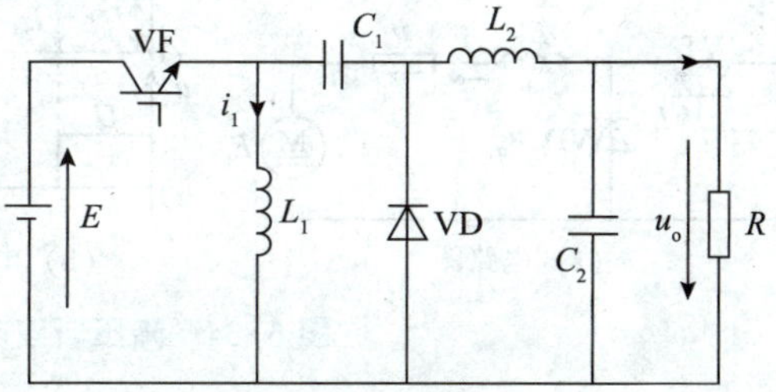

（b）Zeta 斩波电路

图 6-33　Sepic 斩波电路和 Zeta 斩波电路原理图

Sepic 斩波电路的基本工作原理是：当 VF 处于通态时，E-L_1-VF 回路和 C_1-VF-L_2 回路同时导通，L_1 和 L_2 储能；VF 处于断态时，E-L_1-C_1-VD-负载（C_2 和 R）回路及 L_2-VD-负载回路同时导通，此阶段 E 和 L_1 既向负载供电，同时也向 C_1 充电，C_1 储存的能量在 V 处于通态时向 L_2 转移。

Sepic 斩波电路的输入输出关系由下式得出

$$U_o=\frac{T_{on}}{T_{off}}E=\frac{T_{on}}{T-T_{on}}E=\frac{k}{1-k}E$$

Zeta 斩波电路的基本工作原理是：在 VF 处于通态期间，电源 E 经开关 VF 向电感 L_1 储能。同时，E 和 C_1 共同经 L_2 向负载供电。待 VF 关断后，L_1 经 VD 向 C_1 充电，其储存的能量转移至 C_1，同时 L_2 的电流则经 VD 续流。

Zeta 斩波电路的输入输出关系为

$$U_o = \frac{k}{1-k}E$$

上述两种电路相比，具有相同的输入输出关系。Sepic 电路中，电源电流连续但负载电流是脉冲波形，有利于输入滤波；Zeta 电路的电源电流是脉动波形而负载电流连续。这两种电路输出电压均为正极性，且输入输出关系相同。

实训任务

调试控制电路，完成 DC/DC 变换电路接线。

任务指导

1. DC/DC 变换电路原理

(1) 主电路

降压斩波电路的原理图及工作波形如图 6-34 所示。图中 VT 为全控型器件，选用 IGBT。VD 为续流二极管。升压斩波电路的原理图及工作波形如图 6-35 所示。

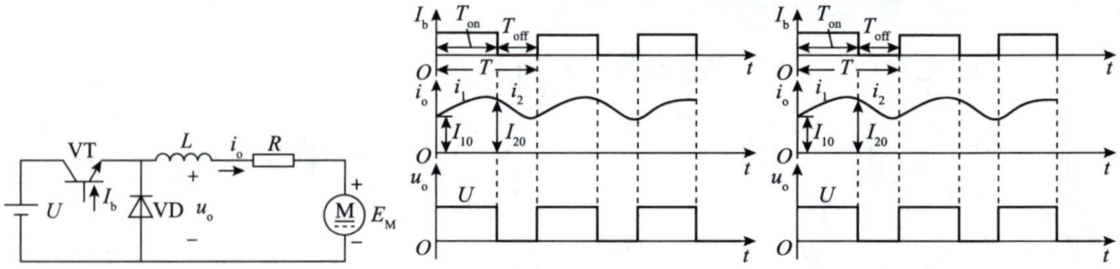

(a) 电路图　(b) 电流连续时的波形　(c) 电流断续时的波形

图 6-34　降压斩波电路的原理图及工作波形

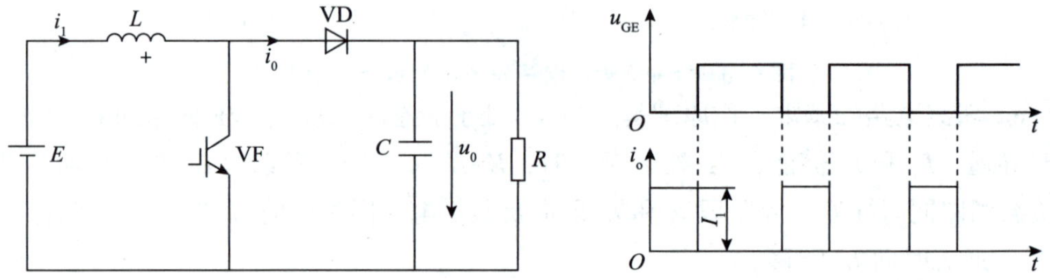

(a) 电路图　(b) 波形

图 6-35　升压斩波电路的原理图及工作波形

(2) 控制电路

控制电路以 SG3525A 为核心构成，其内部结构如图 6-29 所示。它采用恒频脉宽调制控制方案，内部包含有精密基准电源、锯齿波振荡器、误差放大器、比较器和保护电路等。构成斩波电路时 SG3525A 芯片所需的外部组件如图 6-36 所示。调节 R 的大小，在 11 脚和 14 脚两端可输出 2 个幅度相等、频率相等、相位有相差、占空比可调的矩形波

（PWM 信号）。它适合于各种开关电源、斩波器的控制。

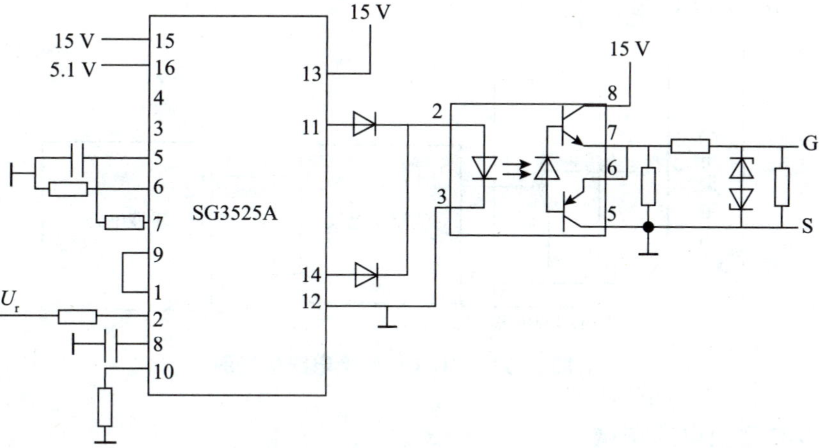

图 6-36　SG3525A 芯片所需的外部组件

2. 控制电路调试

起动实验装置电源，开启 DJK20 控制电路电源开关。

调节 PWM 脉宽调节电位器，用双踪示波器分别观察 SG3525A 的第 11 脚与第 14 脚的波形，观察 PWM 输出信号的变化情况，并填入表 6-12 中。

表 6-12　PWM 输出信号变化记录表

U_r/V	1.4	1.6	1.8	2.0	2.2	2.4	2.5
11（a）占空比/%							
14（b）占空比/%							
PWM 占空比/%							

用示波器分别观察 A、B 和 PWM 信号的波形，记录其波形、频率和幅值，并填入表 6-13 中。

表 6-13　信号波形记录表

观测点	A（11 脚）	B（14 脚）	PWM
波形类型			
幅值/V			
频率/Hz			

用双踪示波器的两个探头同时观测 11 脚和 14 脚的输出波形，调节 PWM 脉宽调节电位器，观测两路输出的 PWM 信号，测出两路信号的相位差，并测出两路 PWM 信号之间的“死区”时间。

3. DC/DC 变换电路接线

如图 6-37 所示，利用面板上的元器件连接好相应的线路，并接上电阻负载，负载电流最大值限制在 200 mA 以内。输入直流电压 U_i 由三相调压器输出的单相交流电经

DJK20 挂件上的单相桥式整流及电容滤波后得到。将控制与驱动电路的输出 V-G、V-E 分别接至 VF 的 G 和 E 端。

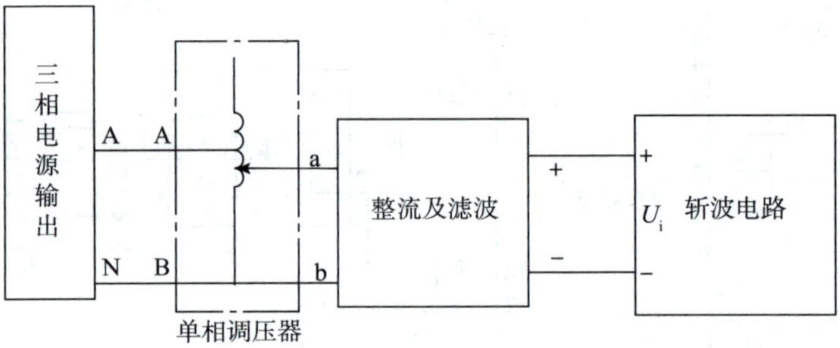

图 6-37 DC/DC 变换电路接线图

4. DC/DC 变换电路调试

使用一个探头观测波形。

接通交流电源，观测 U_i 波形，记录其平均值（注意，本装置限定直流输出最大值为 50 V，输入交流电压的大小由调压器调节输出）。

用示波器观测 PWM 信号的波形、U_{GE} 的电压波形、U_{CE} 的电压波形及输出电压 U_o 和二极管两端电压 U_D 的波形，注意各波形间的相位关系。

调节 PWM 脉宽调节电位器 U_r，观测在不同占空比时，记录 U_i、U_o 和 k 的数值，填入表 6-14 中，并画出 $U_o=f(k)$ 的关系曲线。

表 6-14 数据记录结果

U_r/V	1.4	1.6	1.8	2.0	2.2	2.4	2.5
占空比 k/%							
U_i/V							
U_o/V							

任务 3 PC 主机开关电源电路故障分析与维修

1.3.1 PC 主机开关电源电路原理

图 6-38 为 IBM PC/XT 系列 PC 主机的开关电源电路原理图，它是自激式开关稳压电源，主要由交流输入与整流滤波电路、自激开关振荡电路、稳压调控电路及自动保护电路等部分组成。

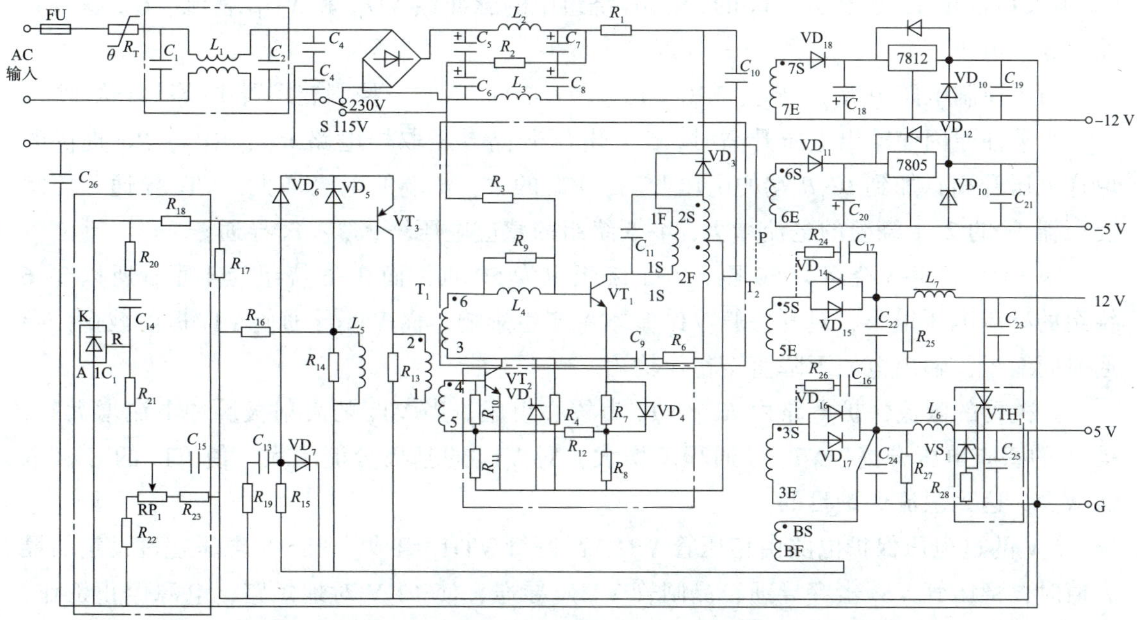

图 6-38　IBM PC/XT 系列 PC 主机开关电源电路原理图

IBM PC/XT 系列 PC 主机开关电源电路的工作原理如下。

当接通电源时，110 V 或 220 V 交流电压经熔断器 FU、热敏电阻 R_T 后，送至由 C_1、L_1、C_2 组成的交流抗干扰滤波电路，将交流供电网中的高频杂波滤除后，再进入桥堆进行倍压整流或桥式整流（根据输入电压是 110 V 还是 220 V，由电源盒后面的开关 S 人工控制），并经 C_5、C_6 滤波后得到约 300 V 的峰值直流电压。

由整流滤波输送来的 300 V 峰值电压分两路给开关电路：一路经 R_1 及开关变压器 T_2 的 1F-1S 绕组加到开关管 VT_1 的 C 极；另一路经 R_2、R_3 降压提供 VT_1 的 B 极的导通电压，使 VT_1 导通，因此 VT_1 的 C 极有电流通过，T_2 的 1F-1S 绕组有电流通过即产生感应电压耦合给二次侧。

二次侧 2S-2F 绕组又把感应电压经 R_6、C_9 控制变压器 T_1 的 3-6 绕组，R_9、L_4 正反馈到开关管 VT_1 的 B 极，使 VT_1 的 B 极电流保持不变，开关变压器 T_2 上各绕组感应电压消失，正反馈停止，VT_1 退出饱和进入放大，此时 VT_1 的 C 极电流瞬间大大地减少，开关变压器 T_2 的 IF-1S 绕组中的电流不能突变产生很强的反向感应电压耦合给二次侧，二次侧正反馈绕组的反向感应电压使 VT_1 反偏截止。

同时 C_9 通过 VT_1 获得充电，VT_1 截止后，T_2 的 1F-1S 绕组无电流通过，感应电压消失。C_9 通过控制变压器 T_1 的 3-6 绕组、L_4、VT_1 的 E 极、R_7、R_8、T_2 的 2S-2F 绕组、R_6 形成回路放电，使 VT_1 获得放电电流重新导通，并重复以上过程。如此循环便形成了自激开关过程。T_2 的二次侧便得到了所需的脉冲电压，经整流滤波、稳压后送给负载。其中开关变压器 T_2 的 7S-7E 绕组中的脉冲经 VD_{18} 整流、C_{18} 滤波，再由三端稳压器 7812 稳压后输出-12 V 电压；T_2 的 5S-5E 绕组中的脉冲经 VD_{14} 和 VD_{15} 整流、

C_{22} 滤波后输出 12 V 电压；T_2 的 3S-3E 绕组中的脉冲经 VD_{16} 和 VD_{17} 整流、C_{24} 滤波后输出 5 V 电压。

稳压控制电路由 R_{22}、R_{23}、RP_1、IC_1（TL430）、VT_3、控制变压器 T_1 等部分组成。

当某种原因使输出电压升高时，5 V 电压升高，经取样电路 R_{23}、RP_1、R_{22} 提供的取样电压升高，加到 IC_1 R 端的电压升高，IC_1 的 R、A 端的电流增大，VT_3 导通，控制变压器 T_1 的 2-1 绕组的电流增大，4-5 绕组的感应电压增大，VT_2 导通。

因为 T_1 的 4-5 绕组为 50 匝，2-1 绕组也为 50 匝，而 3-6 绕组为 4 匝，所以 3-6 绕组的感应电压很小，对开关管 VT_1 基本不产生影响，而 VT_2 导通使 VT_1 提前截止，导通时间缩短，输出电压下降直至稳压输出。

开关管的限流保护电路由 R_8、VT_2 为核心组成。当 VT_1 的发射极脉冲电流增大时，R_8 上的感应电压升高，VT_2 导通程度增大，对 VT_1 的基极分流增大，使 VT_1 的 C 极电流减少，达到限流保护目的。

5 V 的过电压保护电路由稳压管 VS_1、晶闸管 VTH_1 组成。当 5 V 电压超过设定的最大值时，稳压管 VS_1 击穿导通，晶闸管 VTH_1 导通，使 12 V 对地短路，电源停止工作，起到过电压保护作用。

1.3.2 电动车控制器

电动车控制器

目前流行的电动自行车、电动摩托车大都使用直流电动机，对直流电动机调速的控制器有很多种。按功率大小可分为大功率、中功率、小功率 3 类，电动自行车使用小功率的，货运三轮车和电动摩托车要使用中、大功率的；从控制电动机分，可分为有刷、无刷控制器，无刷电动机是目前最普及的电动车动力源，无刷电动机相对有刷电动机，寿命长、免维护等特点得到广泛应用。

由于无刷电动机使用直流电而无换向电刷，其换向控制相对有刷电动机要复杂得多，同时由于电动车负载极不稳定，又使用电池作电源，因此控制器自身的保护、对电动机和电源的保护均对控制器提出更多要求。电动车控制器核心是脉宽调制器，而一款完善的控制器，还应具有电源欠电压保护、电动机过电流保护、制动断电、电量显示等功能。

自电动车无刷电动机问世以来，其控制器发展分两个阶段：第一阶段为使用专用无刷电动机控制芯片为主组成的纯硬件电路控制器，这种电路较为简单，其中控制芯片的代表是摩托罗拉的 MC33035；第二阶段是以 MCU 为主的控制芯片，在 MCU 版本的设计中，糅合了模拟、数字、大功率 MOSFET 驱动程序等多种应用。电动车控制器如图 6-39 所示。

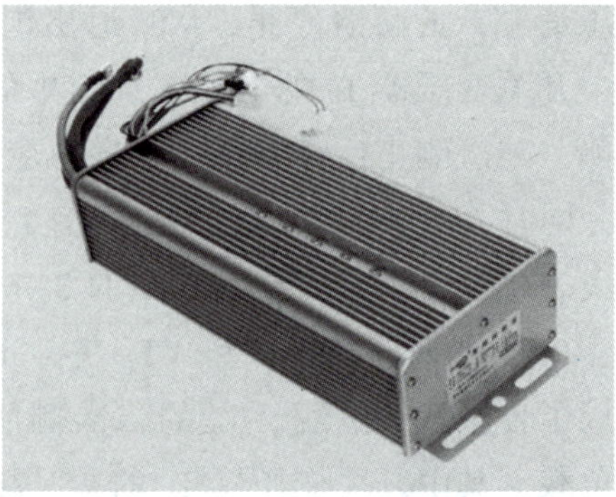

图 6-39　电动车控制器

控制器电路复杂，简单讲，控制器是由周边

器件和主芯片（或单片机）组成的，周边器件是一些功能器件，如控制、执行、显示，它们是电阻、传感器、桥式开关电路，以及辅助单片机或专用集成电路完成控制过程的器件。

MC33033 是目前电动车控制器低端控制芯片，配合两只 74HC27（3 输入或非门电路）；一只 74HC04D（反相器）；一只 74HC08D（双输入与门）和一片 LM358（双运放），组成一款比较典型的无刷电动车控制器，具有 60°和 120°驱动模式自动切换功能，如图 6-40 所示。

图 6-40　控制器内部结构

1.3.3　MC33033 电动机控制器电路

MC33033 的引脚功能说明见表 6-15。

表 6-15　MC33033 的引脚功能说明

引脚号	引脚名称	功能说明
1，2，20	BT，AT，CT	三个集电极开路的顶部驱动输出引脚。用来驱动顶部外接的功率开关晶体管
3	FWD/REV	正向/反向输入引脚。用来控制电动机的转动方向，即正转或反转
4，5，6	SA，SB，SC	三个传感器的输入引脚。用于控制电动机的换向序列
7	REF	基准输出引脚，用来为振荡器的时间电容 C_T 提供充电电流以及为误差放大器提供基准电压，也可为传感器提供工作电源
8	振荡器	振荡器输出引脚，其输出频率由外接元件 R_T 和 C_T 决定
9	误差放大器（+）	误差放大器的同相输入引脚，它通常与速度设定的电位器相连
10	误差放大器（-）	误差放大器的反相输入引脚，它通常与开环应用中的误差放大器的输出端相连
11	误差放大器输出/PWM 输入	误差放大器输出/PWM 输入引脚。该引脚在闭环应用时作补偿端用
12	电流检测同相输入	电流检测同相输入引脚，在振荡周期里，该引脚的输入信号为 100 mW 时，可使输出开关截止。它通常连接在电流检测电阻的上端

续表

引脚号	引脚名称	功能说明
13	GND	接地引脚
14	V_{CC}	电源电压输入引脚。输入范围为 10~30 V
15，16，17	CB，BB，AB	三个底部驱动输出引脚。用于驱动底部外接功率晶体管
18	60°/120°选择	输出使能引脚。用来选择 60（高态）或/120（低态）传感器相位输入的控制电路
19	输出使能	输出使能引脚。该引脚为低电平时，电动机转动；为高电平时，电动机滑行

MC33033 电动机控制器由转子位置译码器、基准电压源、振荡器、误差放大器、脉冲宽度调制器（PWM）以及欠电压锁定、过电流限制、热关断和输出驱动电路组成。图 6-41 为 MC33033 电动机控制器的内部原理框图。

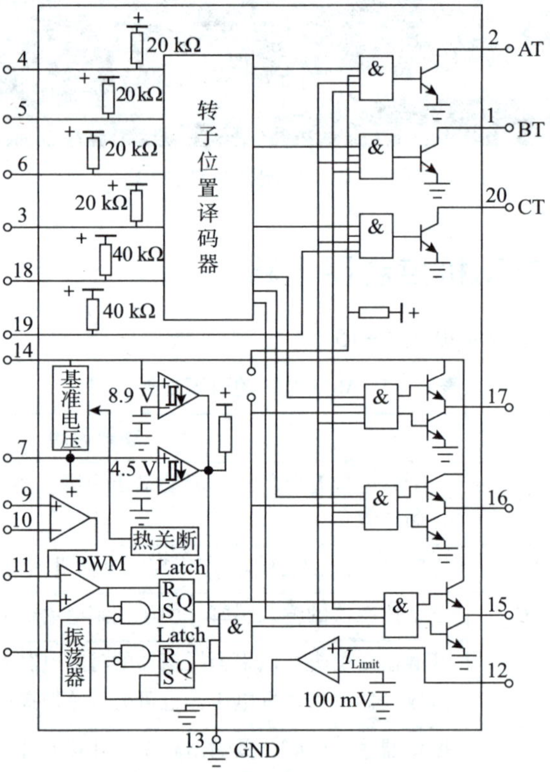

图 6-41　MC33033 电动机控制器的内部原理框图

MC33033 内部的转子位置译码器用来控制三个传感器的（引脚 4、5、6）输入状态。同时，它还能为顶部和底部的输出驱动提供正确的序列。MC33033 的传感器输入电平与 TTL 电平兼容，其门限电压为 2.2 V。它的输入可直接与集电极开路的霍尔效应开关或光耦合器接口，其上拉电阻结构能减少电路的外围元件数目。

MC33033 控制器的 60°/120° 选择引脚（18 脚）能够方便地使控制器与具有 60°、

120°、240°或 360°相位输入的电动机连接。由于有三个输入传感器，因此具有八种可能的输入编码。其中六个为转子位置的有效位，其余两位无效。采用这六个有效输入码可使译码器在 60°窗口译出电动机转动的位置。

正向/反向输入引脚利用其反向作用在定子线圈上的电压来改变电动机的转动方向。当输入状态改变时，其电压从高向低变化。假如传感器的输入码为 100，则具有相同字母的顶部和底部输出驱动将进行交换。即 AT 变为 AB，BT 变为 BB，CT 变为 CB，此时电动机的转向序列已被颠倒，从而改变电动机的转动方向。

电动机开关的控制由输出使能引脚（19 脚）来完成。该引脚为低电平（或悬空）时，实际上它已通过片内上拉电阻接到了正电源上，并驱动顶部和底部输出，从而使电动机转动。该脚接地时，顶部输出驱动关闭，而底部输出驱动被降低，从而使电动机滑行。

PWM 电路的主要任务是通过改变定子线圈上的电压平均值对电动机的运行速度进行有效的控制。而欠电压锁定电路能够保证控制器和传感器可靠地工作，并使控制器外接的功率晶体管免遭损坏。MC33033 的片内误差放大器具有 80 dB 的直流电压增益，能用来实现电动机速度的开环和闭环控制。

由 MC33033 和少量外围元件组成的三相、六步全波驱动开环电动机控制电路如图 6-42 所示。功率晶体管为达林顿 PNP 型管，而底部功率管为 N 沟道 MOSFET 管。它们能够把定子感应的能量传给电源。其输出级用于驱动一个三角形或星形联结的定子和一个中性点接地的星形电路。

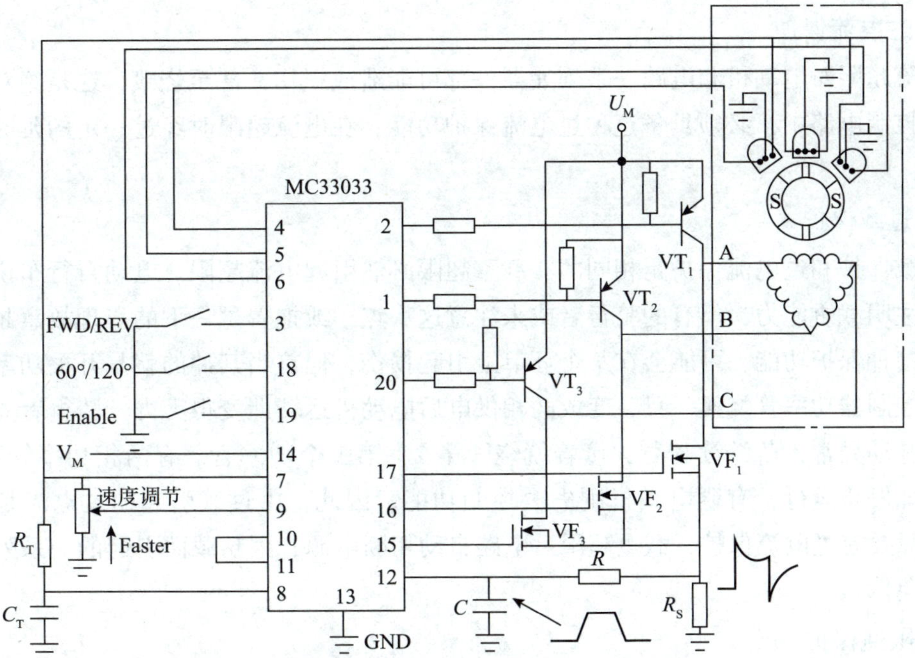

图 6-42　三相、六步全波驱动开环电动机控制电路

在任意给定一个转子位置时，只有一个顶部和底部功率开关管导通，这种开关结构形式使得定子线圈的两端加于电压和地之间，使电流以双向或全波形式流动。应当提示：在电流波形的前沿可能会出现尖峰，这种尖峰会导致电流限制电路的误动作。因此，需要外加 RC 滤波器，以消除这种可能产生的误动作。

1.3.4 控制器的保护功能

控制器具有保护功能。保护功能是对控制器中换相功率管、电源进行保护，以及电动机在运行中，因某种故障或误操作而导致的可能引起的损伤等故障出现时，电路根据反馈信号采取的保护措施。电动自行车基本的保护功能和扩展功能如下。

1. 制动断电

电动自行车车把上两个钳形制动手把均安装有接点开关。当制动时，开关被断开，而改变了原来的开关状态。这个变化形成信号传送到控制电路中，电路根据预设程序发出指令，立即切断基极驱动电流，使功率管截止，停止供电。这种情况下，既保护了功率管本身，又保护了电动机，也防止了电源的浪费。

2. 欠电压保护

欠电压保护中的电压指的是电源的电压。当放电最后阶段，在负载状态下，电源电压已经接近“放电终止电压”，控制器面板（或仪表显示盘）即显示电量不足，引起骑行者的注意，计划自己的行程。当电源电压已经达到放电终了时，电压取样电阻将分流信息馈入比较器，保护电路即按预先设定的程序发出指令，切断电流以保护电子器件和电源。

3. 过电流保护

电流超限对电动机和电路一系列元器件都可能造成损伤，甚至烧毁，这是绝对应当避免的。控制电路中，必须具备这种过电流保护功能，在电流超限时经过一定的延时即切断电流。

4. 过载保护

过载保护和过电流保护是相同的，载重超限必然引起电流超限。电动自行车说明书上都特别注明载重能力，但有的骑行者或未注意这一点，或抱着试一下的心理故意超载。如果没有这种保护功能，可能会在某个环节上引起损伤，但首当其冲的就是开关功率管，只要无刷控制器功率管烧毁一只，变成两相供电后电动机运转即变得无力，骑行者立即可以感觉到脉动异常；若继续骑行，接着就烧毁第 2、第 3 个功率管。有两相功率管不工作，电动机即停止运行，有刷电动机则失去控制功能。因此，由过载引起的过电流是很危险的。但只要有过电流保护，载重超限后电路自动切断电源，因超载而引起的一系列后果都可以避免。

5. 限速保护

车速超过某一预定值时，电路停止供电。对电动自行车而言，统一规定最高车速为 20 km/h，车用电动机在设计时，额定转速就已经设定好了，控制电路也已经设好。电动自行车只能在不超过这个速度状态下运行。

知识拓展

控制器失效原因

电动自行车有很多被忽略，但是很重要的小部件，电动自行车控制器就是其中之一。电动自行车的起动、进退、停止可全靠控制器。导致电动自行车失效的原因有如下几点。

（1）功率器件损坏功率器件的损坏，一般有以下几种可能：电动机损坏引起的；功率器件本身的质量差或选用等级不够引起的；器件安装或振动松动引起的；电动机过载引起的；功率器件驱动电路损坏或参数设计不合理引起的。

（2）控制器内部供电电源损坏控制器内部电源的损坏，一般有以下几种可能：控制器内部电路短路；外围控制部件短路；外部引线短路。

（3）控制器工作时断时续控制器工作起来时断时续，一般有以下几种可能：器件本身在高温或低温环境下参数漂移；控制器总体设计功耗大导致某些器件局部温度过高而使器件本身进入保护状态；接触不良。

（4）连接线磨损及接插件不良或脱落引起控制信号丢失连接线磨损及接插件接触不良或脱落，一般有以下几种可能：线材选择不合理；对线材的保护不完备；接插件压接不牢。

1.3.5　控制器的维修方法

1. 电动车有刷控制器没有输出

（1）将万用表设置在20 V（DC）挡位，先测量闸把输出信号的高、低电位。

（2）如捏闸把时，闸把信号有超过4 V的电位变化，则可排除闸把故障。

（3）然后按照有刷控制器常用脚功能表，与测量出的主控逻辑芯片的电压值进行电路分析，并检查各芯片外围器件（电阻、电容、二极管）的数值是否和元件表面的标志相一致。

（4）最后检查外围器件或集成电路是否出现故障，如果有故障，可以通过更换同型号的器件来排除。

2. 电动车无刷控制器完全没有输出

（1）参照无刷电动机控制器主相位检查测量图，用万用表直流电压50 V挡，检测6路MOS管栅极电压是否与转把的转动角度呈对应关系。

（2）如没有对应关系，表示控制器里的PWM电路或MOS管驱动电路有故障。

（3）参照无刷控制器主相位检查图，测量芯片的输入输出引脚的电压是否与转把转动角度有对应关系，可以判断哪些芯片有故障，更换同型号芯片即可排除故障。

3. 电动车有刷控制器控制部件的电源不正常

（1）电动车控制器内部电源一般采用三端稳压集成电路，一般用7805、7806、7812、7815三端稳压集成电路，它们的输出电压分别是5 V、6 V、12 V、15 V。

（2）将万用表设置在直流电压20 V（DC）挡位，将万用表黑表笔与红表笔分别靠在转把的黑线和红线上，观察万用表读数是否与标称电压相符，它们的上下电压差不应超过0.2 V。

（3）否则说明控制器内部电源出现故障了，一般有刷控制器可以通过更换三端稳压集成电路排除故障。

4. 电动车无刷控制器断相

电动车无刷控制器电源与闸把的故障可以参考有刷控制器的故障排除方法先予以排除，对无刷控制器而言，还有其特有故障现象，比如断相。电动车无刷控制器断相现象可以分为主相位断相和霍尔断相两种情况。

（1）主相位断相的检测方法可以参照电动车有刷控制器飞车故障排除法，检测MOS管是否击穿，无刷控制器MOS管击穿一般是某一个相位的上下两个一对MOS管同时击穿，更换时确保同时更换。检查测量点。

（2）电动车无刷控制器的霍尔断相表现为控制器不能识别电动机霍尔信号。

1.3.6 控制器的识别

（1）仔细观察做工

仔细观察控制器的制作工艺，作坊制作的产品通常质量不如大公司的产品。手工焊接的产品一般不如波峰焊接的产品质量稳定。外观精致的控制器通常比不注重外观的产品更可靠。导线使用充足的控制器通常比偷工减料的产品更稳定。散热器更重的控制器通常比轻量控制器更出色。公司在用料和工艺上的追求程度反映了其相对可信度，通过对比可以得知。

（2）对比温升

对新的和原有使用的控制器进行同等条件下的堵转发热试验。检测散热器的最高温度点，对比两个控制器的温度情况，温度越低越好。试验条件需保持一致，包括限流、电池容量、车辆和测试开始时的状态。检查固定MOS管的螺钉松紧程度，松动表明使用的绝缘材料耐温性差，会导致MOS管提前损坏。另外，装上散热器后，继续对比散热器温度，以考察控制器的散热设计。

（3）观察反压控制能力

选取一辆车，功率可以大一点，拔掉电池，选用充电器为电动车供电，接上E-ABS使能端子，确保闸把开关接触良好。慢慢转动转把，转动过快将使充电器无法输出很大的电流，会引起欠电压，让电动机达到最高速，快速制动，反复多次，不应出现MOS损坏现象。

在制动时，充电器输出端的电压会快速上升，可考验控制器的瞬间限压能力，此试验如果用电池测试基本没有效果。此试验也可以在快速下坡时进行，当车子达到最高速后进行制动。

（4）电流控制能力

连接充满的电池，容量越大越好，先让电动机达到最高速，任选两根电动机输出线短路，反复进行 30 次以上，不应出现 MOS 损坏现象；再让电动机达到最高速，用电池正极和任选的一根电动机线短路，反复 30 次，这比上述试验更严酷，回路中少了一个 MOS 的内阻，瞬间短路电流更大，可考验控制器的电流快速控制能力。

很多控制器会在这一环节出现损坏，可以比较两个控制器成功承受短路的次数，越少越差；拔掉一根电动机线，转把拉到最大，此时电动机不会运转，快速接通另一根电动机线，电动机应能立即转动，电动机转动中反复插拔其中一根电动机线，控制器应正常工作。这部分试验可以验证控制器软件、硬件的可靠性设计。

（5）检验控制器效率

关闭超速功能，如果有的话，在同一辆车子空载情况下测试不同控制器达到的最高速度，最高速度越高，则效率越高，续航里程也相对高。

实训任务

PC 主机开关电源电路典型故障分析与维修。

任务指导

PC 主机开关电源电路典型故障现象及检修方法如下。

1. 通电后无任何反应

（1）故障现象

PC 系统通电后，主机指示灯不亮，显示器屏幕无光栅，整个系统无任何反应。

（2）检修方法

通电后无任何反应，是 PC 主机电源最常见的故障，对此首先应采用直观法察看电源盒有无烧坏元器件，接着采用万用表电阻档检测法逐个单元地进行静态电阻检测，看有无明显短路。若无明显元件烧坏，也没有明显过电流，则可通电采用动态电压对电源中各关键点的电压进行检修。

2. 一通电就熔断交流熔断器

（1）故障现象

接通电源开关后，电源盒内发出“叭”的一声，交流熔断器随即熔断。

（2）检修方法

一通电就熔断交流熔断器，说明电源盒内有严重过电流元件，除短路之外，故障部位一般在高频开关变压器一次绕组之前，通常有以下三种情况，见表 6-16。

表 6-16　一通电就熔断交流熔断器的三种情况

情况	原因分析
输入桥式整流二极管中的某个二极管被击穿	由于 PC 电源的高压滤波电容一般都是 220 μF 左右的大容量电解电容，瞬间工作充电电源达 20 A 以上，所以瞬间大容量的浪涌电流将会造成桥堆中某个质量较差的整流管过电流工作，尽管有限流电阻限流，但也会发生一些整流管被击穿的现象，从而烧毁熔丝
高压滤波电解电容 C_5、C_6 被击穿，甚至发生爆裂现象	大容量的电解电容工作电压一般接近 200 V，而实际工作电压均已接近额定值。因此当输入电压产生波动时，或某些电解电容质量较差时，就极容易发生电容被击穿现象。更换电容最好选择耐压高些的，如 300 μF/450 V 的电解电容
开关管 VT_1、VT_2 损坏	由于高压整流后的输出电压一般达 300 V 左右，逆变功率开关管的负载又是感性负载，漏感所形成的电压尖峰将有可能使功率开关管的 U_{CEO} 的值接近于 600 V，而 VT_1、VT_2 的 2503039 所标 U_{CEO} 只有 400 V 左右。因此当输入电压偏高时，某些质量较差的开关管将会发生 E-C 之间击穿现象，从而烧毁熔丝。在选择逆变功率开关管时，对单管自激式电路中的 VT_1，要求 U_{CEO} 必须大于 800 V，最好 1 000 V 以上，而且截止频率越高越好。另外，要注意的是，由于某些开关功率管是与激励推挽管直接耦合的，故往往是变压器一次侧电路中的大、小晶体管同时击穿。因此，在检修这种电源时应将前级的激励管一同进行检测

3. 熔断器完好，但各路直流电压均为零

（1）故障现象

故障现象接通电源开关后，主机不启动，用万用表测±5 V、±12 V 均没有输出。

（2）检修方法

主机电源直流输出的四组电压：5 V、−5 V、12 V、−12 V，其中 5 V 电源输出功率最大，故障率最高，一旦 5 V 电路有故障时，整个电源电路往往自动保护，其他几路也无输出，因此，5 V 形成及输出电路应重点检查。

当电源在有负载情况下测量不出各输出端的直流电压时，即认为电源无输出。这时应先打开电源检查熔丝，如果熔丝完好，应检查电源中是否有开路、短路现象，过电压、过电流保护电路是否发生误动作等。这类故障常见的有以下三种情况。

① 限流电阻 R_1、R_2 开路

开关电源采用电容输入式滤波电路，当接通交流电压时，会有较大的合闸浪涌电流（电容充电电流），而且由于输出保持能力等的需要，输入滤波电容也较大，因而合闸浪涌电流比一般稳压电源要高得多，电流的持续时间也长。这样大的浪涌电流不仅会使限流电阻或输入熔丝熔断，还会因为虚焊或焊点不饱满、有空隙而引起长时间的放电电流，导致焊点脱落，使电源无法输出，一般扼流圈引脚因清漆不净，常会发生该类故障，发生这种故障时重焊即可。

② 12 V 整流半桥块击穿

12 V 整流二极管采用快速恢复二极管 FRD，而 5 V 整流二极管采用肖基特二极管 SBD。由于 FRD 的正向压降要比 SBD 大，当输出电流增大时，正向压降引起的功耗也大，所以 12 V 整流二极管的故障率较高，选择整流二极管时，应尽可能选用正向压降低的整流器件。

③ 晶闸管坏

在检查中发现开关振荡电路丝毫没有振荡现象。从电路上分析能够影响振荡电路的只有 5 V 和 12 V，它是通过发光二极管来控制振荡电路的，如果发光二极管不工作，那么光耦合器将处于截止，开关晶体管因无触发信号始终处于截止状态，影响发光二极管不能工作的最常见元件就是晶闸管 VTH_1 损坏。

4. 启动电源时发出“滴答”声

（1）故障现象

开启主机电源开关后，主机不启动，电源盒内发出“滴答”的怪声响。

（2）检修方法

这种故障一般是输入的电压过高或某处的短路造成的大电流使 5 V 处输出电压过高，这样引起过电压保护动作，晶闸管也随之截止，短路消失，使电源重新启动供电。如此周而复始地循环，将会使电源发生“滴答滴答”的开关声，此时应关闭电源进行仔细检查，找出短路故障处，从而修复整个电源。

另一种原因是控制集成电路的定时元件发生了变化或内部不良。用示波器测量，其工作频率只有 8 kHz 左右，而正常工作时近 20 kHz 左右。经检查发现定时元件电容器的容量变大，导致集成控制器定时振荡频率变低，使电源产生重复性“滴答”声，整个电源不能正常工作，只要更换定时电容后即可恢复正常。

5. 某一路无直流输出

（1）故障现象

开机后，主机不启动，用万用表检测±5 V、±12 V，其中一路无输出。

（2）检修方法

在主机电源中，±5 V 和±12 V 四组直流电源，若有一路或一路以上因故障无电压输出时，整个电源将因断相而进入保护状态。这时，可用万用表测量各输出端，开启电源，观察在启动瞬间哪一路电源无输出，则故障就出在这一路电压形成或输出电路上。

6. 电源负载能力差

（1）故障现象

主机电源如果仅向主机板和软驱供电，显示正常，但当电源增接上硬盘或扩满内存情况下，屏幕将变白或根本不工作。

（2）检修方法

在不配硬盘或未扩满内存等轻负载情况下能工作，说明主机电源无本质性故障，主要是工作点未选择好。当振荡放大环节中增益偏低，检测放大电路处于非线性工作状态时，均会产生此故障。解决此故障的办法可适当调换振荡电路中的各晶体管，使其增益提高，或调整各放大晶体管的工作特点，使它们都工作于线性区，从而提高电源的负载能力。

极端的情况是，即使不接硬盘，电源也不能正常地工作下去。这类故障常见的有以下三种情况，见表6-17。

表6-17　电源负载能力差常见的情况

情况	原因
电源开机正常，工作一段时间后电源保护	这种现象大都发生在5 V输出端有晶闸管或稳压管作过电压保护的电路。其中原因是晶闸管或稳压管漏电太大，工作一段时间后，晶闸管或稳压管发热，漏电急剧增加而导通造成。需要更换晶闸管或稳压管
带负载后各档电压稍下降，开关变压器发出轻微的“吱吱”声	这种现象大都是滤波电容器（300 μF/200 V）坏了一个。原因是漏电流大，导致了这种现象的发生。更换滤波器电容时应注意两只电容容量和耐压值必须一致
电源开机正常，当主机读软盘后电源保护	这种现象大都是12 V整流二极管FRD性能变劣，调换同样型号的二极管即可恢复正常

7. 直流输出不稳定

（1）故障现象

刚开机时，整个系统工作正常，但工作一段时间后，输出电压下降，甚至无输出，或时好时坏。

（2）检修方法

主机电源四组输出均时好时坏，这一般是电源电路中由于元器件虚焊、接插件接触不良或大功率元件热稳定性差、电容漏电等原因而造成的。

8. 风扇转动异常

（1）故障现象

风扇不转动，或虽能旋转，但发出尖叫声。

（2）检修方法

PC主机电源风扇的连接及供电有两种情况：一种是直接使用市电供电交流电风扇；另一种是接在12 V直流输出端的直流风扇。

如果发现电源输入输出一切正常，而风扇不转，就要立即停机检查。这类故障大都是由风扇电动机线圈烧断而引起的，这时必须更换新的风扇。如果发出响声，其原因之一是由于机器长期运转或传输过程中的激烈振动而引起风扇的四只固定螺钉松动，这时只要紧固其螺钉就行。如果是由于风扇内部灰尘太多或含油轴承缺油而引起的，只要清理或经常用高级润滑油补充，故障就可排除。

课后实践

学习完本项目的内容后，认真完成表6-18的实践清单。

表 6-18　实践清单

器件 GTR 的测量实践	
实践任务	学习如何使用万用表对 GTR 进行测量，并理解其在开关电源电路中的重要性
实践目标	（1）理解 GTR 的结构和工作原理； （2）掌握使用万用表进行 GTR 的导通测试和电阻测量； （3）熟悉 GTR 的测量方法，并能正确解读测量结果； （4）培养实验操作技能和数据分析能力
实践步骤	（1）阅读相关资料，了解 GTR 的结构、特性和测量方法； （2）准备实验所需的器件 GTR、万用表等工具和设备； （3）将 GTR 安装到测试台上，并确保连接正确； （4）使用万用表进行导通测试，记录测试结果； （5）对 GTR 进行正向和反向电阻测量，并记录测量值； （6）分析测量结果，判断 GTR 是否正常工作； （7）如发现异常，进一步检查可能的原因并采取相应的修复措施； （8）总结实验结果，思考实验中遇到的问题和解决方法
实践提示	（1）在操作过程中要注意安全，避免触及高压部分； （2）确保仪器连接正确，避免误操作导致损坏设备； （3）在测量过程中要仔细观察并记录数据，确保实验结果的准确性； （4）如遇到问题或困惑，及时向老师或同学寻求帮助，共同解决
实践总结	

实践评价

完成以上实践后，认真完成表 6-19 的实践评价。

表 6-19　实践评价

评价内容	分值	得分
参与实践的积极性、主动性	25	
独立思考能力	25	
创新能力	25	
对 GTR 的结构和工作原理的掌握程度	25	
教师点评：		

项目小结

本项目对PC主机开关电源电路进行了全面而深入的研究与实践，包括对关键器件（GTR）的测量、DC/DC变换电路的调试与接线，以及对PC主机开关电源电路故障的分析与维修。

首先，在器件GTR的测量方面，对大功率晶体管、电力场效应晶体管、绝缘栅双极晶体管等进行了详细测量。通过使用万用表进行导通测试、正向和反向电阻测量，确保这些关键器件在电路中正常工作。

其次，在DC/DC变换电路调试与接线方面，深入了解了基本斩波器的工作原理，包括降压斩波电路、升压斩波电路、开关状态控制电路、升降压斩波电路、Cuk斩波电路、Sepic斩波电路和Zeta斩波电路。通过调试控制电路中的参数，确保输出电压的稳定性，并保证电路的正确接线，以满足PC系统对电源的需求。

最后，在PC主机开关电源电路故障分析与维修方面，深入了解了PC主机开关电源电路的原理，并学会了如何应对常见的故障，包括电源开关失效、输出电压不稳定、过载保护失效等。通过逐步检查各个部分的工作状态，能够快速定位问题并采取相应的修复措施，确保PC系统的稳定性和可靠性。

思考练习

1. 国产晶体管的型号及命名通常由哪几部分组成？
2. GTR防止二次击穿的方法有哪些？
3. 电力MOSFET的工作原理是什么？

项目7　光伏逆变电路分析

项目导读

逆变电路是将直流电能转化为交流电能的核心组件，而单相逆变电路则是其重要构成部分。通过深入理解逆变原理和PWM技术，能够有效地设计和调试单相逆变电路，以确保其在各种工作条件下都能保持稳定可靠的性能。

光伏逆变器作为连接光伏发电系统与电网的关键环节，其性能对整个系统的运行至关重要。深入研究并网逆变器的电路原理，可以明确其在光伏发电系统中的功能和工作原理，以便更好地理解和优化其性能。

通过细致选择和调试光伏逆变器的技术参数，包括额定功率、输出电压等重要参数，可以确保系统的稳定性和效率。

学习目标

知识目标

◆掌握逆变的概念。

◆理解PWM逆变原理。

◆深入了解并网逆变器的电路结构和工作原理。

技能目标

◆具备设计和调试单相逆变电路的能力，包括选择元器件、布局电路板、进行信号调理等。

◆通过调整参数和控制策略，提高光伏逆变电路的效率和稳定性，以实现更好的电能转换效果。

◆熟练调整光伏逆变器的技术参数，并进行实验验证以确保其符合系统要求。

素质目标

◆培养学生的团队合作精神，通过合作攻克技术难题，共同推动项目进展。

◆培养学生的分析及解决问题能力，尤其是在调试电路和优化系统性能时。

◆学生应强调在设计和调试过程中的安全性和可靠性，培养学生对工程项目负责任的态度。

思政目标

◆倡导科学方法论，注重理论与实践相结合，培养学生对工程技术的探索和创新精神。

◆通过学习光伏逆变电路，培养学生对可再生能源及其应用的认识，促进可持续发展理念的传播和实践。

任务 1　单相逆变电路

单相逆变电路的主要功能是将直流电转换为交流电，被广泛应用于交流电源场合。

逆变电路

1.1.1　逆变与逆变电路

1. 逆变的概念

逆变是指将直流电能转换为交流电能的过程。在电力系统中，通常存在两种类型的电流：直流电流（DC）和交流电流（AC）。逆变器是一种电子设备，其作用是将直流电源转换成交流电源。这过程涉及改变电流的方向和频率。

2. 逆变电路的换流方式

换流的实质就是电流在由半导体器件组成的电路中不同桥臂之间的转移。常用的电力变流器的换流方式有以下几种。

（1）负载谐振换流

负载谐振换流由负载谐振电路产生一个电压，在换流时关断已经导通的晶闸管，一般有串联谐振逆变电路和并联谐振逆变电路，或两者共同组成的串、并联谐振逆变电路。

（2）强迫换流

强迫换流附加换流电路，在换流时产生一个反向电压关断晶闸管。

（3）器件换流

器件换流是利用全控型器件的自关断能力进行换流。现通用的逆变器采用全控型器件。

3. 逆变器的基本原理

逆变器的基本原理是通过一系列的电子开关元件，如晶体管或场效应管，控制直流电源中的电流流向，产生一个模拟交流电流。这模拟的交流电流可以具有不同的频率和波形，以适应各种应用场景。逆变器广泛应用于许多领域，包括电力系统、电子设备、太阳能发电等，以满足不同设备和系统对交流电源的需求。逆变技术的发展在提高电能转换效率、减小能源损耗和推动可再生能源应用方面起到了关键作用。

4. 逆变器的种类

逆变器的种类很多，可以按照不同的方式进行分类，逆变器的分类见表 7-1。

表 7-1　逆变器的分类

输出波形	运行方式	输出交流电相数	功率流动方向
方波逆变器 阶梯波逆变器 正弦波逆变器	离网逆变器 并网逆变器	单相逆变器 三相逆变器	单向逆变器 双向逆变器

1.1.2　单相逆变电路

根据直流电源的性质不同，电路可以分为电压型逆变电路和电流型逆变电路。

1. 电压型逆变电路

电压型逆变电路的基本特点如下。

（1）直流侧并联大电容，直流电压基本无脉动。

（2）输出电压为矩形波，电流波形与负载有关。

（3）电感性负载时，需要提供无功功率。为了有无功通道，逆变桥臂需要并联二极管。

2. 电流型逆变电路

电流型逆变电路的基本特点如下。

（1）直流侧串联大电感，直流电源电流基本无脉动。

（2）交流侧电容用于吸收换流时负载电感的能量。这种电路换流方式一般有强迫换流和负载换流。

（3）输出电流为矩形波，电压波形与负载有关。

（4）直流侧电感起到缓冲无功能量的作用，晶闸管两端不需要并联二极管。

实训任务

完成单相 SPWM 逆变电路实验。

任务指导

单相 SPWM 逆变电路实验过程如下。

1. 实验设备

实验所需挂件及附件见表 7-2。

表 7-2　实验所需挂件及附件

序号	型号
1	TKDD-1 型电源控制屏
2	DK08 给定及实验器件
3	DK11 单相调压与可调负载
4	DK14 单相交-直-交变频原理
5	双踪示波器
6	万用表

2. 实验电路及原理

采用 SPWM，通过改变调制频率，实现交-直-交变频的目的。实验电路由三部分组成：主电路、驱动电路和控制电路。

（1）主电路部分

交直流变换部分（AC/DC）为不可控整流电路（由实验挂箱 DK11 提供）；逆变部分（DC/AC）由四只 IGBT 管组成单相桥式逆变电路，采用双极性调制方式，如图 7-1 所示。输出经 LC 低通滤波器，滤除谐波，得到频率可调的正弦波（基波）交流输出。本实验设计的负载为电阻性或电阻电感性负载，在满足一定条件下，可接电阻起动式单相笼型异步电动机。

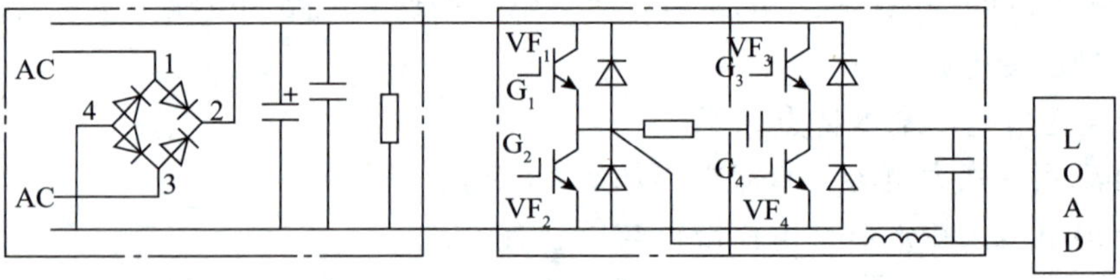

图 7-1　主电路结构原理图

（2）驱动电路

如图 7-2（以其中一路为例）所示，采用 IGBT 管专用驱动芯片 M57962L，其输入端接控制电路产生的 SPWM 信号，其输出可用以直接驱动 IGBT 管。其特点如下。

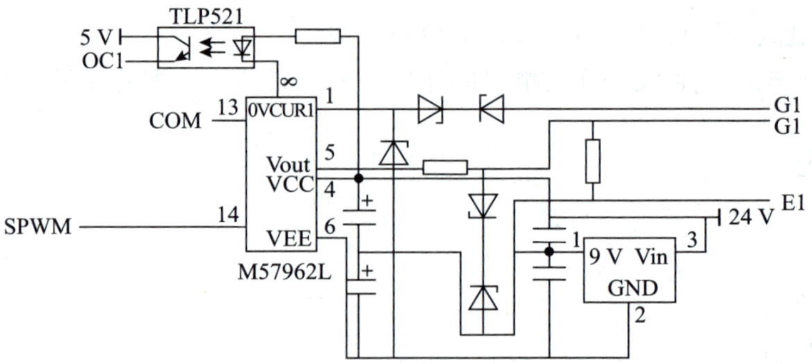

图 7-2　驱动电路结构原理图

① 采用快速型的光耦合器实现电气隔离。

② 具有过电流保护功能，通过检测 IGBT 管的饱和压降来判断 IGBT 是否过电流，过电流时 IGBT 管 CE 结之间的饱和压降升到某一定值，使 8 脚输出低电平，在光耦合器 TLP521 的输出端 OC1 呈现高电平，经过电流保护电路，如图 7-3 所示，使 4013 的输出 Q 端呈现低电平，送控制电路，起到了封锁保护作用。

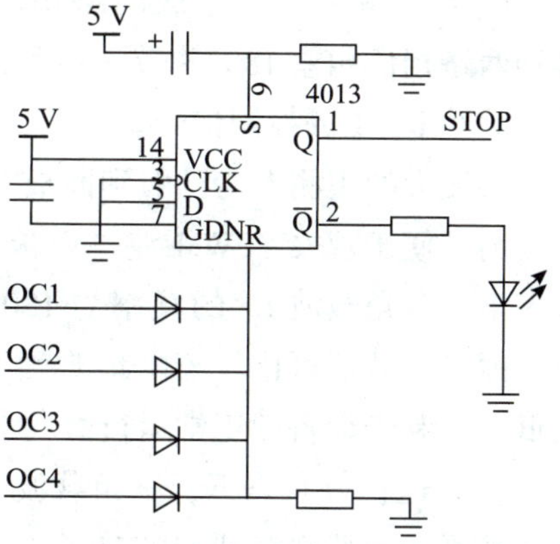

图 7-3　保护电路结构原理图

(3) 控制电路

控制电路框图如图 7-4 所示，控制电路结构原理图如图 7-5 所示。它是由两片集成函数信号发生器 ICL8038 为核心组成的，其中一片 8038 产生正弦调制波 U_r，另一片用以产生三角载波 U_c，将此两路信号经比较电路 LM311 异步调制后，产生一系列等幅不等宽的矩形波 U_m，即 SPWM 波。

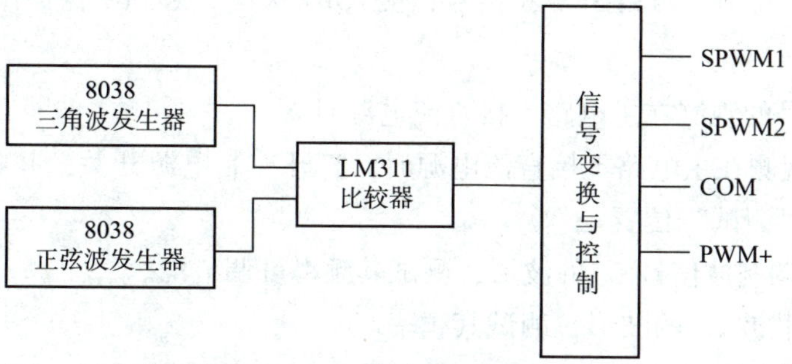

图 7-4　控制电路框图

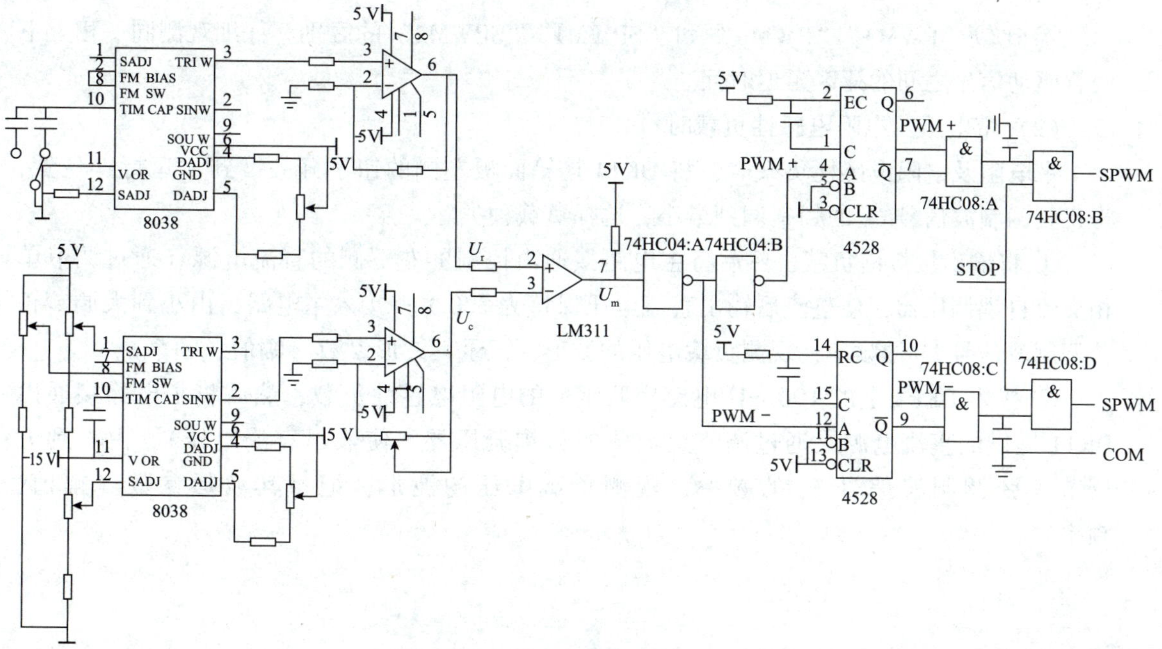

图 7-5　控制电路结构原理图

U_m 经反相器后，生成两路相位相差 180°的±PWM 波，再经触发器 CD4528 延时后，得到两路相位相差 180°并带一定死区范围的两路 SPWM1 和 SPWM2 波，作为主电路中两对开关管 IGBT 的控制信号。

各波形的观测点均已引到面板上，可通过示波器进行观测。

为了便于观察 SPWM 波，面板上设置了“测试”和“运行”选择开关，在“测试”状态下，三角载波 U_c 的频率为 180 Hz 左右，此时可较清楚地观察到异步调制的 SPWM 波，通过示波器可比较清晰地观测 SPWM 波。但在此状态下不能带载运行，因载波比 N 太低，不利于设备的正常运行。

在“运行”状态下，三角载波 U_c 频率为 10 kHz 左右，因波形的宽窄快速变化致使无法用普通示波器观察到 SPWM 波形，通过带储存的数字示波器的存储功能也可较清晰地观测 SPWM 波形。

正弦调制波 U_r 频率的调节范围设定为 5~60 Hz。

控制电路还设置了过电流保护接口端 STOP，当有过电流信号时，STOP 呈低电平，经与门输出低电平，封锁了两路 SPWM 信号，使 IGBT 关断，起到了保护作用。

3. 实验方法

（1）控制信号的观测在主电路不接直流电源时

控制信号的观测在主电路不接直流电源时，打开控制电源开关，并将 DK14 挂箱左侧的钮子开关拨到“测试”位置。

① 观察正弦调制波信号 U_r 的波形，测试其频率可调范围。

② 观察三角载波 U_c 的波形，测试其频率。

③ 改变正弦调制波信号 U_r 的频率，再测量三角载波 U_c 的频率，判断是同步调制还是异步调制。

④ 比较“PWM+”“PWM-”和“SPWM1”“SPWM2”的区别，仔细观测同一相上下两管驱动信号之间的死区延迟时间。

（2）带电阻及电阻电感性负载时

带电阻及电阻电感性负载时，将 DK14 挂箱面板左侧的钮子开关拨到“运行”位置，将正弦调制波信号 U_r 的频率调到最小，选择负载种类。

① 将输出接灯泡负载，然后将主电路接通由控制屏左下侧的直流电源（通过调节单相交流自耦调压器，使整流后输出直流电压保持为 200 V）接入主电路，由小到大调节正弦调制波信号 U_r 的频率，观测负载电压的波形，记录其波形参数（幅值、频率）。

② 接入 DK03 上的 100 mH 电感串联组成的电阻电感性负载，然后将主电路接通由 DK11 提供的直流电源（通过调节交流侧的自耦调压器，使输出直流电压），由小到大调节正弦调制波信号 U_r 的频率，观测负载电压的波形，记录其波形参数（幅值、频率）。

任务 2　光伏逆变电路

1.2.1　并网逆变器的电路原理

并网逆变器是并网光伏发电系统的核心部件。与离网逆变器相比，并网逆变器不仅要将太阳能光伏发电系统输出的直流电转换为交流电，对交流电的电压、电流、波形、频率、相位与同步等进行控制，还要解决对电网的电磁干扰、自我保护、单独运行和孤岛效应以及最大功率跟踪等技术问题，因此对并网逆变器要有更高的技术要求。

1. 并网逆变器的技术要求

太阳能光伏发电系统并网运行，对逆变器提出了较高的技术要求，如下所述。

（1）要求逆变器必须输出正弦波电流

光伏系统馈入公用电网的电力，必须满足电网规定的指标，如逆变器的输出电流不能含有直流分量，谐波必须尽量减少，不能对电网造成谐波污染。

（2）要求逆变器在负载和日照变化幅度较大的情况下均能高效运行

光伏系统的能量来自太阳能，因为日照强度随着气候而变化，所以工作时输入的直流电压变化较大，这就要求逆变器在不同的日照条件下都能高效运行。同时要求逆变器本身也要有较高的逆变效率，一般中小功率逆变器满载时的逆变效率要求达到 85%～90%，大功率逆变器满载时的逆变效率要求达到 90%～95%。

（3）要求逆变器能使光伏方阵始终工作在最大功率点状态

太阳电池的输出功率与日照、温度、负载的变化有关，其输出特性具有非线性关系。这就要求逆变器具有最大功率跟踪功能，即不论日照、温度等如何变化，都能通过逆变器的自动调节实现太阳电池方阵的最佳运行。

（4）要求具有较高的可靠性

许多光伏发电系统处在边远地区和无人值守与维护的状态，这就要求逆变器要具有合理的电路结构和设计，具备一定的抗干扰能力、环境适应能力、瞬时过载保护能力以及各种保护功能，如输入直流极性接反保护、交流输出短路保护、过热保护、过载保护。

（5）要求有较宽的直流电压输入适应范围

太阳电池方阵的输出电压会随着负载和日照强度、气候条件的变化而变化，对于接入蓄电池的并网光伏系统，虽然蓄电池对太阳电池输出电压具有一定的钳位作用，但由于蓄电池本身电压也随着蓄电池的剩余电量和内阻的变化而波动，特别是不接蓄电池的光伏系统或蓄电池老化时的光伏系统，其端电压的变化范围很大。例如，一个接 12 V 蓄电池的光伏系统，它的端电压会在 11～17 V 之间变化。这就要求逆变器必须在较宽的直流电压输入范围内都能正常工作，并保证交流输出电压的稳定。

（6）要求体积小、质量轻

要求逆变器体积小、质量轻，以便于室内安装或墙壁上悬挂。

（7）要求能快速检测并切断向公用电网的供电

要求在电力系统发生停电时，并网光伏系统既能独立运行，又能防止孤岛效应，能快速检测并切断向公用电网的供电，防止触电事故的发生。待公用电网恢复供电后，逆变器能自动恢复并网供电。

2. 并网逆变器的电路原理

（1）三相并网逆变器电路原理

三相并网逆变器输出电压一般为交流 380 V 或更高，频率为 50/60 Hz，其中 50 Hz 是用于中国和欧洲的标准，而 60 Hz 是用于美国和日本的标准。大型光伏发电系统中，三相并网逆变器多用于输出波形为标准正弦波，且功率因数接近 1.0。

三相并网逆变器电路主要分为主电路和微处理器电路两部分。主电路主要完成 DC-AC 的转换和逆变过程，而微处理器电路主要负责系统并网的控制。并网控制的目的是使逆变器输出的交流电压、波形和相位等维持在规定范围内。因此，微处理器控制电路需完成电网相位实时检测、电流相位反馈控制、光伏方阵最大功率跟踪以及实时正弦波脉宽调制信号发生等任务。微处理器控制电路工作过程如下。

通过霍尔传感器，公用电网的电压和相位被送至微处理器的 A-D 转换器。微处理器将回馈电流相位与公用电网电压相位进行比较，并通过 PID 运算器运算调节后，将误差信号送至 PWM 脉宽调制器。此过程实现了功率因数为 1 的电能回馈。微处理器还负责实现光伏方阵的最大功率输出。通过电压和电流传感器检测光伏方阵的输出电压和电流，并相乘得到方阵输出功率，然后调节 PWM 输出占空比。占空比的调节实质上就是调节回馈电压大小，从而实现最大功率寻优。

当 U 的幅值变化时，回馈电流与电网电压之间的相位角 φ 也将有一定变化。由于电流相位已实现反馈控制，因此实现了相位有幅值的解耦控制，使微处理器的处理过程更加简便。

（2）单相并网逆变器电路原理

单相并网逆变器输出电压一般为交流 220 V 或 110 V，频率为 50 Hz，波形为正弦波，多用于小型的户用系统，单相并网逆变器电路其逆变和控制过程与三相并网逆变器基本类似。

（3）并网逆变器的孤岛效应防止

在太阳能光伏并网发电过程中，存在一种被称为“孤岛效应”的情况。这种情况发生在太阳能光伏发电系统与电力系统并网运行时，若电力系统因故停电而光伏发电系统未能停止工作或与电力系统脱离连接，将继续向电力输电线路供电。

“孤岛效应”特别突出于太阳能光伏发电系统的发电功率与负载用电功率平衡时。即使电力系统断电，光伏发电系统输出端的电压和频率等参数不会迅速变化，导致光伏发电系统无法判断电力系统是否出现故障或中断供电，从而使“孤岛效应”更易发生。

“孤岛效应”可能引发严重后果。当电力系统电网发生故障或中断供电时，由于光伏发电系统仍在向电网供电，可能威胁到电力供电线路的修复工作和维修人员以及设备的安全，甚至引发触电事故，不仅阻碍了故障检修和电力系统正常运行的恢复，还可能损害配电系统和负载设备。

为确保维修人员的安全和电力供应的及时恢复，必须在电力系统停电时，使太阳能光伏系统停止运行或自动与电力系统分离。此时，光伏系统将自动切换为独立供电系统，为部分应急负载和必要负载提供电力。

知识拓展

并网逆变器单独运行的检测

在逆变器电路中，检测出光伏系统单独运行状态的功能称为单独运行检测。检测出单独运行状态，并使太阳能光伏系统停止运行或与电力系统自动分离的功能就叫作单独运行停止或孤岛效应防止。

单独运行检测功能可以分为被动式和主动式两种方式。

1. 被动式检测方式

被动式检测方式主要通过监测光伏系统输出的电气特性变化来识别孤岛效应。这种方法不需要额外注入扰动信号到系统中，因此其实现相对简单且成本较低。在被动式检测中，常用的监测参数包括电压幅值、频率偏差、相位偏移以及电压谐波含量等。

（1）电压幅值监测

在正常情况下，光伏系统并网运行时，其输出电压受到电网电压钳制，保持在稳定的范围内。一旦发生孤岛效应，由于失去了电网的钳制作用，输出电压可能会升高或降低，超出预设的安全阈值。通过实时监测电压幅值并与阈值比较，可以初步判断系统是否处于孤岛状态。

（2）频率偏差检测

电网的频率是由大型发电机组的同步运行维持的，具有很高的稳定性。而孤岛形成后，由于系统负载与光伏发电之间的不匹配，可能导致系统频率发生偏移。通过检测频率偏差的大小和持续时间，可以进一步确认孤岛效应的发生。

（3）相位偏移监测

在并网运行时，光伏系统的输出电压与电网电压保持同步，相位差接近于零。孤岛效应发生时，由于失去了电网的同步参考，输出电压的相位可能会逐渐偏离电网相位，形成显著的相位差。监测这种相位偏移也是识别孤岛效应的有效手段之一。

（4）电压谐波监测

电网中的谐波含量通常较低且稳定，而孤岛系统由于负载特性的变化、逆变器的非线性等因素，可能产生较多的谐波分量。通过检测电压谐波含量的变化，可以间接反映系统是否处于孤岛状态。

然而，需要注意的是，被动式检测方法存在一定的局限性。由于它们依赖于系统状态的变化来触发保护动作，因此在某些特定条件下（如负载与光伏发电完全匹配、系统容量较小等），可能无法准确识别孤岛效应。此外，由于电网电压和频率的波动是正常现象，如何在这些波动与孤岛效应之间做出准确区分也是被动式检测面临的一大挑战。

2. 主动式检测方式

主动式检测不仅依靠对电网参数的被动监测，更主动地向系统注入特定信号，以此激发电网的响应，从而更加精准地识别出孤岛效应的存在。这种“主动出击”的策略，使得在复杂多变的电网环境中，检测结果的准确性和可靠性得到了显著提升。

频率偏移方式作为主动式检测中的佼佼者，其工作原理在于逆变器在特定条件下，故意使输出电压的频率发生细微但可测量的偏移。当电网正常连接时，这种偏移会迅速被电网的稳定作用所纠正；然而，若电网已断开，逆变器所连接的局部电网（即孤岛）将无法及时响应这一变化，导致频率偏移持续存在。通过监测这一频率偏移现象，逆变器便能迅速判断出孤岛效应的发生，并立即采取行动。

值得注意的是，为了在确保安全的同时最小化对电网正常运行的影响，频率偏移的大小和持续时间需要精心设计。过小的偏移可能难以被准确检测，而过大的偏移则可能对电网中的其他设备造成不必要的干扰。因此，在实际应用中，逆变器制造商会根据不同的电网环境和用户需求，对频率偏移参数进行定制化设置。

除了频率偏移方式外，主动式检测还涵盖了其他多种方法，如电压偏移、相位偏移等。这些方法各有千秋，可以根据具体的应用场景和需求进行选择和优化。例如，在需要快速响应的场合，相位偏移可能更为合适；而在对电网稳定性要求较高的环境中，则可能需要优先考虑电压偏移的影响。

1.2.2 光伏逆变器的技术参数与选用

1. 光伏逆变器的主要性能特点

(1) 离网逆变器

离网逆变器的主要性能特点见表 7-3。

表 7-3 离网逆变器的主要性能特点

性能特点	详细内容
独立运行	离网逆变器只能独立运行，不依赖于电网
能源来源广泛	离网逆变器可以接受太阳能、风能、水能等多种能源，因此非常适合在没有电网的地区使用
持续供电能力强	离网逆变器通常采用大容量电池存储能源，能够为各种电器设备提供长时间的电力供应
安全性高	离网逆变器在运行过程中不会对电网产生干扰，因此安全性较高
输出波形好	离网逆变器通常采用多重化技术和 PWM 控制策略，输出波形质量较高
噪音较低	离网逆变器通常采用低噪音电机作为动力源，因此噪音较低

（2）并网逆变器

并网逆变器的主要性能特点见表 7-4。

表 7-4　并网逆变器的主要性能特点

特点	详细内容
兼容性好	并网逆变器能够与电网良好兼容，既可以向电网输出电力，也可以接受电网的电力输入
无需额外储能装置	并网逆变器可以直接与电网连接，无需额外的储能装置，因此结构更加简单
无需单独的电源	并网逆变器可以直接使用交流电源，无需单独的电源设备
环保节能	并网逆变器可以将太阳能等可再生能源转换为电能，不会产生污染物，同时还可以将多余的电能返回到电网中，有利于节能减排
实时监测和控制	并网逆变器可以实时监测和控制电网的运行状态，有利于维护和管理电网

总的来说，离网逆变器和并网逆变器的性能特点各有不同，用户可以根据实际需求选择合适的逆变器类型。

2. 光伏逆变器的主要技术参数

（1）额定输出电压

光伏逆变器在规定的输入直流电压允许的波动范围内，应能输出额定的电压值。

（2）负载功率因数

负载功率因数大小表示逆变器带感性负载的能力，在正弦波条件下负载功率因数为 0.7~0.9。

（3）额定输出电流和额定输出容量

额定输出电流是指在规定的负载功率因数范围内逆变器的额定输出电流，单位为 A；额定输出容量是指当输出功率因数为 1（即纯电阻性负载）时，逆变器额定输出电压和额定输出电流的乘积，单位是 kV · A 或 kW（提示：非电阻性负载时，逆变器的 kV · A 数不等于 kW 数）。

（4）额定输出效率

额定输出效率是指在规定的工作条件下，输出功率与输入功率之比，通常应在 70%以上；逆变器的效率会随负载的大小而改变，当负载率低于 20%和高于 80%时，效率要低一些；标准规定逆变器输出功率在大于等于额定功率的 75%时，效率应大于等于 80%。

（5）过载能力

过载能力是要求逆变器在特定的输出功率条件下能持续工作一定的时间，其标准规定见表 7-5。

表 7-5　过载能力的标准规定

序号	规定
1	输入电压与输出功率为额定值时，逆变器应连续可靠工作 4 h 以上
2	输入电压与输出功率为额定值的 125%时，逆变器应连续可靠工作 1 min 以上
3	输入电压与输出功率为额定值的 150%时，逆变器应连续可靠工作 10 s 以上

（6）额定直流输入电压

额定直流输入电压是指光伏发电系统中输入逆变器的直流电压，小功率逆变器输入电压一般为 12 V 和 24 V，中、大功率逆变器输入电压有 24 V、48 V、110 V、220 V 和 500 V 等。

（7）额定直流输入电流

额定直流输入电流是指太阳能光伏发电系统为逆变器提供的额定直流工作电流。

（8）直流电压输入范围

光伏逆变器直流输入电压允许在额定直流输入电压的 90%~120%范围内变化，而不影响输出电压的变化。

（9）使用环境条件

光伏逆变器的正常使用条件为：环境温度-20~50 ℃，海拔≤5 500 m，相对湿度≤93%，且无凝露。当工作环境和工作温度超出上述范围时，要考虑降低容量使用或重新设计定制。

① 工作温度

逆变器功率器件的工作温度直接影响到逆变器的输出电压、波形、频率、相位等许多重要特性，而工作温度又与环境温度、海拔、相对湿度以及工作状态有关。

② 工作环境

对于高频高压型逆变器，其工作特性和工作环境、工作状态有关。在高海拔地区，空气稀薄，容易出现电路极间放电，影响工作；在高湿度地区则容易凝露，造成局部短路。因此逆变器都规定了适用的工作范围。

（10）电磁干扰和噪声

逆变器中的开关电路极容易产生电磁干扰，容易在铁芯变压器上因振动而产生噪声。因而在设计和制造中都必须控制电磁干扰和噪声指标，使之满足有关标准和用户的要求。其噪声要求是：当输入电压为额定值时，在设备高度的$\frac{1}{2}$、正面距离为 3 m 处用声级计分别测量 50%额定负载和满载时的噪声应小于等于 65 dB。

（11）保护功能

太阳能光伏发电系统应该具有较高的可靠性和安全性，作为光伏发电系统重要组成部分的逆变器应具有如下保护功能，见表 7-6。

表 7-6 逆变器应具有的保护功能

保护功能	具体要求
欠电压保护	当输入电压低于规定的欠电压断开值时，逆变器应能自动关机保护
过电流保护	当工作电流超过额定值的 150%时，逆变器应能自动保护。当电流恢复正常后，设备又能正常工作
短路保护	当逆变器输出短路时，应具有短路保护措施。短路排除后，设备应能正常工作
极性反接保护	逆变器的正极输入端与负极输入端反接时，逆变器应能自动保护。待极性正接后，设备应能正常工作
雷电保护	逆变器应具有雷电保护功能，其防雷器件的技术指标应能保证吸收预期的冲击能量

（12）安全性能要求

光伏逆变器的安全性能要求见表 7-7。

表 7-7　光伏逆变器的安全性能要求

安全性能要求	具体要求
绝缘电阻	逆变器直流输入与机壳间的绝缘电阻应大于或等于 50 MΩ，逆变器交流输出与机壳间的绝缘电阻应大于等于 50 MΩ
绝缘强度	逆变器的直流输入与机壳间应能承受频率为 50 Hz、正弦波交流电压为 500 V、历时 1 min 的绝缘强度试验，无击穿或飞弧现象。逆变器交流输出与机壳间应能承受频率为 50 Hz，正弦波交流电压为 1 500 V，历时 1 min 的绝缘强度试验，无击穿或飞弧现象

3. 光伏逆变器的选用

光伏逆变器是太阳能光伏发电系统的主要部件和重要组成部分，为了保证太阳能光伏发电系统的正常运行，对逆变器的正确配置选型显得尤为重要。逆变器的配置选型除了要根据整个光伏发电系统的各项技术指标，并参考生产厂家提供的产品样本手册来确定外，还要重点考虑下列几项技术指标。

（1）额定输出容量

额定输出容量表示逆变器向负载供电的能力。额定输出容量高的逆变器可以带更多的用电负载。选用逆变器时应首先考虑具有足够的额定容量，以满足最大负荷下设备对电功率的要求，以及系统的扩容及一些临时负载的接入。当用电设备以纯电阻性负载为主或功率因数大于 0.9 时，一般选取逆变器的额定容量为用电设备功率的 1.10~1.15 倍即可。在逆变器以多个设备为负载时，逆变器容量的选取要考虑几个用电设备同时工作的可能性，即负载同时系数。

但当逆变器的负载不是纯阻性时，也就是输出功率因数小于 1 时，逆变器的负载能力将小于所给出的额定输出功率值。

（2）输出电压的调整性能

输出电压的调整性能表示逆变器输出电压的稳压能力。一般逆变器给出电压调整率和负载调整率。

① 电压调整率

逆变器的输入直流电压在允许波动范围内该逆变器输出电压的偏差（%），应不大于 3%。

② 负载调整率

高性能的逆变器应同时给出当负载由 0 向 100%变化时，该逆变器输出电压的偏差（%），应不大于 6%。

离网型光伏发电系统是以蓄电池为储能设备的。而蓄电池的电压与使用情况有关：当标称电压为 12 V 的蓄电池处于浮充电状态时，端电压可达 13.5 V，短时间过充电状态可达 15 V；蓄电池带负荷放电终了时端电压可降至 10.5 V 或更低。蓄电池端电压的变化可达标称电压的 30%左右。因此为了保证光伏发电系统以稳定的交流电压供电，必须要求逆变器具有很好的调压性能。

（3）整机效率

整机效率表示逆变器自身功率损耗的大小。容量较大的逆变器还要给出满负荷工作和低负荷工作下的效率值。一般千瓦级以下的逆变器的效率应为 80%～85%；10 kW 级的效率应为 85%～90%；更大功率的效率必须在 90%以上。逆变器的效率高低对光伏发电系统提高有效发电量和降低发电成本有重要影响。

光伏发电系统专用逆变器在设计中应特别注意减少自身功率损耗，提高整机效率。这是因为 10 kW 级的通用型逆变器实际效率只有 70%～80%，将其用于光伏发电系统时将带来总发电量 20%～30%的电能损耗。所以，当用户系统不用电时，应当将逆变器关断以减少不用电时的损耗。

（4）保护功能

逆变器对外电路的过电流及短路现象最为敏感。因此，过电压保护、过电流保护及短路自动保护是保证逆变器安全运行的最基本措施。功能完善的正弦波逆变器不但具有当温升超过规定的最高限度时的过热保护功能，而且具有断路、断相保护等功能。

（5）起动性能

逆变器应保持在额定负载下可靠启动。高性能的逆变器可以做到连续多次满负荷启动而不损坏功率开关器件及其他电路。小型逆变器为了自身安全，有时采用软启动或限流启动措施或电路。

以上几条是逆变器设计和选购的主要依据，也是评价逆变器技术性能的重要指标。

实训任务

进行太阳能路灯实验，熟悉单相桥式有源逆变电路。

任务指导

太阳能路灯实验操作如下。

1. 实验设备

表 7-8、表 7-9 分别为实验设备清单和实验数据记录表。

表 7-8　实验设备清单

序号	名称	备注
1	太阳能教学平台	
2	太阳电池板	
3	万用表	自备

表 7-9　实验数据记录表

编号	直流电压/V	直流电流/mA	交流电压/V	交流电流/mA
1				
2				
3				
4				

2. 实验原理

系统由太阳电池组件部分（包括支架）、LED 灯头、太阳能控制器、蓄电池和灯杆构成。

系统工作原理简单，太阳电池利用光生伏特效应原理制成。白天太阳电池板接收太阳辐射能并转化为电能输出，经过充放电控制器储存在蓄电池中；夜晚当照度逐渐降低至一定值时、太阳电池板开路电压下降到一定值，充放电控制器侦测到这一电压值后动作，蓄电池对灯头放电。蓄电池放电规定时间后，充放电控制器动作，蓄电池放电结束。充放电控制器的主要作用是保护蓄电池。

3. 实验步骤

（1）打开电源（开关向上扳），此时电源主电路输出交流 220 V 电源，直流仪表亮。

（2）用实验导线将“太阳能自动跟踪装置”上的“光伏组件 1”“光伏组件 2”“光伏组件 3”“光伏组件 4”的“T-17”“T-18”“T-19”“T-20”“T-21”“T-22”“T-23”“T-24”并接到直流电压表“Y-4”和“Y-3”、直流电流表“Y-2”和“Y-1”上和太阳能控制器上，如图 7-6 所示。

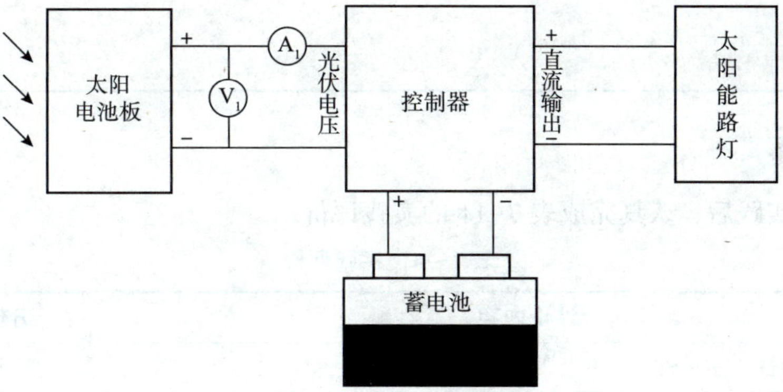

图 7-6　太阳能路灯实验接线图

（3）将“光源控制”的电位器逆时针调到底，光源控制电路的“早开关”打到“开”（向上扳）。

（4）实验电路连接好后，可以观察到光伏控制器面板上的“电池板充电指示灯”与“蓄电池状态指示灯”亮，若不亮，检查电路接线。

（5）电路正常工作后，按下控制器面板上的“轻触式调节按钮”，此时 LED 显示“5.”，太阳能路灯亮。

（6）实验结束后，关断实验台总电源，拆除实验连接线。

课后实践

学习完本项目的内容后，认真完成表 7-10 的实践清单。

表 7-10 实践清单

光伏逆变电路调试与性能优化	
实践任务	要使用所学知识和技能，对光伏逆变器进行参数设置、信号调理以及性能测试，以达到优化系统性能的目标
实践目标	（1）熟悉光伏逆变电路的基本原理和工作方式； （2）掌握光伏逆变器的参数设置和调试方法； （3）通过实验验证，优化光伏逆变电路的性能，提高电能转换效率； （4）培养团队合作精神和问题解决能力
实践步骤	（1）检查实验设备和元器件，确保安全连接电路； （2）根据实验要求，设定光伏逆变器的技术参数，如额定功率、输出电压等； （3）通过调整 PWM 信号的频率和占空比，优化输出波形，以提高电能转换效率； （4）使用测试仪器对光伏逆变电路进行性能测试，包括输出功率、效率等指标的测量； （5）分析实验数据，评估系统性能，并根据需要进行调整和优化； （6）团队成员讨论实验结果，总结经验，提出改进建议
实践提示	（1）操作过程中要注意安全，确保电路连接正确，避免发生短路或其他意外； （2）在调试过程中，应根据实际情况逐步调整参数，避免过大的改动导致系统不稳定； （3）实验结束后，及时整理实验数据和记录，为后续分析和总结做准备
实践总结	

实践评价

完成以上实践后，认真完成表 7-11 的实践评价。

表 7-11 实践评价

评价内容	分值	得分
参与实践的积极性、主动性	25	
独立思考能力	25	
创新能力	25	
对光伏逆变电路调试方法的掌握程度	25	
教师点评：		

项目小结

逆变器是将直流电能转换为交流电能的关键设备，而单相逆变电路则是其中的重要组成部分。通过深入理解逆变原理和 PWM（脉宽调制）技术，能够有效地设计和调试单相逆变电路，确保其稳定可靠地工作。

光伏逆变器作为连接光伏发电系统和电网的桥梁，其性能和稳定性对整个系统的运行至关重要。

本项目主要讲解了光伏逆变电路以及并网逆变器的原理，单相逆变电路和光伏逆变器的关键技术参数与选用，以及其在光伏发电系统中的作用和工作原理；介绍了光伏逆变器的技术参数。

思考练习

1. 逆变的概念是什么？
2. 逆变器的基本原理是什么？
3. 并网逆变器的技术要求有哪些？

参考文献

[1] 洪伟明. 电力电子与变频技术应用[M]. 2 版. 北京：北京理工大学出版社，2024.

[2] 陆志全. 电力电子与变频技术[M]. 北京：机械工业出版社，2021.

[3] 徐丽霞. 电力电子与变频技术项目化教程[M]. 武汉：华中科技大学出版社，2020.

[4] 李可军，孙凯祺. 柔性直流输电系统应用与控制[M]. 北京：科学出版社，2022.

[5] 刘进军，王兆安. 电力电子技术[M]. 6 版. 北京：机械工业出版社，2022.

[6] 范立娜，王立夫. 电力电子技术及其系统仿真[M]. 北京：机械工业出版社，2022.

[7] 罗扎诺夫. 电力电子技术原理、控制与应用[M]. 周京华，译. 北京：机械工业出版社，2021.

[8] 张波，丘东元. 电力电子学基础[M]. 北京：机械工业出版社，2020.

[9] 阮新波，张力，黄新泽，等. 单相电力电子变换器的二次谐波电流抑制技术[M]. 北京：机械工业出版社，2022.

[10] 米拉夫扎尔. 电力电子技术在能源转换系统中的应用[M]. 文天祥，王牡丹，译. 北京：机械工业出版社，2023.